P. Schädle

Innovative Wandbausysteme aus Holz unter Erdbebeneinwirkungen

Titelbild: Innovative Wandbausysteme

**Band 19 der Reihe
Karlsruher Berichte zum Ingenieurholzbau**

**Herausgeber
Karlsruher Institut für Technologie (KIT)
Lehrstuhl für Ingenieurholzbau und Baukonstruktionen
Univ.-Prof. Dr.-Ing. H. J. Blaß**

Innovative Wandbausysteme aus Holz unter Erdbebeneinwirkungen

von

P. Schädle

Karlsruher Institut für Technologie (KIT)

Lehrstuhl für Ingenieurholzbau und Baukonstruktionen

Dissertation, Karlsruher Institut für Technologie
Fakultät für Bauingenieur-, Geo- und Umweltwissenschaften, 2012
Referenten: Univ.-Prof. Dr.-Ing. H. J. Blaß,
            Univ.-Prof. Dr.-Ing. Konstantin Meskouris

Impressum

Karlsruher Institut für Technologie (KIT)
KIT Scientific Publishing
Straße am Forum 2
D-76131 Karlsruhe
www.ksp.kit.edu

KIT – Universität des Landes Baden-Württemberg und nationales
Forschungszentrum in der Helmholtz-Gemeinschaft

KIT Scientific Publishing 2012
Print on Demand

ISSN 1860-093X
ISBN 978-3-86644-832-2

Innovative Wandbausysteme aus Holz unter Erdbebeneinwirkungen

Zur Erlangung des akademischen Grades eines

DOKTOR-INGENIEURS

von der Fakultät für

Bauingenieur-, Geo- und Umweltwissenschaften der

Universität Fridericiana zu Karlsruhe (TH)

genehmigte

DISSERTATION

von

Dipl.-Ing. Patrick Schädle

aus Tübingen

Tag der mündlichen Prüfung: 09. Februar 2012

Referent: Univ.-Prof. Dr.-Ing. Hans Joachim Blaß

Korreferent: Univ.-Prof. Dr.-Ing. Konstantin Meskouris

Karlsruhe 2012

Vorwort

Die vorliegende Arbeit entstand während meiner Zeit als wissenschaftlicher Mitarbeiter am Lehrstuhl für Holzbau und Baukonstruktionen des Karlsruher Instituts für Technologie (KIT). Der Arbeit liegen zwei Forschungsvorhaben zugrunde, die von der Arbeitsgemeinschaft Industrieller Forschungsvereinigungen (AIF) im Rahmen des Programms „Förderung der Erhöhung der Innovationskompetenz mittelständischer Unternehmen" (PRO INNO II) bzw. des "Zentralen Innovationsprogramms Mittelstand" (ZIM) gefördert wurden.

Mein besonderer Dank gilt dem Hauptreferenten dieser Arbeit, Univ.-Prof. Dr.-Ing. Hans Joachim Blaß. Sein Interesse an neuen Arbeitsgebieten im Holzbau war das Fundament dieser Arbeit. Die stete Bereitschaft zur Diskussion, das angenehme Klima der Zusammenarbeit und die von ihm in allen Arbeitsbereichen gewährte Freiheit machten die Arbeit am Lehrstuhl jeden Tag aufs Neue spannend.

Dem Korreferenten dieser Arbeit, Univ.-Prof. Dr.-Ing. Konstantin Meskouris, gilt ebenfalls mein herzlichster Dank. Die unkomplizierte Zusammenarbeit und die Hinweise im Rahmen der Durchsicht des Manuskripts rundeten die Arbeit ab.

Meinen Kollegen am Lehrstuhl für Holzbau und Baukonstruktionen bin ich für das angenehme Arbeitsklima dankbar. Dr.-Ing. Rainer Görlacher möchte ich für seine stete Gesprächsbereitschaft und seine wertvolle konstruktive Kritik danken. Ein großes Dankeschön auch an meine Zimmerkollegin Carmen Sandhaas. Die produktive Zusammenarbeit und ihr Interesse an allen möglichen wissenschaftlichen Fragestellungen war immer wieder motivierend.

Den Kollegen im Laborbereich Martin Huber, Michael Scheid, Michael Deeg und Alexander Klein möchte ich für die stets unkomplizierte und schnelle Bearbeitung meiner Anliegen danken.

Danken möchte ich auch Dipl.-Ing. Friederike Rettinger und Dipl.-Ing. Patrick Höhl, die im Rahmen ihrer Diplomarbeiten Teilgebiete der numerischen Modellierung bearbeiteten und so große Unterstützung leisteten.

Patrick Schädle

Kurzfassung

Die Holztafelbauweise und die Holzskelettbauweise können als Standardbauweisen im Holzbau angesehen werden. In den letzten Jahren wurden jedoch verschiedene neuartige Holzbauweisen entwickelt, die Alternativen zu den genannten Bauweisen darstellen. Die generell positiven Eigenschaften von Holzbauten unter Erdbebenlasten sowie wirtschaftlicher Aufbau und einfache Instandsetzung machen Holzbauweisen für seismisch aktive Regionen interessant.

In dieser Arbeit wird mittels umfangreicher Versuche sowie weitergehenden numerischen Untersuchungen gezeigt, wie bekannte und innovative Holzbauweisen hinsichtlich ihres Erdbebenverhaltens klassifiziert werden können.

Die in Holzbauten in großer Zahl verwendeten mechanischen Verbindungsmittel können große Verformungen unter vergleichsweise hohen Lasten ertragen, ohne zu versagen. Durch Versuche an Verbindungsmitteln wurden deren Eigenschaften unter verschiedenen Belastungsarten ermittelt und so grundlegende Erkenntnisse über deren Verwendbarkeit in seismisch beanspruchten Strukturen gewonnen.

Mit Versuchen an aussteifenden Wandscheiben aus innovativen Bausystemen sowie der Holztafelbauweise wurden die Steifigkeitseigenschaften und die Höchstlasten der Bauweisen ermittelt, weiterhin wurde das jeweilige Erdbebenverhalten klassifiziert.

Mit Hilfe einfacher Federmodelle lassen sich Verbindungsmittel numerisch abbilden. Durch die Verwendung dieser Federn in Modellen von Wandscheiben können die Last-Verschiebungskurven der Bauweisen unter monotonen sowie zyklischen Lasten berechnet werden, womit die die Anzahl der aufwändigen Wandscheibenversuche reduziert werden kann. Auf Grundlage der Berechnungsergebnisse oder mit den Ergebnissen von Wandscheibenversuchen kann mit Hilfe weiterer numerischer Modelle das Verhalten eines Bauwerks unter Erdbebenlasten berechnet werden.

Damit kann der für die kraftbasierte Bemessung erforderliche Verhaltensbeiwert q zuverlässig bestimmt werden, was eine wichtige Voraussetzung für die wirtschaftliche Erdbebenbemessung einer Struktur ist.

Mit den Versuchen und den Modellierungen werden Grundlagen für verformungsbasierte Bemessungsverfahren geschaffen. Bei diesen Verfahren wird der Nachweis der Gebrauchstauglichkeit explizit berücksichtigt, so dass bei leichteren Erdbeben die Schäden möglichst gering sind, bei stärkeren Erdbeben jedoch die sichere Evakuierung der Bewohner gewährleistet ist.

Abstract

Timber framing or post-and-beam buildings may be considered as a standard in timber structures. However, in the past few years several innovative systems were developed, which can be seen as alternative solutions to the mentioned structures. The generally good-natured behaviour of timber structures suspected to earthquake loading as well as efficient erection and easy reconditioning make these systems preferable for seismic active regions.

With the help of numerous tests as well as further numerical investigations, in this thesis it is shown how innovative timber construction systems can be classified with regard to their seismic behaviour.

The numerous dowel type fasteners used in timber buildings are able to bear large deformations subjected to comparably high loads without collapse. Testing the fasteners' properties leads to fundamental insight on the usability in seismic prone structures.

Perfoming shear wall tests on innovative timber systems and also the timber framing system, the stiffnesses and the maximum loads of the structural systems were determined, furthermore the earthquake behaviour was classified.

Using ordinary spring models, the numerical representation of mechanical fasteners is possible. The application of these springs within shear wall models allows the numerical determination of the load-slip curves under both, monotonic and cyclic loading. Based on these calculations or on shear wall tests, with the help of enhanced numerical models the behaviour of a structural system subjected to earthquake loading is predictable.

So the behaviour factor q, which is necessary for force-based design can reliably be determined. This factor is an important precondition for the cost-effective seismic design of a structure.

Performing tests as well as corresponding modelling, basic principles for performance based design are created. The serviceability criterion is explicitly taken into account, so that in case of slight earthquakes the damage is little, in case of strong earthquakes the safe evacuation of the residents is assured.

Inhalt

1 Einleitung

1.1 Motivation und Problemstellung

Bilder und Nachrichten aus Erdbebengebieten wie diejenigen des verheerenden Bebens in der italienischen Region Abruzzen im April 2009 mit über 280 Toten oder diejenigen der Erdbeben in der neuseeländischen Stadt Christchurch in den Jahren 2010 und 2011 mit über 180 Todesopfern erreichen uns leider in regelmäßigen Abständen.

Holzbauten bieten unter seismischen Beanspruchungen einige Vorteile. Im Falle von starken Erschütterungen sind zwar Schädigungen zu beobachten, der Einsturz von Holzbauten ist jedoch selten. Da der Werkstoff Holz bezogen auf seine Tragfähigkeit eine geringe Masse besitzt, ist die bei einem Erdbeben zur Schwingung angeregte Masse („seismische Masse") geringer als bei anderen Werkstoffen, die daraus resultierenden Kräfte entsprechend niedriger. Weiterhin verhalten sich mechanische Holzverbindungen unter Belastung im Allgemeinen „duktil", das heißt sie versagen zäh und plastisch und nicht etwa spröde und schlagartig. Bei Erdbeben sorgt dieses gutmütige Verhalten dafür, dass das Tragwerk zwar Schäden erleidet, eine Resttragfähigkeit jedoch auch nach großen Verformungen erhalten bleibt.

Die eingetragene kinetische Energie wird durch Verformungsprozesse umgewandelt („Energiedissipation"). Bei den im Holzbau verwendeten mechanischen Verbindungsmitteln wird unter Belastung durch plastische Verformung Energie dissipiert, wodurch Holzbauten so bemessen werden können, dass der Grossteil der eingetragenen Energie in den Verbindungen in Wärme- und Schallenergie umgewandelt wird.

Für die Ausführung von Wohn- und Geschäftsbauten weit verbreitete und allgemein bekannte Holzbauweisen sind die Holztafelbauweise und die Holzskelettbauweise, die als Standardbauweisen im Holzbau angesehen werden können.

Seit einigen Jahren ist eine kontinuierliche Veränderung bei den Holzbauweisen zu beobachten. Statisch-konstruktive und bauphysikalische Aspekte, verbesserte Produktionsmöglichkeiten für innovative Werkstoffe sowie Gedanken zur Nachhaltigkeit führten zu verschiedenen Neu- und Weiterentwicklungen innovativer Bauweisen für den ein- und mehrstöckigen Wohnungs- und Verwaltungsbau. Gutmütige Eigenschaften unter seismischen Beanspruchungen sowie einfacher und schneller Aufbau machen diese Systeme für erdbebengefährdete Gebiete interessant.

Zahlreiche Forschungsarbeiten beschäftigten sich in der Vergangenheit mit der Erdbebensicherheit von Holztafel- bzw. Holzskelettbauweise. Speziell in Nordamerika und in Neuseeland, wo „timber framing construction" die vorherrschende Bauweise für den Wohnungsbau darstellt, wurden umfangreiche Untersuchungen zu den statisch-konstruktiven Aspekten dieser Bauweise durchgeführt. In Europa wurden ebenfalls Forschungsvorhaben an der Holztafelbauweise durchgeführt, so dass einige Angaben zum Erdbebenverhalten der Bauweise Aufnahme in die Normen fanden. Diese berücksichtigen jedoch ausdrücklich bestimmte Tragwerkstypen und Bauweisen. Die in dieser Arbeit behandelten innovativen Wandbauweisen waren bisher nicht Gegenstand der Forschung, eine Einordnung in die entsprechenden Normen ist daher nicht möglich.

1.2 Vorgehensweise und Ziel der Arbeit

Duktilität und Energiedissipation finden im Holzbau in erster Linie durch die verwendeten mechanischen Verbindungsmittel statt. Die hohe Zahl der mechanischen Verbindungsmittel sorgt für das hervorragende Verhalten von Holzbauweisen unter Erdbebenbelastungen. Die Eigenschaften der verwendeten Verbindungsmittel bilden damit die Grundlage für das Verhalten einer Bauweise unter den entsprechenden Belastungen.

Die zentralen Begriffe „Duktilität" und „Energiedissipation" lassen sich trotz ihrer vergleichsweise einfachen Hintergründe nur schwierig so darstellen, dass sich aus der Definition allgemeingültige Formulierungen zur Erdbebensicherheit einer Bauweise herleiten lassen. Im Rahmen dieser Arbeit soll mittels umfangreicher Versuchsdurchführung sowie weitergehenden numerischen Untersuchungen gezeigt werden, wie neuartige Holzbauweisen bezüglich ihres Erdbebenverhaltens klassifiziert werden können.

Durch Versuche an Verbindungsmitteln bzw. an kleinformatigen Prüfkörpern werden die Eigenschaften unter monotonen und zyklischen Lasten festgestellt und die Verwendbarkeit unter wiederholten Lasten untersucht.

Die Versuche an Verbindungsmitteln dienen als Grundlage für den ersten Schritt der numerischen Modellierung. Mit Hilfe von Federelementen, die das Verhalten der Verbindungsmittel abbilden, wird der Verbund der einzelnen Bauteile untereinander dargestellt. Ziel ist die Darstellung der monotonen Last-Verschiebungskurve einer ganzen Wandscheibe lediglich auf Grundlage von Verbindungsmittelversuchen.

Unter wiederholten Lasten bildet sich eine typische Form der Last-Verschiebungskurve, die so genannte Hysteresekurve aus. Form und Flächeninhalt der Hysteresekurve geben wesentliche Aufschlüsse über die Duktilität und die Energiedissipation des geprüften Bauteils. Durch den Einbau von Federelementen, die das hysteretische Verhalten eines Bauteils darstellen, kann das Verhalten einer ganzen Wandscheibe unter zyklischen Lasten berechnet werden.

Im zweiten Schritt der numerischen Modellierung wird die komplette Wandscheibe durch ein einzelnes oder eine geringe Anzahl an nichtlinearen Federelementen dargestellt. Durch diese vereinfachte Darstellung können ganze Strukturen numerisch berechnet werden, wobei deren Komplexität je nach Berechnungsziel gewählt werden kann. Durch die Anregung der Struktur mit verschiedenen Erdbeben kann der Verhaltensbeiwert q bestimmt werden, welcher ein grundlegender Bestandteil der in Europa bisher angewandten kraftbasierten Berechnungsverfahren ist.

Durch die Versuche und die numerischen Modelle werden Grundlagen für verformungsbasierte Bemessungsverfahren geschaffen. Bei diesen Verfahren wird z.B. anhand vorgegebener Maximalverschiebungen für die Wände bzw. Stockwerke eines Gebäudes deren erforderliche Steifigkeit unter Berücksichtigung der Dämpfung ermittelt. Der Nachweis der Gebrauchstauglichkeit wird dabei explizit berücksichtigt, so dass bei leichteren Erdbeben die Schäden möglichst gering sind, bei stärkeren Erdbeben jedoch die sichere Evakuierung der Bewohner gewährleistet ist.

2 Wandbauweisen im Holzbau

Neben der Holztafelbauweise und der Holzskelettbauweise konnten sich in den letzten Jahren einige innovative Holzbausysteme etablieren. Fortschrittliche Produktionsverfahren (z.B. für Brettsperrholz) machen innovative Werkstoffe finanziell konkurrenzfähig. Die Nachhaltigkeit moderner Holzbauweisen sowie angenehmes Wohnklima bei gleichzeitig niedrigem Energieverbrauch führen zu einer wachsenden Akzeptanz. Oftmals sind mittelständische Unternehmen, die aus der praktischen Erfahrung heraus ein Produkt entwickeln oder verbessern, am Fortschritt der Holzbauweisen maßgeblich beteiligt.

Sowohl die untersuchten innovativen Holzbausysteme als auch einige bekannte Bauweisen sind in diesem Abschnitt kurz beschrieben, um Unterschiede und Gemeinsamkeiten darzustellen. Aufgrund der im Holzbau verwendeten mechanischen Verbindungsmittel ergeben sich für nahezu alle Bauweisen per se günstige Eigenschaften unter seismischen Beanspruchungen. Eine Vielzahl weiterer Holzbausysteme existiert auf dem Markt, wobei die Abgrenzung zu den beschriebenen Systemen teilweise fließend ist. Einen umfassenderen Einblick in gebräuchliche Holzbausysteme liefert Informationsdienst Holz (2000), die Brettsperrholzbauweise ist ausführlich in Studiengemeinschaft Holzleimbau (2010) beschrieben.

2.1 Untersuchte Bauweisen

2.1.1 Massivholz-Paneelbauweise

Die untersuchten Brettsperrholzelemente sind spezielle Wand-, Decken- oder Dachbauteile, die aus parallel oder kreuzweise (rechtwinklig) miteinander verklebten Brettern oder Brettlagen aus Nadelholz hergestellt werden. Dieser Aufbau bringt hohe Formstabilität und Maßhaltigkeit sowie eine hohe Steifigkeit in der Wand- und Scheibenebene. Je nach Aufbau dürfen die Holzelemente für tragende, aussteifende oder nicht tragende Wand-, Decken- oder Dachbauteile verwendet werden. Dabei dürfen sie zur Aufnahme und Weiterleitung von Lasten sowohl rechtwinklig zur Elementebene als auch in Elementebene beansprucht werden. Wände in dieser Bauweise können in Wohngebäuden und vergleichbar genutzten Gebäuden (Bürobauten, Schulen, Kindergärten) verwendet werden (DIBt-Z-9.1-555 (2008)) (Bild 2-1 a)).

Die Brettsperrholzelemente (Paneele) für Wände werden im Rastermaß 62.5 cm hergestellt, durch Verbindung mehrerer Paneele nebeneinander entsteht eine

Wandscheibe. Dieser typische Aufbau führte zur Verwendung des Begriffes „Massivholz-Paneelbauweise" im Rahmen dieser Arbeit.

Den unteren bzw. oberen Abschluss einer Wand bilden Schwelle bzw. Rähm aus Brettschichtholz. Die Decklage der Elemente steht an der Ober- und Unterseite über. Dieser Überstand wird durch mechanische Verbindungsmittel mit Schwelle und Rähm verbunden.

Die Paneele einer Wandscheibe sind untereinander mit vertikal angeordneten Brettern („Koppelbrettern") verbunden. Die Koppelbretter liegen jeweils mit ihrer halben Breite in entsprechenden Aussparungen an den Seiten der angrenzenden Elemente auf und werden mit mechanischen Verbindungsmitteln an den Elementen befestigt. Die Koppelbretter bzw. die Verbindungsmittel leiten die bei horizontaler Belastung entstehenden Schubkräfte zwischen den einzelnen Wandelementen weiter. Verschiedene Verbindungsmittel sind zum Anschluss der Koppelbretter denkbar. Das zur Verbindung zwischen Stoßbrett und Wandelement verwendete stiftförmige Verbindungsmittel durchdringt je nach Aufbau der Aussparungen an den Seiten der Elemente auch mehrere Brettlagen (vgl. Abschnitt 3.1.2).

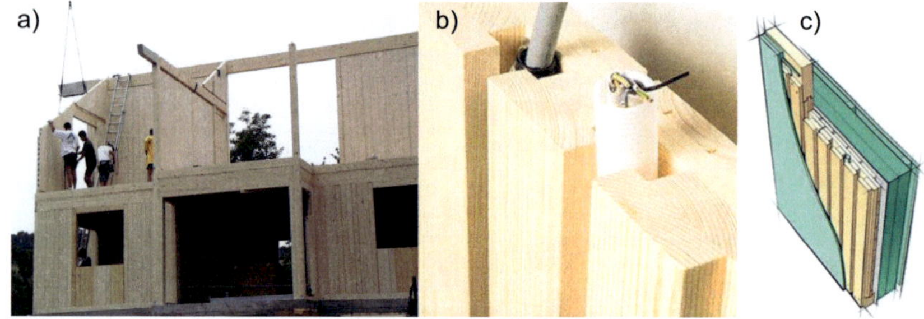

Bild 2-1   a) Rohbau Wohngebäude, b) Detail Wandelement,
                 c) Aufbau einer Außenwand

Seitens des Herstellers wurde der Begriff „Brettsperrschichtholz" (BSSH) eingeführt, da die Vorteile von Brettsperrholz (Behinderung des gegenseitigen Quellens und Schwindens der Lagen („Sperren")) sowie von Brettschichtholz (Homogenisierung der Querschnitte durch Kappen von Fehlstellen und anschließendes wiederverkleben der keilgezinkten Teile) bei der verwendeten Geometrie vereint wurden.

Installationen können in den vorbereiteten oberflächlichen Öffnungen und in den vorbereiteten Aussparungen des Systems (Bild 2-1 b)) verlegt werden. Je nach Anforderung an den Wärmeschutz können verschiedene Dämmsysteme zur

Anwendung kommen, die mit beliebig wählbaren Fassaden bekleidet werden können (Bild 2-1 c)).

Die Versuche an der Massivholz-Paneelbauweise wurden mit dem Elementtyp Fux4S sowie mit den neu entwickelten Fux6S-Elementen durchgeführt. Die Abmessungen der Elemente und weitere technische Details finden sich in Abschnitt 4.3.

2.1.2 Einzelelement-Bauweise

Hauptmerkmal von Elementbauweisen sind die vorgefertigten Holzbausteine zur Errichtung von tragenden und aussteifenden Wänden. Ähnlich dem Mauerwerksbau werden die einzelnen Lagen im Läuferverband verlegt (Bild 2-2 a)).

Bild 2-2　　Elementbauweise: a) Rohbau in Einzelelement-Bauweise,
b) Einzelelement, c) Details: 1) Überstand Steg, 2) Überstand
Beplankung,

Die vorgefertigten Elemente bestehen im Wesentlichen aus zwei parallelen Platten, in deren Mitte vertikale Stege angebracht sind (Bild 2-2 b)). Das Grundelement besitzt die Abmessungen Länge ℓ = 1.0 m und Höhe h = 0.5 m. Halbe und viertel Elemente zur Ausbildung von Zwischenlängen sind ebenfalls im System enthalten. Je nach gewünschtem Dämmstandard sind Außenwandelemente in Wanddicken von b = 160 mm, b = 240 mm oder b = 300 mm erhältlich. Die tragenden Stege im Abstand von 250 mm sind mit Schwalbenschwanzfedern versehen, die in passende Nuten schadstofffreier Holzwerkstoffplatten beidseitig eingeschoben werden. Die Schwalbenschwanz-Verbindung von Platte und Steg wird durch Klammern zusätzlich gesichert. Die Stege stehen nach oben um 30 mm über das Element hinaus und sind an der Elementunterseite entsprechend zurückversetzt. Die Überstände greifen in die Verkürzungen des darüber liegenden Elements ein, wodurch ein Verbund in der horizontalen Fuge zwischen den Elementen entsteht. Die Beplankungslagen greifen beim Verlegen der Elemente ebenfalls ineinander, nach Abschluss der

Rohbauarbeiten werden in die Überlappungen Klammern eingetrieben, um den Verbund der Elemente dauerhaft zu sichern (Bild 2-2 c)).

Für den unteren und oberen Abschluss der Wände sind Schwellen bzw. Einbinder im System enthalten. In einem maximalen Abstand von 3.0 m sind in jede Wand weitere vertikale Stiele einzubringen. Die Stiele sorgen für zusätzliche Biegesteifigkeit der Wand bei Lasten, die rechtwinklig auf die Wandoberfläche wirken und leiten ebenso die abhebenden Kräfte, die in der Wandebene wirken, in das Fundament weiter.

Die Wärmedämmung wird von oben in die Zwischenräume eingebracht. Durch die einfache Montage der Elemente wird schnelle und damit wirtschaftliche Bauausführung erreicht. Das maximale Gewicht eines Elementes beträgt ca. 25 kg. Eine ausführlichere Beschreibung des Aufbaus der Wände findet sich in Abschnitt 4.4.

Eine allgemeine bauaufsichtliche Zulassung für die Verwendung des Systems in bis zu dreigeschossigen Wohngebäuden und vergleichbar genutzten Gebäuden wurde im September 2007 erteilt (DIBt-Z-9.1-677 (2007)).

2.1.3   Holztafelbau

Bei der Holztafelbauweise wird ein Traggerippe aus vertikal angeordneten Rippen mit einer Beplankung aus Holzwerkstoffplatten versehen. Während die vertikal angeordneten Rippen zur vertikalen Lastabtragung dienen, übernimmt die Beplankung die aussteifende Funktion und trägt horizontale Lasten ab (Bild 2-3).

Der obere Abschluss einer Wand wird durch das Rähm gebildet, den unteren Abschluss einer Wand bildet die Schwelle. Sowohl vertikale als auch horizontale Lasten werden über das Rähm eingeleitet, die Befestigung des Tafelelementes auf dem Fundament erfolgt über die Schwelle, die mit dem Fundament verdübelt wird. Zusätzliche Zuganker werden zur Aufnahme der großen abhebenden Lasten an den Enden der Wandscheiben angeordnet.

Der hohe Vorfertigungsgrad der Holztafelbauweise sorgt für eine schnelle und damit wirtschaftliche Bauausführung. Die Wände können in der Produktion bereits mit Beplankung, Dämmung, Fenstern und Fassadenelementen versehen werden. Die Rohbauzeit, in der das Gebäude extrem witterungsempfindlich ist, wird so auf ein Minimum reduziert. Die Gestaltungsfreiheit wird durch den hohen Vorfertigungsgrad nur wenig eingeschränkt. Je nach Wandaufbau kann das Niveau des Wärme-, Schall- oder Brandschutzes variiert werden. Mit der Holztafelbauweise werden auch mehrgeschossige Gebäudekomplexe problemlos realisiert.

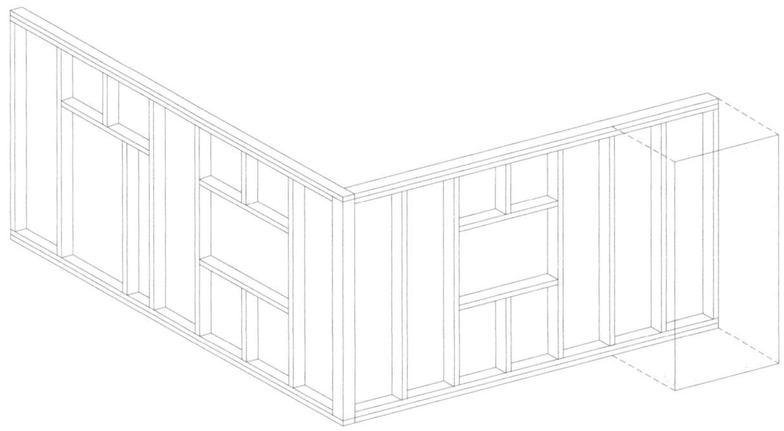

Bild 2-3   Holztafelbauweise mit angedeuteter Beplankung

2.2   Weitere Systeme

Skelettbau

Die Holzskelettbauweise ist dem traditionellen Fachwerk ähnlich und ist innerhalb der beschriebenen Holzbausysteme die älteste Konstruktionsart. Stützen, Träger und Aussteifungselemente bilden das Tragwerk, das in einem regelmäßigen Raster steht (Bild 2-4). Für die stabförmigen Bauteile kommen moderne Holzwerkstoffe wie Konstruktionsvollholz oder Brettschichtholz zur Verwendung, die zum Primärtragwerk zusammengeschlossen werden. Dieses übernimmt die vertikale Lastabtragung, die Decken werden als Sekundärtragwerke integriert. Hierbei können vorgefertigte, flächige Bauteile oder Balkenlagen zum Einsatz kommen. Die Aussteifung von Holzskelettbauten wird durch Verbände oder eingebaute Wandscheiben sowie durch die Deckenscheiben erreicht.

In vielen Fällen bleibt das Tragwerk sichtbar, wodurch die offene Gestalt das Bauwerk prägt. Aus Gründen des Witterungsschutzes wird das Tragwerk meist außen verkleidet. Die Grundrissgestaltung ist äußerst flexibel, da die tragende Struktur unabhängig von den raumabschließenden Bauteilen bleiben kann. Somit können Trennwände zwischen die Stützen gestellt werden und bei Nutzungsänderung wieder entfernt werden (Brucker (1998)).

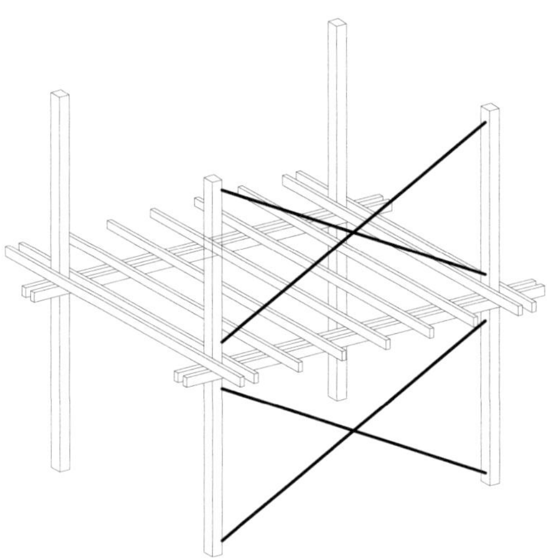

Bild 2-4   Holzskelettbauweise

Brettsperrholz

Großer Fortschritt fand in den letzten Jahren beim Brettsperrholz statt. Verbesserungen in der Fertigungstechnologie ermöglichen die Herstellung von großflächigen Wand-, Decken- oder Dachelementen, die als massive Platte oder Scheibe tragen und gleichzeitig die Gebäudeaussteifung übernehmen (Bild 2-5 a) und c)). Durch die Verklebung oder Verdübelung von Schwach- oder Seitenholz entstehen hochwertige, maßhaltige Werkstoffe mit definierten Eigenschaften. Der hohe Vorfertigungsgrad sichert kurze Bauzeiten.

Brettsperrholz (BSPH) entsteht durch die meist rechtwinklige Verklebung von Brettern oder Brettlagen, wobei die Dicke und Anzahl der einzelnen Lagen je nach Anforderung variiert werden kann. Durch moderne Fertigungsprozesse können Bauteile bis zu einer Länge von ca. ℓ = 20 m, einer Breite von ca. b = 5 m und in Dicken zwischen d = 50 und d = 300 mm hergestellt werden. Auch gekrümmte Bauteile sind möglich.

Der Wunsch nach Verzicht auf Klebstoffe oder metallische Verbindungsmittel bei der Herstellung von Brettsperrholz führte zur Entwicklung von Brettdübelholz. Dies besteht meist aus einem tragenden Kern aus Kanthölzern, der beidseitig mit kreuzweise oder auch diagonal angebrachten Brettschichten versehen ist. Die Verbindung von Brettern und Kanthölzern erfolgt mittels Dübeln aus Laubholz, die das Bauteil durchdringen. Die getrockneten Laubholzdübel werden beim hydraulischen Einpressen befeuchtet, wodurch diese aufquellen und den Verbund mit dem umgebenden Holz herstellen. Die so entstandenen Massivholzelemente sind wiederum in großen Abmessungen lieferbar (Bild 2-5 b)).

Bild 2-5   a) BSPH-Querschnitte, b) Gedübeltes BSPH,
                  c) Aufrichten eines Gebäudes aus BSPH

3 Holzbauten und Erdbeben

3.1 Duktilität und Energiedissipation

3.1.1 Grundlagen

Allgemein wird die Eigenschaft eines Werkstoffes, sich unter Belastung ausgeprägt plastisch zu verformen, als Duktilität (von lat. Ducere: ziehen, leiten) bezeichnet. Diese teilweise auch als „Zähigkeit" bezeichnete Eigenschaft eines Baustoffes ist im Bauwesen willkommen, da duktile Bauteile vor dem Versagen starke Verformungen aufweisen und damit nicht schlagartig, sondern langsam und unter „Ankündigung" versagen.

Generell wird die Duktilität als das Verhältnis zwischen dem Wert einer maximalen Verformung oder einer Bruchverformung und einer Fließverformung definiert, so dass der allgemeine Fall definiert ist als (Bild 3-1 a)):

$$\mu = \frac{u_{max}}{u_y} \text{ bzw. } \mu = \frac{u_{ult}}{u_y} \tag{3-1}$$

Diese allgemeine Definition der Duktilität kann je nach Bauteil und Belastung als Dehnungsduktilität, Krümmungsduktilität, Rotationsduktilität oder Verschiebeduktilität charakterisiert werden.

Für das Erdbebenverhalten einer Konstruktion ist neben der Duktilität vor allem der Tragwiderstand gegen horizontale Kräfte von Bedeutung. Zwischen diesen beiden Größen gilt nach Bachmann (2002) näherungsweise die Beziehung:

„Güte" des Erdbebenverhaltens $\approx$ Tragwiderstand * Duktilität

Ein Tragwerk kann demnach so ausgebildet werden, dass es einen hohen Tragwiderstand und eine kleine Duktilität oder einen geringen Tragwiderstand und eine hohe Duktilität aufweist, wobei sämtliche Lösungen dazwischen ebenfalls gute Chancen haben, ein starkes Erdbeben ohne Einsturz zu überstehen. Dies bedeutet, dass für ein gegebenes Beben (Bemessungsbeben) bestimmter Stärke verschiedene Ausführungsvarianten für das Tragwerk in Frage kommen. Die erste Lösung würde darin bestehen, das Tragwerk mit einem extrem hohen Tragwiderstand auszustatten, so dass es das Bemessungsbeben elastisch, d.h. ohne plastische Verformungen überstehen kann. In diesem Fall ist keine Duktilität erforderlich. Diese Möglichkeit ist in den meisten Fällen unwirtschaftlich, da der hohe Tragwiderstand mit enormem Material- und Fertigungsaufwand verbunden ist.

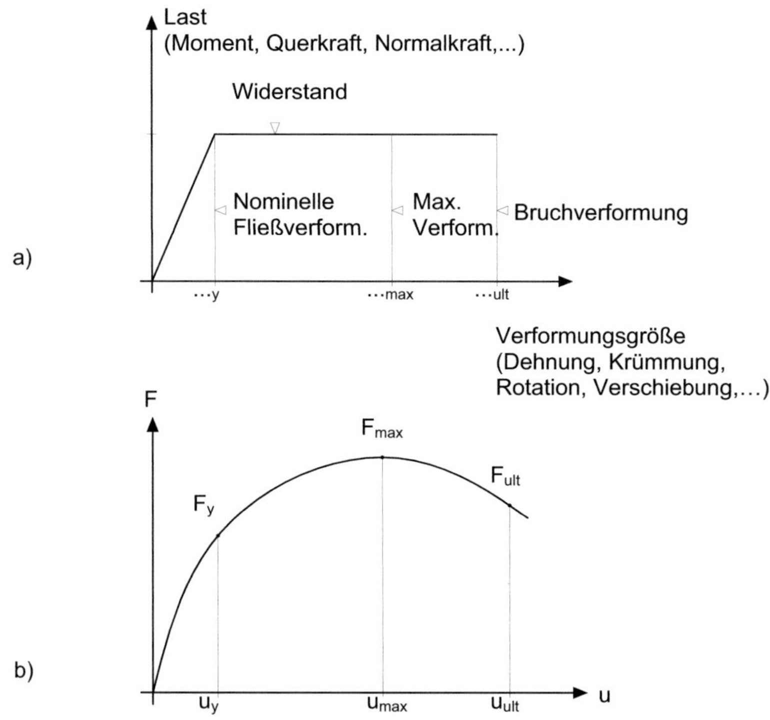

Bild 3-1　　　Definition von Duktilität a) Allgemein (nach Bachmann (2002)),
b) Last-Verschiebungskurve einer Holzverbindung

Die zweite Lösung würde darin bestehen, das Tragwerk mit einem geringen Tragwiderstand und großer Duktilität auszustatten. Dann würden unter Einwirkung eines starken Erdbebens zwar plastische Verformungen auftreten und damit Schäden am Tragwerk entstehen, jedoch kein Einsturz erfolgen. Diese Möglichkeit würde aber dazu führen, dass selbst kleinere Erdbeben nennenswerte Schäden hervorrufen würden.

Somit wird in den meisten Fällen eine Lösung in der Mitte gewählt und das Tragwerk so gestaltet, dass das Bemessungsbeben nur geringe plastische Verformungen hervorruft, die entstehenden Schäden sich mit überschaubarem Aufwand beheben lassen (Bachmann (2002)).

Diese Überlegungen führen direkt zum Konzept der Verhaltensbeiwerte bzw. Abminderungsfaktoren, welches im Folgenden erläutert werden soll und weitergehend bzw. vor dem normativen Hintergrund in Abschnitt 3.4 betrachtet wird.

Werden bei der allgemeinen Definition der Duktilität nicht die Verschiebungen sondern die Kräfte ins Verhältnis gesetzt, so ergibt sich z.B. mit Bild 3-1 b) oder mit Bild 3-2 a):

$$F_{max} = q \cdot F_y \text{ bzw. } q = \frac{F_{max}}{F_y} \tag{3-2}$$

Gleichung (3-2) drückt aus, dass ein Tragwerk unter Berücksichtigung seines plastischen Verhaltens eine q-Fach höhere Last ertragen kann, als dies unter Annahme linear-elastischen Verhaltens der Fall wäre; q wird als Verhaltensbeiwert bezeichnet. In Eurocode 8 (2006) nimmt q für die gebräuchlichen Baustoffe die in Tabelle 3-1 angegebenen Werte an.

In älterer Literatur wird teilweise der reziproke Wert von q als Abminderungsfaktor α_μ bezeichnet: $\alpha_\mu = 1/q$. In dieser Arbeit wird ausschließlich der Verhaltensbeiwert q verwendet.

Tabelle 3-1   Verhaltensbeiwerte nach Eurocode 8

Tragwerke	Verhaltensbeiwert q
Holzbauten	1.5 … 5
Stahlbauten	2 …~6.5
Mauerwerksbauten	1.5 … 3
Stahlbetonbauten	1.5 …~6

Die Bestimmung des Verhaltensbeiwertes ist nicht einheitlich festgelegt. Auf Grundlage von Gleichung (3-2) sowie den dazugehörigen Überlegungen sind verschiedene Interpretationen von q möglich (Vgl. hierzu auch Abschnitt 6).

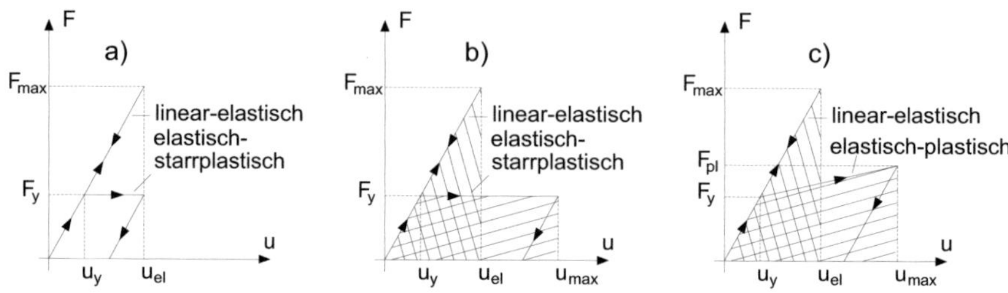

Bild 3-2   Ansätze für Abminderung der Traglasten: a) Prinzip der gleichen Verschiebung, b) Prinzip der gleichen Formänderungsarbeit, c) Energiebetrachtung nach Blume et al. (1961)

Die Duktilität bzw. der Verhaltensbeiwert q kann an einem Einmassenschwinger mittels mehrerer Methoden mathematisch beschrieben werden:

- Prinzip der gleichen Verschiebungen

Aus Bild 3-2 a) folgt:

$$q = \frac{F_{max}}{F_y} = \frac{u_{el}}{u_y} = \mu \qquad (3\text{-}3)$$

- Prinzip der gleichen Formänderungsarbeit

Berechnung der schraffierten Flächen in Bild 3-2 b) und Gleichsetzen führt auf:

$$E_{l-e} = \frac{1}{2} F_{max} \left(\frac{F_{max}}{F_y} u_y \right) = E_{e-stp} = F_y \left(u_{max} - \frac{u_y}{2} \right)$$

mit $\dfrac{F_{max}}{F_y} = q$ und $\dfrac{u_{max}}{u_y} = \mu$ ergibt sich nach Umformung

$$q = \sqrt{2\mu - 1} \qquad (3\text{-}4)$$

- Energiebetrachtung nach Blume et al. (1961)

Berechnung der schraffierten Flächen in Bild 3-2 c) und Gleichsetzen führt auf:

$$E_{l-e} = \frac{1}{2} F_{max} \left(\frac{F_{max}}{F_y} u_y \right) = E_{e-p} = \frac{1}{2} u_y F_y + (u_{max} - u_y) F_y + \frac{1}{2}(u_{max} - u_y)(F_{pl} - F_y)$$

mit $F_{pl} - F_y = \Delta F$ ergibt sich nach Umformung

$$q = \sqrt{1 + 2(\mu - 1) + (\mu - 1)\frac{\Delta F}{F_y}} \qquad\qquad (3\text{-}5)$$

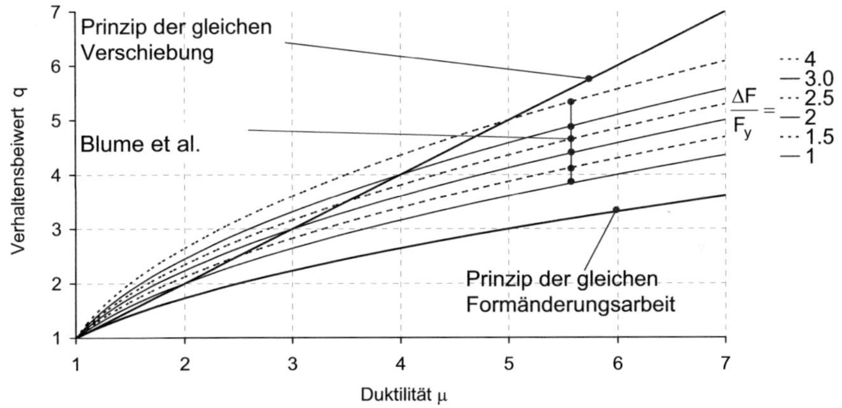

Bild 3-3   Verhaltensbeiwert q in Abhängigkeit der Duktilität für die Ansätze nach Gleichung (3-3), (3-4) und (3-5)

Bild 3-3 zeigt den Vergleich der Verhaltensbeiwerte nach den beschriebenen Prinzipien. Mit zunehmender Duktilität ergeben sich größere Unterschiede im Verhaltensbeiwert. Bei Baustoffen mit geringer Duktilität wird der anfangs geringe Unterschied nicht beachtet. Holzbauten weisen im Allgemeinen große Duktilität auf, daher sind die Unterschiede nicht vernachlässigbar.

3.1.2   Stiftförmige Verbindungsmittel

Die vorgestellten Grundlagen zu Duktilität und Energiedissipation beruhen auf der Verwendung stiftförmiger Verbindungsmittel. In diesem Abschnitt erfolgt eine kurze Betrachtung der in dieser Arbeit hauptsächlich verwendeten stiftförmigen Verbindungsmittel und deren Berechnungsgrundlage.

Die Tragfähigkeit von Verbindungen mit stiftförmigen Verbindungsmitteln im Holzbau wird nach der Theorie von Johansen (1949) berechnet. Die Tragfähigkeit wird demnach durch Erreichen der Lochleibungsfestigkeit in mindestens einem der Bauteile und in Abhängigkeit von der Geometrie der Verbindung durch das Auftreten von Fließgelenken im Stift begrenzt. Die Lochleibungsfestigkeit ist dabei maßgeblich von der Rohdichte der verwendeten Hölzer abhängig, bei der Ausbildung von Fließgelenken ist das plastische Moment des Stiftes in erster Linie von der Zugfestigkeit des verwendeten Drahtes abhängig.

Die Lochleibungsfestigkeit für Nägel und Klammern in nicht vorgebohrten Löchern kann nach DIN 1052 (2008) berechnet werden zu:

$$f_{h,k} = 0{,}082 \cdot \rho_k \cdot d^{-0{,}3} \qquad \text{in N/mm}^2 \tag{3-6}$$

Dabei ist

ρ_k charakteristische Rohdichte des Holzes in kg/m^3

d Durchmesser des Verbindungsmittels in mm

Die Lochleibungsfestigkeit hängt stark vom Winkel zwischen Kraft und Faserrichtung ab. So darf z.B. für Stabdübelverbindungen die Lochleibungsfestigkeit für eine Belastung unter einem Winkel α zur Faserrichtung nach der Gleichung von Hankinson angenommen werden:

$$f_{h,\alpha,k} = \frac{f_{h,0,k}}{k_{90} \cdot \sin^2 \alpha + \cos^2 \alpha} \qquad \text{in N/mm}^2 \tag{3-7}$$

dabei ist

$k_{90} = 1{,}35 + 0{,}015 \cdot d$ für Nadelhölzer

$f_{h,0,k} = 0{,}082 \cdot (1 - 0{,}01 \cdot d) \cdot \rho_k$ Lochleibungsfestigkeit für vorgebohrte Verbindungsmittel

Wegen des geringen Einflusses von Gleichung (3-7) bei Verbindungsmitteln mit kleinem Durchmesser wie Nägel und Klammern wurde in DIN 1052 (2008) allerdings auf die Abminderung der Lochleibungsfestigkeit verzichtet.

Das Verhältnis verschiedener Lochleibungsfestigkeiten wird über den Parameter β ausgedrückt:

$$\beta = \frac{f_{h,2,k}}{f_{h,1,k}} \tag{3-8}$$

Der charakteristische Wert des Fließmomentes kann für runde Nägel und Klammern angenommen werden zu:

$$M_{y,k} = 0,3 \cdot f_{u,k} \cdot d^{2,6} \qquad \text{in Nmm} \qquad (3\text{-}9)$$

Dabei ist

$f_{u,k}$ Mindestzugfestigkeit des verwendeten Drahtes,

       $f_{u,k} \geq 600$ N/mm² für Nägel, $f_{u,k} \geq 800$ N/mm² für Klammern

d Durchmesser des Verbindungsmittels

Mit diesen Parametern kann die Tragfähigkeit eines stiftförmigen Verbindungsmittels für die verschiedenen Versagensmechanismen nach Tabelle 3-2 berechnet werden.

Tabelle 3-2   Tragfähigkeit einer einschnittigen Verbindung (nach DIN 1052 (2008))

$R_k = f_{h,1,k} \cdot t_1 \cdot d$		(3-10)
$R_k = f_{h,1,k} \cdot t_2 \cdot d \cdot \beta$		(3-11)
$R_k = \dfrac{f_{h,1,k} \cdot t_1 \cdot d}{1+\beta} \left\{ \sqrt{\beta + 2\beta^2 \left[1 + \dfrac{t_2}{t_1} + \left(\dfrac{t_2}{t_1}\right)^2 \right] + \beta^3 \left(\dfrac{t_2}{t_1}\right)^2} - \beta\left(1+\dfrac{t_2}{t_1}\right) \right\}$		(3-12)
$R_k = \dfrac{f_{h,1,k} \cdot t_1 \cdot d}{2+\beta} \left\{ \sqrt{2\cdot\beta\cdot(1+\beta) + \dfrac{4\cdot\beta\cdot(2+\beta)\cdot M_{y,k}}{f_{h,1,k}\cdot d\cdot t_1^2}} - \beta \right\}$		(3-13)
$R_k = \dfrac{f_{h,1,k} \cdot t_2 \cdot d}{1+2\beta} \left\{ \sqrt{2\cdot\beta^2\cdot(1+\beta) + \dfrac{4\cdot\beta\cdot(1+2\beta)\cdot M_{y,k}}{f_{h,1,k}\cdot d\cdot t_2^2}} - \beta \right\}$		(3-14)
$R_k = \sqrt{\dfrac{2\cdot\beta}{1+\beta}} \sqrt{2\cdot M_{y,k} \cdot f_{h,1,k} \cdot d}$		(3-15)

Beim Einbringen von Klammern und Nägeln rechtwinklig zur Faserrichtung darf der charakteristische Wert des Ausziehwiderstandes wie folgt berechnet werden.

$$R_{ax,k} = \min\left\{f_{1,k} \cdot d \cdot \ell_{ef} \, ; f_{2,k} \cdot d_k^2\right\} \qquad (3\text{-}16)$$

Dabei ist

$f_{1,k}$ charakteristischer Wert des Ausziehparameters (Tabelle 3-3)

$f_{2,k}$ charakteristischer Wert des Kopfdurchziehparameters (Tabelle 3-3)

d Nenndurchmesser des Nagels

d_k Außendurchmesser des Nagelkopfes

ℓ_{ef} Wirksame Nageleinschlagtiefe

In Gleichung (3-16) beschreibt der erste Ausdruck das Herausziehen des Nagels aus dem Holzteil mit der Nagelspitze, mit dem zweiten Ausdruck wird das Durchziehen des Nagels durch das Holzteil mit dem Nagelkopf erfasst.

Für die Berechnung des Ausziehwiderstandes von Klammerverbindungen ändert sich Gleichung (3-16) zu

$$R_{ax,k} = \min\left\{f_{1,k} \cdot d \cdot \ell_{ef} \, ; f_{2,k} \cdot d \cdot b_r\right\} \qquad (3\text{-}17)$$

wobei

b_r Rückenbreite der Klammer

Tabelle 3-3   Charakteristische Werte für die Ausziehparameter $f_{1,k}$ und die Kopfdurchziehparameter $f_{2,k}$ in N/mm^2 für Nägel (nach DIN 1052 (2008))

	1	2	3	4
1	Nageltyp	$f_{1,k}$	Nageltyp	$f_{2,k}$
2	Glattschaftige Nägel	$18 \cdot 10^{-6} \cdot \rho_k^2$	Glattschaftige Nägel	$60 \cdot 10^{-6} \cdot \rho_k^2$
3	Sondernägel der Tragfähigkeitsklasse		Sondernägel der Tragfähigkeitsklasse	
4	1	$30 \cdot 10^{-6} \cdot \rho_k^2$	1	$60 \cdot 10^{-6} \cdot \rho_k^2$
5	2	$40 \cdot 10^{-6} \cdot \rho_k^2$	2	$80 \cdot 10^{-6} \cdot \rho_k^2$
6	3	$50 \cdot 10^{-6} \cdot \rho_k^2$	3	$100 \cdot 10^{-6} \cdot \rho_k^2$
Charakteristische Rohdichte in kg/m^3, jedoch höchstens 500 kg/m^3				

Die Verschiebungsmoduln K_{ser} in N/mm je Scherfuge stiftförmiger Verbindungsmittel berechnen sich zu

$$K_{ser} = \frac{\rho_k^{1,5}}{25} \cdot d^{0,8} \qquad \text{für Nägel und Holzschrauben in nicht vorgebohrten Löchern} \qquad (3-18)$$

$$K_{ser} = \frac{\rho_k^{1,5}}{60} \cdot d^{0,8} \qquad \text{für Klammern} \qquad (3-19)$$

3.1.3 Duktilität, Energiedissipation und Hysterese im Holzbau

Bei kleineren Verschiebungen zeigen sowohl der Baustoff Holz als auch die verwendeten Verbindungsmittel linear-elastisches Verhalten. Bei größeren Verschiebungen entstehen plastische Verformungen im Holz (Lochleibungsversagen) sowie in den Verbindungsmitteln (plastisches Verhalten unter Biegebeanspruchung). Verbindungen im Holzbau sind durch dieses Zusammenwirken von Werkstoff und mechanischen Verbindungsmitteln im Allgemeinen sehr duktil.

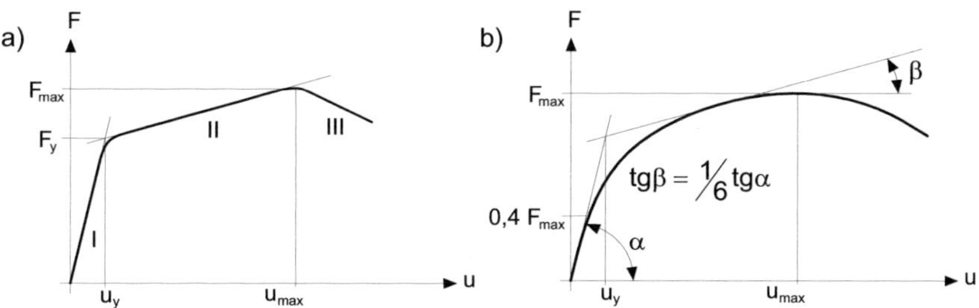

Bild 3-4   Bestimmung der Duktilität bei unterschiedlichem Verlauf der Last-Verschiebungskurven (nach Ceccotti (1995))

Bild 3-4 zeigt das Verhalten einer Holzverbindung unter monoton ansteigender Last sowie die Bestimmung der Duktilität (analog zu Abschnitt 3.1.1). Je nach Verbindungsmittel, Material und Geometrie der Verbindung sind verschiedene Formen der Last-Verschiebungskurve zu beobachten. Die Verwendung (mindestens) zweier Werkstoffe - im Allgemeinen Holz und Stahl - in einer Holzverbindung führt dazu, dass der Übergang von elastischem zu plastischem Verhalten der Verbindung meist nicht genau festgelegt werden kann. Bild 3-4 a) zeigt eine Last-Verschiebungskurve, welche mit zwei Geraden angenähert werden kann, Bild 3-4 b) eine vollständig nichtlineare Last-Verschiebungskurve.

Im Fall der vollständig nichtlinearen Last-Verschiebungskurve existieren verschieden Methoden zur Bestimmung der Fließverschiebung u_y, welche Grundlage für die Ermittlung der Duktilität ist. Dies bedeutet jedoch, dass die ermittelte Duktilität immer auch von der Wahl des Verfahrens zur Bestimmung der Fließverschiebung abhängig ist. Die Bestimmung der „richtigen" Fließverschiebung ist im Holzbau seit langem Diskussionsgegenstand, verschiedene Bestimmungsverfahren existieren (Munoz et al. (2008)).

Wird eine Holzverbindung unter zyklischen Lasten geprüft, haben Lochleibungsfestigkeit des Holzes und Fließmoment des Verbindungsmittels sinngemäß zu den Abschnitten 3.1.1 und 3.1.2 Bedeutung. Bei Verschiebung einer Verbindung über die Elastizitätsgrenze hinaus wird das Holz unter dem Verbindungsmittel plastisch verformt, also in einer Richtung irreversibel zusammengepresst. Ebenso erreicht das Verbindungsmittel das Fließmoment und wird in der Richtung der Belastung verformt (Bild 3-5 a)).

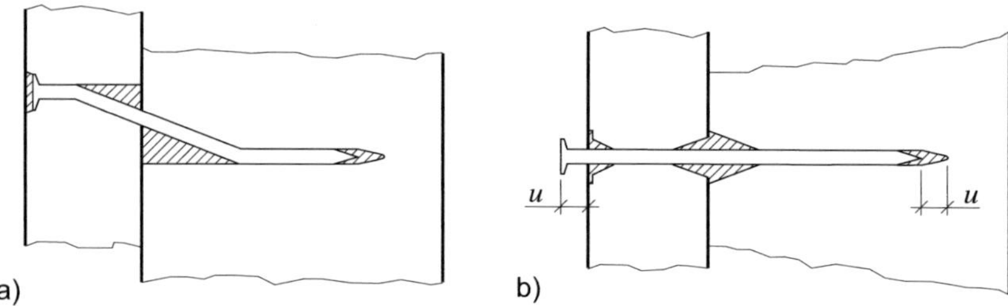

Bild 3-5   a) Hohlräume einer Nagelverbindung durch plastische Verformung,
                  b) Herausziehen eines Nagels bei wiederholter Belastung
                  (aus Ceccotti (1995))

Bei Belastung der Verbindung in der anderen Richtung erfolgt zuerst die plastische Verformung des Verbindungsmittels bis zurück zum Ausgangszustand, bevor das in der anderen Richtung umgebende Holz am Verbindungsmittel anliegt und die plastische Verformung in der anderen Richtung beginnt.

Durch die wiederholten Verschiebungen wird das Verbindungsmittel aus dem Holz herausgezogen, was neben dem „Ausleiern" der Verbindung den Festigkeits- und Steifigkeitsabfall einer zyklisch belasteten Holzverbindung zur Folge hat.

Die Aufzeichnung eines Versuches unter einem zyklischen Belastungsmuster liefert ein Last-Verschiebungsdiagramm, welches durch die typische Form der gewonnenen Kurven, den sog. „Hystereseschleifen" gekennzeichnet ist. Abhängig von Last und

Verschiebung zeigt die Hysteresekurve (z.B. einer Stabdübelverbindung) verschiedene Formen.

Während in Bild 3-6 a) die Hysterese aufgrund der geringen Verschiebung im linear-elastischen Bereich bleibt, ist in Bild 3-6 b) und c) nichtlineares Verhalten zu erkennen, welches von den plastischen Verformungseigenschaften der Holzverbindung abhängt.

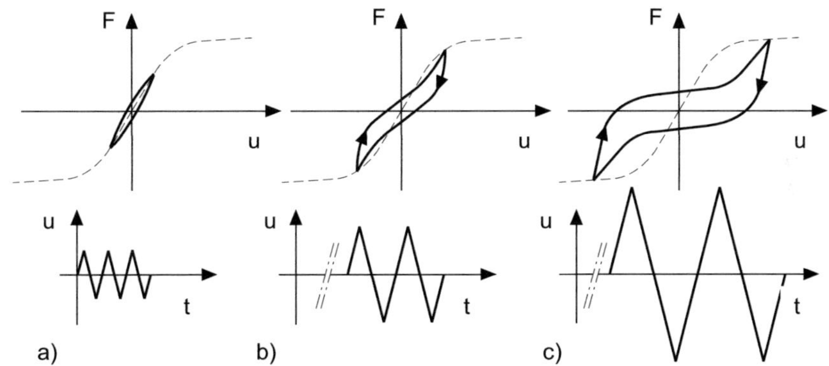

Bild 3-6   Hysteresekurven von Stabdübelverbindungen bei unterschiedlichen Laststufen (aus Ceccotti (1995))

Für Holzverbindungen ebenfalls typisch ist die eingedrückte Form der Hystereseschleifen („pinching", „pinched behaviour"): Während der Rückverformung des stiftförmigen Verbindungsmittels liegt kein Holz am Verbindungsmittel an, es wirkt während dieser Phase als Kragarm. „Pinching" wird extrem, wenn weder Widerstand durch anliegendes Holz noch durch die plastische Verformung des Stabdübels geleistet wird (Bild 3-7 b)).

Bei Hysteresekurven mit großen Verformungen nach zyklischer Belastung fällt auf, dass die maximale Last der Verbindung in etwa derjenigen entspricht, die beim monotonen Versuch erreicht worden wäre; in Bild 3-6 und Bild 3-7 jeweils durch die gestrichelte Linie angedeutet.

Beim Durchlauf eines Schleifenzyklus schließt die Kurve eine Fläche ein. Der Inhalt dieser Fläche ist ein Maß für die im Versuch dissipierte Energie. Bild 3-7 zeigt, dass die plastische Verformbarkeit des Stahles in der Verbindung die Form der Hystereseschleife und ihren Flächeninhalt wesentlich beeinflusst. Schlanke Verbindungsmittel wie in Bild 3-7 a) sind leicht verformbar und können bei wiederholter Belastung durch die Kragarmwirkung Energie dissipieren.

Gedrungene Verbindungsmittel wie in Bild 3-7 b) werden unter zyklischen Lasten nur wenig oder gar nicht verformt, daher ist ihre Energiedissipation gering. Die vollständige Eindrückung der Schleife auf der Verschiebungsachse kennzeichnet die Verschiebung des Verbindungsmittels ohne Widerstand; die Bereiche um den Stabdübel herum sind bereits irreversibel plastisch verformt und können keinen Widerstand mehr bieten. Bild 3-7 c) zeigt nahezu ideal-plastisches Verhalten eines Stahlbleches in einer Verbindung zur Übertragung eines Moments, wodurch sich annähernd bilineare Form der Last-Verschiebungskurve ergibt.

Das Verhalten einer Holzverbindung wird bei Verwendung schlanker Verbindungsmittel zwischen den beiden Extremen Bild 3-7 b) und c) liegen, bei der Konzeption von Verbindungen, die zur Energiedissipation ausgelegt sind, sollten demnach schlanke Verbindungsmittel verwendet werden.

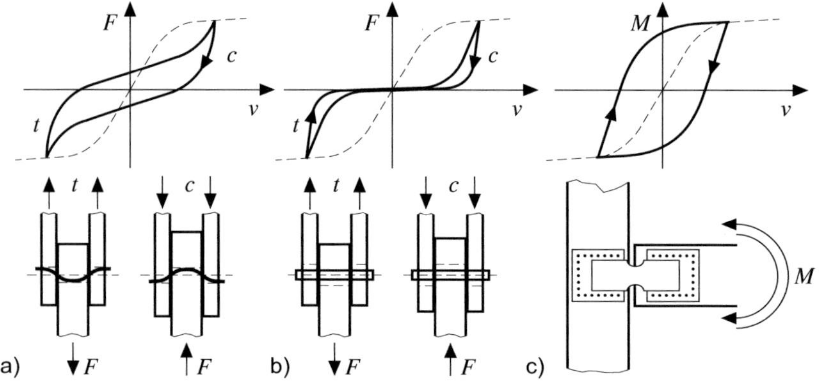

Bild 3-7 Holzverbindungen unter zyklischer Last: a) dünner Stabdübel; b) gedrungener Stabdübel c) Stahlblech - Holz (aus Ceccotti (1995))

Um die Energiedissipation vergleichen zu können, wurde in DIN EN 12512 (2005) das äquivalente proportionale Dämpfungsverhältnis (in der Literatur auch: „äquivalentes viskoses hysteretisches Dämpfungsmaß") eingeführt. Es handelt sich um einen dimensionslosen Parameter, der die Dämpfung durch die hysteretischen Eigenschaften der Verbindung ausdrückt.

Die Herleitung des äquivalenten hysteretischen Dämpfungsmaßes erfolgt über das Gleichsetzen der von einer idealisierten Hysteresekurve eingeschlossenen Fläche und der elastisch gespeicherten Energie nach Bild 3-8 a).

Die von der Ellipse eingeschlossene Fläche, also die (bei harmonischen Schwingungen) in einem Schwingungszyklus dissipierte Energie beträgt:

$$E_D = \int F_D du = \int_0^{2\pi/\varpi} c \cdot \dot{u}^2 dt = c\varpi\pi u_0^2 \tag{3-20}$$

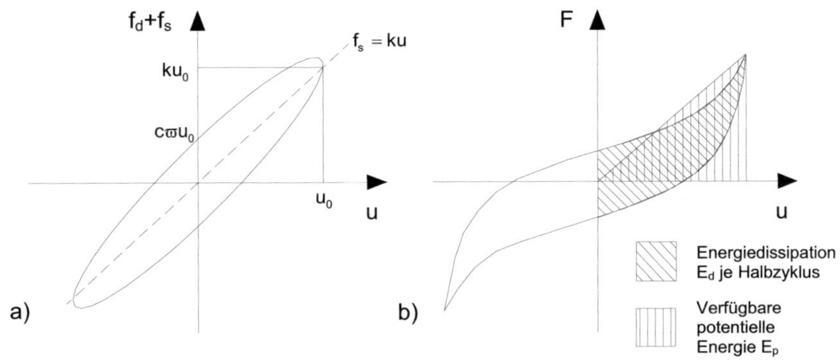

Bild 3-8   a) Hysteresekurve für parallelgeschaltete Feder und viskosen Dämpfer (nach Chopra (2001)), b) Definition von Energiedissipation und potentieller Energie nach DIN EN 12512 (2005)

Die Arbeit der Rückstellkraft, also die im System vorhandene potentielle Energie beträgt:

$$E_{Pot} = \int_0^{2\pi/\varpi} k \cdot u \cdot \dot{u}\, dt = \frac{1}{2}k \cdot u_0^2 \tag{3-21}$$

Setzt man diese ins Verhältnis über einen Schleifendurchlauf ergibt sich das äquivalente hysteretische Dämpfungsmaß

$$\xi_{eq} = \frac{1}{4\pi}\frac{E_D}{E_{Pot}} \tag{3-22}$$

mit

ξ_{eq} äquivalentes proportionales Dämpfungsverhältnis

E_d Energiedissipation je Halbzyklus (Bild 3-8)

E_p Verfügbare potentielle Energie (Bild 3-8)

Es sei angemerkt, dass im Holzbau bzw. in DIN EN 12512 (2005) das Dämpfungs-verhältnis über einen halben Schleifendurchlauf bestimmt wird, während Gleichung (3-22) einen ganzen Schleifendurchlauf als Grundlage für das Dämpfungsverhältnis verwendet.

Wird ein halber Schleifendurchlauf zu Grunde gelegt, ergibt sich die Definition

$$\upsilon_{eq} = \frac{1}{2\pi} \frac{E_D}{E_{Pot}} \tag{3-23}$$

wobei υ_{eq} wiederum das äquivalente proportionale Dämpfungsverhältnis darstellt. Die Ergebnisse von (3-22) und (3-23) sind daher gleich. Eine ausführliche Herleitung ist in Abschnitt 9.1 zu finden.

Die gesamte Dissipation einer Wand setzt sich aus der Energiedissipation der einzelnen stiftförmigen Verbindungsmittel zusammen. Hinzu kommen Reibungsein-flüsse, z.B. Reibung der Beplankung auf den Stielen oder Reibung der Füllung in den Wänden.

Durch die bleibende Verformung des Holzes um das Verbindungsmittel kann beim zweiten Durchlauf der Schleife nicht mehr dieselbe Last wie im ersten Durchlauf erreicht werden, der Wert im dritten Durchlauf der Schleife ist nochmals geringer. Die Differenz der im ersten und dritten Durchlauf erreichten Lasten, die so genannte Festigkeitsminderung (Bild 3-9), ist ein Maß für die Dauerhaftigkeit der Verbindung. Die Festigkeitsminderung sollte zwischen dem ersten und dem dritten Zyklus nicht mehr als 20% betragen, da die Verbindung sonst zu geringen Widerstand gegenüber zyklischen Lasten bzw. Erdbebenlasten aufweist.

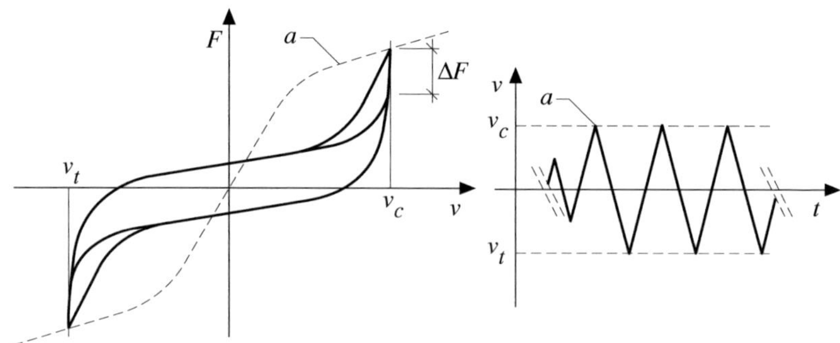

Bild 3-9   Definition der Festigkeitsminderung (aus Ceccotti (1995))

3.2   Erdbebenwirkung auf Bauwerke

Die auf ein Gebäude wirkenden Eigenlasten, Verkehrslasten oder auch Schnee wirken in erster Linie vertikal auf die Konstruktion ein. Dem gegenüber stehen Lasten, welche horizontal an der Konstruktion angreifen, z.B. Wind und Erdbebenlasten.

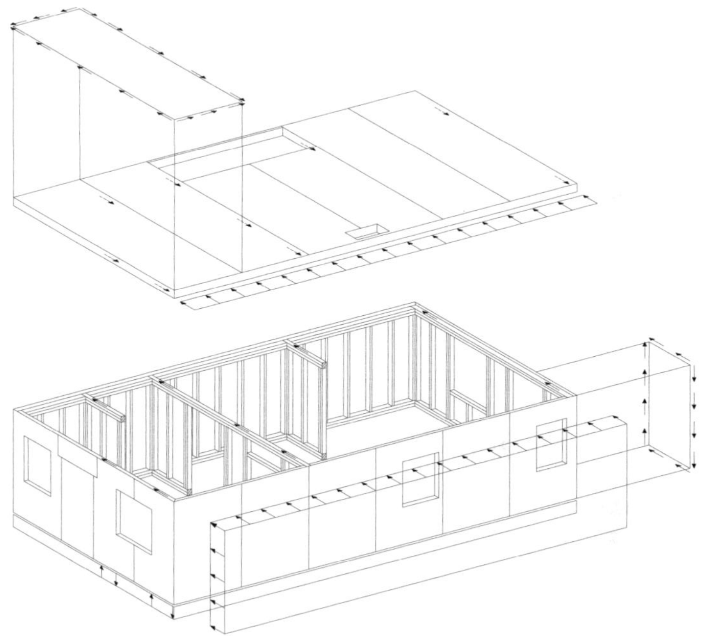

Bild 3-10   Horizontaler Lastabtrag an einem Holzgebäude

Die Aussteifung eines Gebäudes wird im Allgemeinen durch rechtwinklig angeordnete Innen- und Außenwände übernommen. Beim Angriff einer horizontalen Last werden die Lasten von den Geschoßdecken zu den aussteifenden Wänden weitergeleitet. Die Wände leiten die horizontale Belastung in die darunter liegenden Decken und schließlich in den Baugrund weiter. Die Anordnung der Wandtafel innerhalb des Gebäudes bestimmt hierbei ihren Anteil an der Abtragung der horizontalen Lasten (Bild 3-10).

Im Gegensatz zu den bereits erwähnten Lasten sind Erdbebenlasten keine statischen Lasten, sondern wirken mit hohen Geschwindigkeiten und verändern ihre

Richtung während der Einwirkung. Daher muss ein aussteifendes Bauteil für Belastungen in beiden Richtungen parallel zu seiner Ebene ausgelegt werden und die durch ruckartige Einwirkungen eingeleitete Energie ohne schwerwiegende Folgen für das Gebäude und die Bewohner bleiben.

3.2.1   Seismischer Hintergrund

Erdbeben entstehen durch dynamische Prozesse in der Erdkruste und im oberen Erdmantel. Aufgrund der Plattentektonik werden an den Plattengrenzen enorme Spannungen aufgebaut, welche sich beim Erreichen der Scherfestigkeit des Gesteins schlagartig entladen. Auch Bodenerschütterungen durch Vulkanausbrüche, Explosionen usw. können Erdbeben auslösen, die allerdings lokal begrenzt sind und für die Abschätzung seismischer Risiken nicht in Betracht gezogen werden. Die Weltkarte mit den Hypozentren der Erdbebenereignisse seit 1954 in Bild 3-11 a) zeigt, dass die Seismizität die tektonischen Plattengrenzen deutlich nachzeichnet. Die Erdbebengefahr ist daher in Japan, Neuseeland, Indonesien, der Ostküste der USA und anderen Ländern an Grenzen von Großplatten besonders hoch.

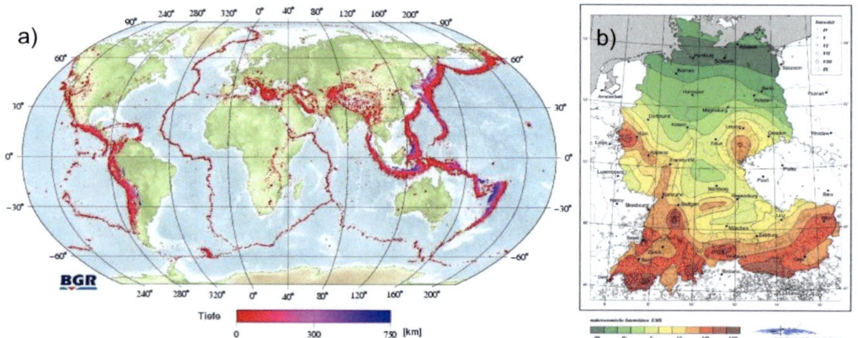

Bild 3-11   a) Weltkarte mit den Hypozentren aller Erdbebenereignisse seit
                   1954 (Magnitude >4.0). (Quelle: bgr.bund.de); b) Erdbebengefähr-
                   dung für die D-A-CH Staaten (Quelle: gfz-potsdam.de)

Obwohl die Erdbebenaktivität in Europa im Vergleich zum globalen Maßstab als moderat anzusehen ist, besteht doch eine intensive Häufung von Erdbebenherden in Griechenland, südlichen Teilen des Balkans, dem Westen der Türkei und zentralen Regionen in Italien. Das Erdbeben von L'Aquila in der italienischen Region Abruzzen im April 2009 mit über 280 Toten führte weit über die italienischen Grenzen zu einer Sensibilisierung für erdbebensicheres Bauen im europäischen Raum. Teile der

Schweiz und Österreichs sind ebenfalls sehr hohen Intensitäten bzw. Boden-beschleunigungen ausgesetzt (Bild 3-11 b)).

Dem Thema Erdbeben wurde in Deutschland über lange Zeit nur eine geringe Bedeutung beigemessen, erst seit 2007 gilt in allen Bundesländern verbindlich die Erdbebennorm DIN 4149 aus dem Jahre 2005. Erdbebeneinwirkungen müssen bei der Bemessung von Gebäuden nur in den seismisch aktiven Gebieten wie der schwäbischen Alb, dem Oberrheingraben und der Rheinischen Bucht berücksichtigt werden. In der Rheinischen Bucht wurden seit dem frühen Mittelalter im Abstand von 50 bis 150 Jahren immer wieder Starkbeben mit einer Maximalintensität von $I = 8$ registriert (Müller (1984)). Bei heutiger Wiederholung solcher Beben besteht durch dichte Bebauung mit komplexen baulichen Anlagen ein erhebliches Schadenspoten-tial, auch mit dem Verlust von Menschenleben wäre zu rechnen (Bachmann (2002)).

3.2.2　　　　Erdbebengefährdung

Die Auftretenswahrscheinlichkeit eines Erdbebens einer bestimmten Stärke an einem betrachteten Standort innerhalb eines festgelegten Zeitintervalls wird als Erdbeben-gefährdung bezeichnet. Die Erdbebengefährdung ist vom Standort allein abhängig, während das Erdbebenrisiko die Auftretenswahrscheinlichkeit bestimmter Schäden mit berücksichtigt und somit vom Standort und der Bebauung abhängig ist. Die Auftretenswahrscheinlichkeit einer bestimmten Intensität oder Bodenbeschleunigung ist durch die lokalen seismotektonischen Verhältnisse wie der Nähe zu einer Bruch-zone oder der Art des geologischen Untergrunds beeinflusst. Die lokale Erdbebenge-fährdung kann in Erdbebengefährdungskarten dargestellt werden. Für eine fest-gelegte Wiederkehrperiode kann die zu erwartende maximale Bodenbeschleunigung abgelesen werden, die für die Erdbebenbemessung von Hochbauten angesetzt wird. Eine für Deutschland, die Schweiz und Österreich gültige Karte für eine Wiederkehr-periode von 475 Jahren (entspricht einer Nichtauftretenswahrscheinlichkeit von 90% in 50 Jahren) zeigt Bild 3-11 b) (Bachmann (2002), Holtschoppen (2009)).

3.2.2.1　　　　Baugrund

Die Erdbebengefährdung eines Bauwerks wird durch den Baugrund maßgeblich beeinflusst. In weichem und unverfestigtem Untergrund werden hochfrequente Schwingungen gedämpft und niederfrequente Schwingungen verstärkt. Da die Eigenfrequenzen üblicher Hochbauten etwa im Bereich zwischen 0.5 und 5 Hz zu finden sind, kann allgemein gesagt werden, dass sich Erschütterungen in weichem Untergrund bei gleicher Seismizität stärker auswirken als auf festem Untergrund. In der Erdbebenberechnung wird der Einfluss des Untergrundes durch Einführung eines Baugrundfaktors S vereinfacht berücksichtigt (Müller (1984), Meskouris et al. (2007)).

3.2.2.2　　　　　　Zeitverläufe

Für die Bemessung eines Bauwerkes unter Erdbebenbelastung sind die Bodenbeschleunigung, -geschwindigkeit und -verschiebung (Bild 3-12) sowie der Frequenzgehalt der Bodenbewegung wichtige Größen; ferner die Dauer des Erdbebens bzw. der Starkbebenphase. Da die Maximalwerte der Verschiebungsgrößen nicht gleichzeitig auftreten, sind bei Berechnungen von Tragwerken die relevanten Schnittgrößen getrennt zu berechnen. Daher kann bei der Verwendung von Zeitverläufen nur das Bauwerksverhalten für ein bestimmtes Erdbeben mit einem bestimmten Beschleunigungszeitverlauf berechnet werden. Das Bauwerksverhalten bei einem zukünftigen, noch unbekannten Erdbeben kann mit mehreren Zeitverlaufsberechnungen mit verschiedenen Beschleunigungszeitverläufen lediglich abgeschätzt werden. Hierbei ist darauf zu achten, dass die Beschleunigungszeitverläufe von Beben mit ähnlicher Magnitude sowie Herdentfernung verwendet werden. Sollten nicht ausreichend viele Erdbebenzeitverläufe vorliegen, kann auf synthetische (generierte) Beschleunigungszeitverläufe ausgewichen werden.

Soll das Zeitverlaufsverfahren für die Erdbebenbemessung angewendet werden, sind einige Kenngrößen der Bodenbewegung von Interesse. Eine wichtige seismologische Kenngröße ist hierbei die maximal auftretende Bodenbeschleunigung $a_{g,max}$ (auch „Peak Ground Acceleration" (PGA_{max})). Diese kann aus empirischen Beziehungen zur Intensität ermittelt werden, wobei die Beziehungsgleichungen Mittelwerte von stark streuenden Größen wiedergeben und mit Vorsicht zu verwenden sind. Beispielhaft sei die Beziehung für den Zusammenhang zwischen der Intensität I und der Maximalbeschleunigung a_0 nach Müller (1984) wiedergegeben:

$$I = b \cdot \lg a_0 + c \tag{3-24}$$

wobei Werte von

b　　　=　　　2 - 3

c　　　=　　　1,5 - 2,7

empfohlen werden. Eine Vielzahl weiterer empirischer Beziehungen wird in der Literatur angegeben.

Zur Festlegung von Bemessungsbeben in Normen wird meist die „effektiv wirksame Bodenbeschleunigung" (PGA_{eff}) verwendet. Diese gibt die Wirkung eines Erdbebens im Zusammenhang mit den üblichen Bauwerksfrequenzen wieder und ist im Allgemeinen kleiner als die Spitzenbodenbeschleunigung.

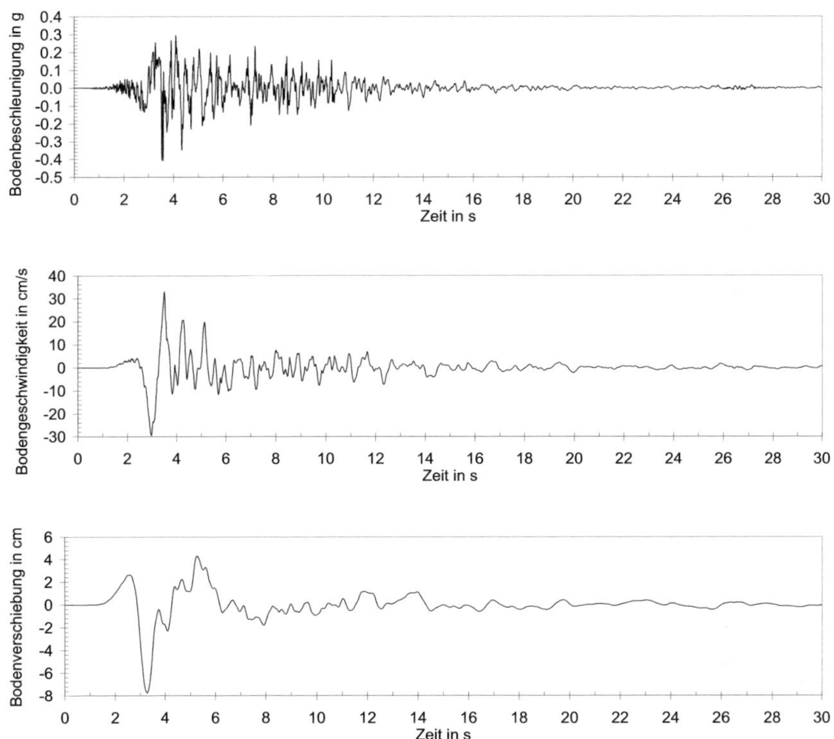

Bild 3-12   Zeitverlauf der Bodenbeschleunigung, Bodengeschwindigkeit und Bodenverschiebung für das Erdbeben von L'Aquila, Italien, 06.04.2009 (Station FA030x)

Weitere Kenngrößen sind die maximale horizontale Bodengeschwindigkeit $v_{g,max}$ sowie die maximale horizontale Bodenverschiebung $u_{g,max}$, (Bild 3-12) die mit ähnlichen Beziehungen zur Intensität wie für die maximale horizontale Bodenbeschleunigung angenommen werden, wobei wieder ähnliche Streuungen zu erwarten sind. Der Frequenzgehalt der Bodenbewegung bildet die Grundlage bei der Konstruktion des elastischen Antwortspektrums (vgl. Abschnitt 3.2.3), die Dauer der Bodenbewegung ist zwar für die Schädigung von Tragwerken wichtig, ist aber letztlich nur bei der Wahl bzw. der Erzeugung von synthetischen Zeitverläufen für das Bemessungsbeben von Interesse (Bachmann (2002)).

3.2.3   Baudynamische Grundlagen

3.2.3.1   Systeme mit einem Freiheitsgrad

Zur Herleitung der Bewegungsgleichung für ein lineares System mit einem Freiheitsgrad soll der in Bild 3-13 dargestellte Einmassenschwinger unter Fußpunkterregung betrachtet werden. Der Einmassenschwinger (EMS) ist ein einfaches und in vielen Fällen ausreichendes Modell eines dynamischen Systems mit einem Freiheitsgrad. Die maximale Antwort eines EMS in Abhängigkeit seiner Periode unter einer gegebenen Anregung wird als Antwortspektrum bezeichnet (vgl. Abschnitt 3.2.4). Der Freiheitsgrad des Systems ist die Verschiebung der Masse in x-Richtung. Bestandteile des Systems sind die als Punkt idealisierte Masse, die Feder mit zugehöriger Steifigkeit sowie der Dämpfer mit Dämpfungskonstante. Die Federsteifigkeit sei konstant über die Zeit, somit liegt ein linearer EMS vor (Dazio (2004)).

Über das Gleichgewicht der Kräfte am ausgelenkten System kann die Bewegungsgleichung unter Fußpunktanregung formuliert werden. Hierbei werden folgende Größen verwendet:

$x(t)$ Relativverschiebung der Punktmasse

$x_g(t)$ Verschiebung des Bodens

m Masse

k Federsteifigkeit

c Dämpferkonstante

In der Dynamik werden Ableitungen nach der Zeit durch Punkte gekennzeichnet:

$$\frac{dx}{dt} = \dot{x}, \frac{d\dot{x}}{dt} = \ddot{x}$$

Das Gleichgewicht der angreifenden Kräfte ergibt die Bewegungsgleichung

$$m\ddot{x} + c\dot{x} + k\,x = -m\ddot{x}_g \qquad\qquad (3\text{-}25)$$

welche durch Umformung auf die allgemein gebräuchliche Form gebracht wird:

$$\ddot{x} + 2\xi\omega\dot{x} + \omega^2 x = -\ddot{x}_g \qquad\qquad (3\text{-}26)$$

Hierbei ist

$$\omega = \sqrt{\frac{k}{m}} \qquad \text{Eigenkreisfrequenz des ungedämpften Systems} \qquad (3\text{-}27)$$

$$\xi = \frac{c}{2m\omega} \qquad \text{Dämpfungsmaß} \qquad (3\text{-}28)$$

Weiterhin sollen an dieser Stelle eingeführt werden:

$$f = \frac{\omega}{2\pi} = \frac{1}{2\pi}\sqrt{\frac{k}{m}} \qquad \text{Eigenfrequenz und} \qquad (3\text{-}29)$$

$$T = \frac{1}{f} \qquad \text{Periode des EMS} \qquad (3\text{-}30)$$

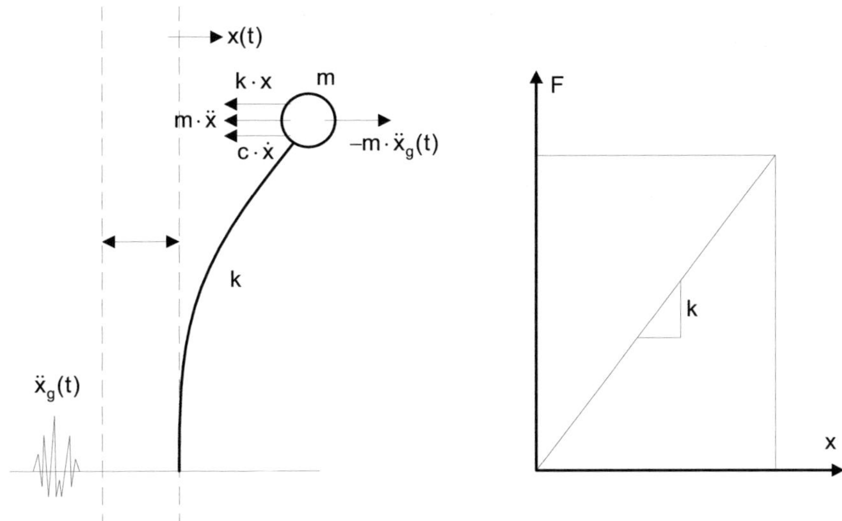

Bild 3-13   Linearer Einmassenschwinger und Federgesetz
                 (nach Dazio (2004))

3.2.3.2   Systeme mit mehreren Freiheitsgraden

Ein kurzer Überblick über Systeme mit mehreren Freiheitsgraden soll Anhand des in Bild 3-14 gezeigten Dreimassenschwingers erfolgen. Die Bezeichnungen wurden entsprechend dem Einmassenschwinger nach Bild 3-13 gewählt wobei die unterste Masse und die unterste Feder jeweils den Index „1" erhalten. Die Verschiebungszustände in den Eigenschwingungsformen werden durch zwei Indizes beschrieben, wobei der erste Index den „Ort" der Verschiebung kennzeichnet, der zweite Index die Eigenschwingungsform anzeigt. So ergibt sich die Bewegungsgleichung in Matrizenschreibweise:

$$\mathbf{M}\ddot{x} + \mathbf{C}\dot{x} + \mathbf{K}x = -\mathbf{M}\ddot{x}_g \qquad\qquad (3\text{-}31)$$

Fett gedruckte Großbuchstaben kennzeichnen Matrizen, Kleinbuchstaben sind Vektoren. Für den Dreimassenschwinger ist also:

$$\mathbf{M} = \begin{pmatrix} m_1 & 0 & 0 \\ 0 & m_2 & 0 \\ 0 & 0 & m_3 \end{pmatrix} \qquad \text{Massenmatrix}$$

$$\mathbf{C} = \begin{pmatrix} c_{11} & c_{12} & c_{13} \\ c_{21} & c_{22} & c_{23} \\ c_{31} & c_{32} & c_{33} \end{pmatrix} \qquad \text{Dämpfungsmatrix}$$

$$\mathbf{K} = \begin{pmatrix} k_{11} & k_{12} & k_{13} \\ k_{21} & k_{22} & k_{23} \\ k_{31} & k_{32} & k_{33} \end{pmatrix} \qquad \text{Steifigkeitsmatrix}$$

$$x = \begin{pmatrix} x_1 \\ x_2 \\ x_3 \end{pmatrix} \qquad \text{Verschiebungsvektor}$$

Für den ungedämpften Fall einer freien Schwingung kann das lineare Differentialgleichungssystem (Gleichung (3-25)) geschrieben werden als:

$$\mathbf{M}\ddot{x} + \mathbf{K}x = 0 \qquad\qquad (3\text{-}32)$$

Als Lösungsansatz wird gewählt:

$$\mathbf{x} = \varphi \cdot e^{i\omega t} \qquad\qquad (3\text{-}33)$$

wobei i die imaginäre Einheit darstellt ($i = \sqrt{-1}$). Damit ist

$$\dot{\mathbf{x}} = i\omega\varphi \cdot e^{i\omega t} \quad \text{und} \quad \ddot{\mathbf{x}} = -\omega^2 \varphi \cdot e^{i\omega t}$$

Gleichung (3-32) wird so zu:

$$\left(-\omega^2 \mathbf{M} + \mathbf{K}\right)\varphi = 0 \tag{3-34}$$

Gleichung (3-34) besitzt dann nichttriviale Lösungen, wenn die Determinante verschwindet.

$$\det\left(-\omega^2 \mathbf{M} + \mathbf{K}\right) = 0 \tag{3-35}$$

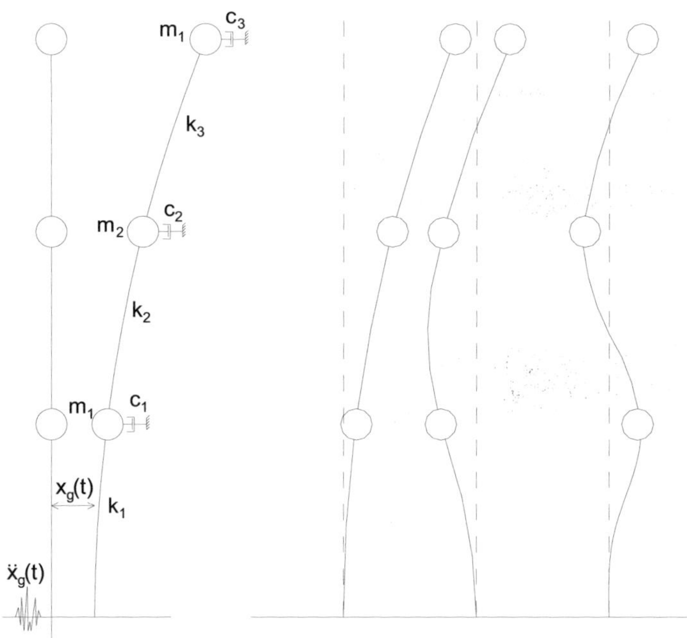

Bild 3-14   Dreimassenschwinger mit Eigenformen

Aus Gleichung (3-35) lassen sich die Eigenwerte und damit die Eigenkreisfrequenzen bestimmen. Für den dargestellten Schwinger mit drei Freiheitsgraden ergeben sich 3 Eigenwerte ω_k^2 und 3 Eigenkreisfrequenzen ω_k. Den Eigenkreisfrequenzen sind wiederum die Eigenfrequenzen f_k und die Eigenperioden T_k nach (3-29) und (3-30) zugeordnet. Durch Einsetzen der Eigenkreisfrequenzen in (3-34) erhält man die zu den Eigenschwingungsformen gehörenden Eigenvektoren φ_k.

Mit der oben gewählten Indexnotation können die Eigenvektoren zur modalen Matrix der Eigenschwingungsformen Φ zusammengefasst werden:

$$\Phi = \begin{pmatrix} \varphi_1 & \varphi_2 & \varphi_3 \end{pmatrix} = \begin{pmatrix} \varphi_{11} & \varphi_{12} & \varphi_{13} \\ \varphi_{21} & \varphi_{22} & \varphi_{23} \\ \varphi_{31} & \varphi_{32} & \varphi_{33} \end{pmatrix} \tag{3-36}$$

Die zur kleinsten Eigenkreisfrequenz ω^2 oder Eigenfrequenz ω gehörende Schwingungsform wird als Grundschwingungsform bezeichnet. Analog zum beschriebenen Schwinger mit drei Massen resultieren bei einem Schwinger mit n Massen n Eigenkreisfrequenzen und n dazu gehörige Eigenvektoren.

3.2.3.3　　　　　　Modalanalyse

Bei der Modalanalyse wird die Bewegungsgleichung (3-31) entkoppelt und in ein System von Einmassenschwingern überführt (Bild 3-15). Dabei werden mittels einer Variablentransformation die Modalkoordinaten (manchmal auch „generalisierte Koordinaten") eingeführt:

$$\mathbf{x} = \sum_{k=1}^{n} \varphi_k \cdot y_k = \Phi \cdot \mathbf{y} \quad \text{und} \quad \dot{\mathbf{x}} = \Phi \cdot \dot{\mathbf{y}} \quad \text{sowie} \quad \ddot{\mathbf{x}} = \Phi \cdot \ddot{\mathbf{y}} \tag{3-37}$$

Einsetzen in die Bewegungsgleichung sowie Multiplikation mit Φ^T „von links" ergibt:

$$\Phi^T M \Phi \ddot{\mathbf{y}} + \Phi^T C \Phi \dot{\mathbf{y}} + \Phi^T K \Phi \mathbf{y} = -\Phi^T M \ddot{\mathbf{x}}_g \tag{3-38}$$

Weiterhin wird die modale Masse, die modale Dämpfung sowie die modale Steifigkeit eingeführt:

$$\mathbf{m}_k^* = \Phi_k^T M \Phi_k \tag{3-39}$$

$$\mathbf{c}_k^* = \Phi_k^T C \Phi_k \tag{3-40}$$

$$\mathbf{k}_k^* = \Phi_k^T K \Phi_k \tag{3-41}$$

Damit kann die k-te Zeile der Bewegungsgleichung der modalen Einmassenschwinger geschrieben werden:

$$\ddot{\mathbf{y}}_k + 2\xi_k \omega_k \dot{\mathbf{y}}_k + \omega^2 \mathbf{y}_k = -\Phi_k^T M \mathbf{e} \ddot{\mathbf{x}}_g \tag{3-42}$$

bzw.

$$\ddot{\mathbf{y}}_k + 2\xi_k\omega_k\dot{\mathbf{y}}_k + \omega^2\mathbf{y}_k = -\frac{\mathbf{r}_k}{\mathbf{m}_k}\ddot{\mathbf{x}}_g \qquad (3\text{-}43)$$

Es kennzeichnet **e** den Vektor der Einheitsverschiebung, es wurde $\mathbf{c}_k^* = 2\xi_k\omega_k$ gesetzt und durch $\mathbf{m}_k^*$ dividiert. Mit Hilfe von Gleichung (3-38) bzw. (3-42) können einige wichtige Größen für die Analyse von Tragwerken bestimmt werden:

$$\beta_k = (-)\frac{r_k}{m_k} = \frac{\varphi_k^T \mathbf{M}\mathbf{e}}{\varphi_k^T \mathbf{M}\varphi_k} \qquad \text{Modaler Partizipationsfaktor} \qquad (3\text{-}44)$$

$$m_{k,\text{eff}}^* = \beta_k^2 \cdot m_n^* \qquad \text{Effektive modale Masse} \qquad (3\text{-}45)$$

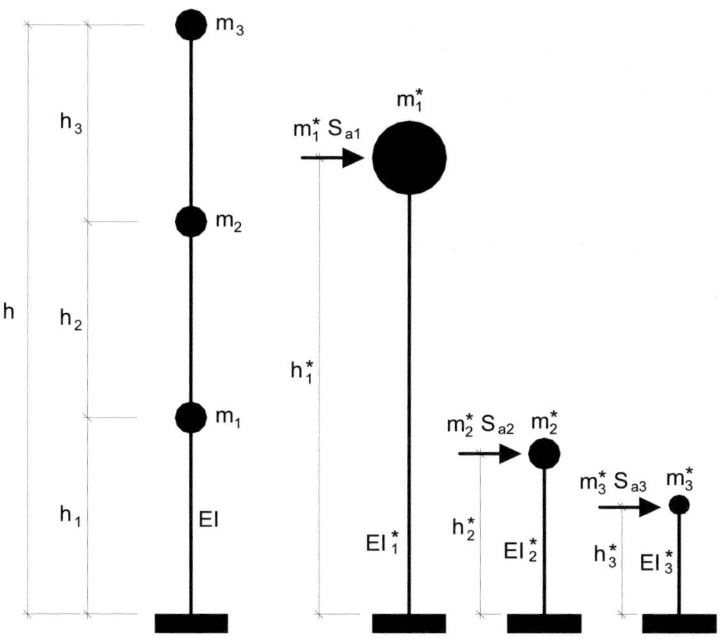

Bild 3-15   Prinzip der Modalanalyse am Dreimassenschwinger
             (nach Dazio (2009))

Die Summe der effektiven Modalmassen entspricht der effektiven Gesamtmasse der Struktur:

$$M_{Tot,eff} = \sum_{k=1}^{n} m_{k,eff}^{*}$$ (3-46)

Das Verhältnis von effektiver Modalmasse zur effektiven Gesamtmasse des Systems kann somit ausgedrückt werden als:

$$\alpha_k = \frac{m_{k,eff}^{*}}{M_{Tot,eff}}$$ (3-47)

Unter „modaler Höhe" wird die die Höhe der resultierenden Einmassenschwinger verstanden. Diese wird definiert durch:

$$h_k^{*} = \frac{L_k^{\theta}}{L_k} \qquad \text{Modale Höhe}$$ (3-48)

$$L_k^{\theta} = \sum_{i=1}^{N} h_i \cdot m_i \cdot \varphi_{ik}$$ (3-49)

$$L_n = \varphi_k^{T} \cdot \mathbf{Me} \qquad \text{Partizipationsfaktor für die Höhe}$$ (3-50)

Durch Einführung des modalen Partizipationsfaktors (3-44) kann (3-43) auf die Form

$$\ddot{y}_k + 2\xi_k \omega_k \dot{y}_k + \omega^2 y_k = \beta_k \ddot{x}_g$$ (3-51)

gebracht werden.

Die Lösung der DGL (3-51) lautet

$$y_k = \beta_k \cdot S_{d,k}$$ (3-52)

wobei $S_{d,k}$ das Duhamel-Integral darstellt:

$$S_{d,k} = \frac{1}{\omega_{\xi k}} \int \ddot{x}_g e^{-\xi_k \omega_k (t-\tau)} \cdot \sin \omega_{\xi k} (t - \tau) d\tau$$ (3-53)

Der Betragsmäßige Maximalwert des Integrals entspricht dem Maximalwert des Verschiebungsantwortspektrums. Hieraus können die Beiträge der einzelnen Schwingungsformen zur Gesamtantwort bestimmt werden:

$$\max\left|S_{d,k}\right| = S_d = \frac{1}{\omega_k}S_v = \frac{1}{\omega_k^2}S_a \qquad\qquad (3\text{-}54)$$

Für die zugehörigen Eigenkreisfrequenzen können die entsprechenden Werte S_a und S_d aus den Antwortspektren abgelesen werden und so die modalen Maximalwerte der Verschiebungen $u_{k,max}$ sowie der Schnittkräfte $F_{k,max}$ berechnet werden.

$$u_{k,max} = \varphi_k \cdot \beta_k \cdot S_d \qquad\qquad (3\text{-}55)$$

$$F_{k,max} = \beta_k \mathbf{M} \varphi_k \cdot S_a \qquad\qquad (3\text{-}56)$$

Gleichung (3-56) beschreibt somit die statische Ersatzlast, die am Freiheitsgrad k angreift. Setzt man entsprechend die Gesamtmasse des Gebäudes in Gleichung (3-56) ein, so erhält man die aus Normenwerken bekannte Gesamterdbebenkraft („base shear", vgl. Gleichung (3-62)).

$$F_b = S_a(T_1) \cdot M_{Tot,eff} \cdot \alpha_1 \qquad\qquad (3\text{-}57)$$

3.2.4 Antwortspektren

3.2.4.1 Lineare (Elastische) Antwortspektren

Antwortspektren sind ein wichtiges Werkzeug sowohl für die Auswertung registrierter Beben als auch für die Erdbebenbemessung von Bauwerken. Meist ist der Zeitverlauf eines Bebens von untergeordneter Bedeutung, die Kenntnis der maximalen relativen Verschiebung und der maximalen Beanspruchung eines äquivalenten linearen Einmassenschwingers liefert ungleich wichtigere Informationen. Durch ein elastisches Antwortspektrum wird die maximale Antwort eines linearen Einmassenschwingers in Abhängigkeit seiner Periode T bzw. seiner Eigenfrequenz f dargestellt. Bei gleichbleibender Dämpfung ξ wird der Einmassenschwinger durch die Bodenbeschleunigung angeregt, in Abhängigkeit von der Periode führt dabe jeder Schwinger eine andere Antwortschwingung aus.

Von allen berechneten Einmassenschwingern werden die Zeitverläufe der Absolutbeschleunigung a der Masse des Schwingers sowie die Relativgeschwindigkeit v (zwischen Masse und Fußpunkt des Schwingers) und die Relativverschiebung u (ebenfalls zwischen Masse und Fußpunkt des Schwingers) berechnet. Die berechneten Maximalwerte der Antwortschwingungen werden als Spektralwerte Sa, Sv und Sd bezeichnet. Die grafische Auswertung von Sa, Sv und Sd wird als Antwortspektrum bei einer gegebenen Dämpfung ξ bezeichnet (Bachmann (2002), Dazio (2004)). Die beschriebene Vorgehensweise ist in Bild 3-16 schematisch dargestellt.

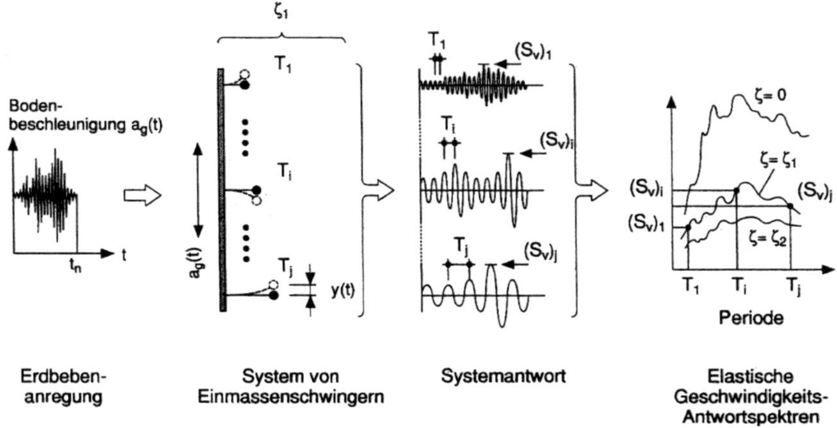

Bild 3-16   Ermittlung von linearen Antwortspektren (aus Bachmann (2002))

Die im Bauwerk vorhandene Dämpfung ξ bestimmt maßgeblich die im Antwortspektrum resultierende Beschleunigung (Bild 3-17). Für übliche Hochbauten wird normalerweise eine viskose Dämpfung von $\xi = 5\,\%$ angenommen. Abweichende Werte können berücksichtigt werden, wenn die Bauwerksdämpfung bekannt ist.

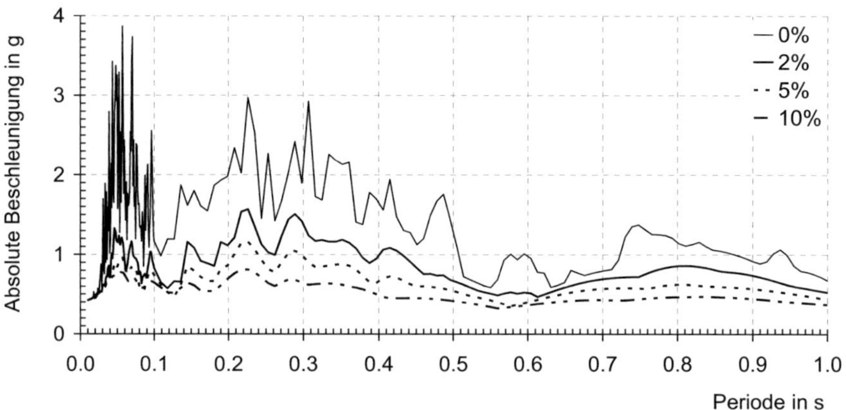

Bild 3-17   Unterschiedlich gedämpfte elastische Antwortspektren für das
                   Erdbeben von L'Aquila, Italien, 06.04.2009 (Station FA030x)

Die Untergrundklasse des Bauwerks bestimmt den Bodenparameter S und die Randperioden der anzunehmenden Erdbebeneinwirkung. Daraus kann das Bemessungs-Antwortspektrum konstruiert werden. Dessen typische Form zeigt Bild 3-18.

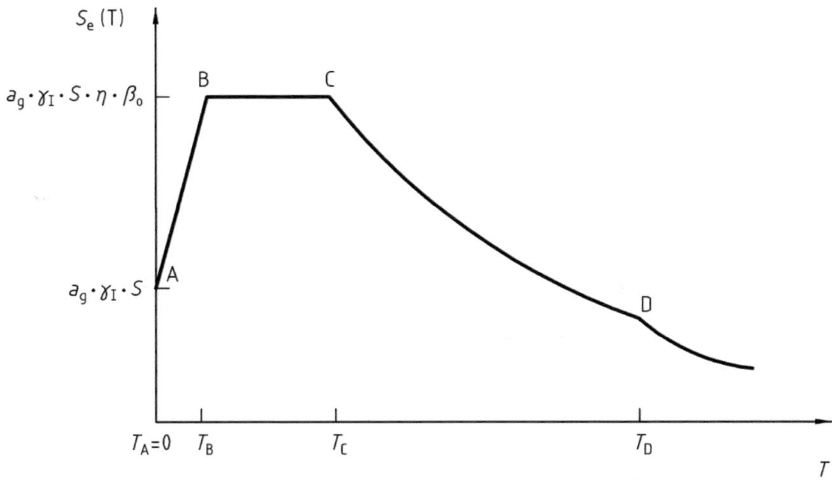

Bild 3-18   Form des elastischen Antwortspektrums nach DIN 4149 (2005) bzw. Eurocode 8 (2006)

3.2.4.2   Nichtlineare (Inelastische) Antwortspektren

Werden anstelle der in Abschnitt 3.2.4.1 erwähnten linearen Einmassenschwinger solche mit nichtlinearem Verhalten gewählt, können nichtlineare Antwortspektren erstellt werden. Das nichtlineare Verhalten des Einmassenschwingers wird im einfachsten Fall durch ein ideal-plastisches (elastisch-starrplastisches) Modell (Bild 3-2 a)) beschrieben. Nach Einführung des Reduktionsfaktors

$$R_y = \frac{F_{max}}{F_y} \tag{3-58}$$

sowie der Verschiebeduktilität

$$\mu = \frac{u_{max}}{u_y} \tag{3-59}$$

kann der nichtlineare Einmassenschwinger für eine vorgegebene viskose Dämpfung berechnet werden. Hierzu wird eine „Soll-Verschiebeduktilität" vorgegeben, für die die Zeitverlaufsberechnung durchgeführt wird. Nach der Berechnung wird die tatsächlich erreichte Duktilität („Ist-Verschiebeduktilität") der „Soll-Verschiebeduktilität" gegenüber gestellt und R_y so lange verändert, bis die beiden Größen bestmöglich übereinstimmen. Drei Ansätze, die für die Schätzung der Reduktionsfaktoren verwendet werden können, sind in Bild 3-2 dargestellt. Inelastische Bemessungsspektren können auch durch Division elastischer Bemessungsspektren durch den Reduktionsfaktor R_y, der je nach Periodenbereich verschieden ist, gewonnen werden (Meskouris et al. (2007), Dazio (2004), Dazio (2009)). Die nichtlinearen Antwortspektren für die Beschleunigungs-Zeit-Verläufe der in Abschnitt 6 verwendeten Erdbeben sind in Anhang 9.6 aufgeführt.

3.3   Berechnungsmethoden für den Lastfall Erdbeben

3.3.1   Kraftbasierte Methoden

Bei der Bemessung von Gebäuden für den Lastfall Erdbeben wird in Europa meist kraftbasiert vorgegangen, d.h. auf Grundlage vorgegebener Einflussgrößen wie Baugrund, Bodenbeschleunigung, Bedeutungskategorie usw. werden Erdbebenersatzkräfte ermittelt. Diese werden z.B. linear auf das Gebäude verteilt und die Bemessung für die ermittelten Ersatzkräfte durchgeführt. Hierbei wird in der Regel nur der Nachweis im Grenzzustand der Tragfähigkeit erbracht, der Nachweis der Gebrauchstauglichkeit wird meist vernachlässigt.

3.3.1.1   Ersatzkraftverfahren, vereinfachtes Antwortspektrumverfahren

Bei diesem Verfahren wird eine statische Berechnung der Struktur unter Annahme linear-elastischen Materialverhaltens durchgeführt. Dabei wird die Erdbebenwirkung durch eine horizontale statische Erdbebenersatzkraft vereinfacht dargestellt, was den Berechnungsaufwand relativ gering hält.

Beim Ersatzkraftverfahren wird das ganze Bauwerk vorab durch einen Einmassenschwinger ersetzt, an dem die gesamte Erdbebenersatzkraft unter Verwendung der Bauwerksmasse berechnet wird. Die gesamte Ersatzkraft wird im nächsten Schritt auf die einzelnen Stockwerke über die Bauwerkshöhe verteilt. Grundlage des Verfahrens ist das Auftreten der maximalen Federkraft F_{max} (die der maximalen Beanspruchung des Bauwerks entspricht) im Zustand der maximalen Bauwerksauslenkung:

$$F_{max} = k \cdot x_{max} = k \cdot S_d \tag{3-60}$$

Verwendung von spektralen Werten führt mit $S_a \approx \omega^2 \cdot S_d$ auf

$$F_{max} = k \cdot \frac{S_a}{\omega^2} = m \cdot S_a \tag{3-61}$$

Gleichung (3-61) bedeutet, dass die maximale Beanspruchung des Tragwerks gleich einer statischen Kraft ist, die auf das Tragwerk anzusetzen ist, bzw. die Erdbebenersatzkraft als Masse * Absolutbeschleunigung aufgefasst werden kann. Die Absolutbeschleunigung ist hierbei die Spektralbeschleunigung bei der Eigenschwingzeit des Bauwerks, die aus einem Bemessungs-Antwortspektrum (vgl. Abschnitt 3.2.4) entnommen ist. Abschätzungsformeln für die Eigenschwingzeit von Stahlbeton- und Stahlbauten können den einschlägigen Normen entnommen werden, Betrachtungen an Ersatzstäben (z.B. nach Rayleigh (Bachmann (2002)) können ebenso durchgeführt werden. Bemerkungen zur Eigenschwingzeit von Holzbauten finden sich in Abschnitt 6.2.2.

Nach Einführung eines Korrekturbeiwerts λ, welcher das Verhältnis der Modalmasse zu der Gesamtmasse des Systems berücksichtigt, stellt sich Gleichung (3-61) folgendermaßen dar:

$$F_b = S_d(T_1) \cdot m \cdot \lambda \tag{3-62}$$

mit

F_b Gesamterdbebenkraft (Index b für „base shear")

$S_d(T_1)$ Wert der Absolutbeschleunigung aus dem Bemessungsspektrum bei der zugehörigen Periode T_1

m Gesamtmasse des Bauwerks oberhalb der Gründung

λ Korrekturbeiwert, in Normenwerken z.B. 0.85

Die nach Gleichung (3-62) ermittelte Gesamterdbebenkraft wird z.B. linear über die Stockwerkshöhe verteilt, woraus sich die Horizontalkräfte pro Stockwerk F_i ergeben. Mit den horizontalen Stockwerkskräften F_i kann nun eine statische Berechnung des Tragwerks durchgeführt werden, die die Schnittkräfte und Verformungen liefert. Vorteil ist, dass die Erdbebenwirkung als ein weiterer, statischer Lastfall berücksichtigt wird. Lediglich die Eigenperiode des Bauwerks wird für die Ermittlung der horizontalen Lasten benötigt, wobei auf der sicheren Seite liegend auch mit dem Plateauwert aus dem Antwortspektrum gerechnet werden kann. Das Ersatzkraftverfahren stellt daher ein einfaches Verfahren für die Erdbebenbemessung von Hochbauten dar, bei dem für regelmäßige Tragwerke ausreichend genaue Lösungen gewonnen werden. Torsionswirkungen lassen sich mit weitergehenden Rechenverfahren berücksichtigen (Bachmann (2002), Meskouris et al. (2007)). Das Ersatzkraftverfahren bildet die Grundlage für die in Abschnitt 6.2 vorgestellte Methode zur vereinfachten Berechnung des Verhaltensbeiwertes q.

3.3.1.2   Antwortspektrenverfahren

Bei diesem Verfahren (auch modalanalytisches Antwortspektrenverfahren) werden neben der Grundschwingungsform auch die höheren Eigenschwingungen berücksichtigt. Daher ist eine dynamische Berechnung (= modale Analyse) durchzuführen, bei der die Eigenvektoren bestimmt werden müssen. Hierzu muss zunächst die Bewegungsdifferentialgleichung des Systems entkoppelt werden und die Eigenvektoren sowie die Eigenperioden der jeweiligen Eigenform bestimmt werden.

Mit Hilfe eines Antwortspektrums werden die Systemantworten bei den Eigenperioden abgelesen und die statischen Ersatzlasten für jeden wesentlichen Freiheitsgrad berechnet. Mittels geeigneter Überlagerungsregeln wird die Gesamtantwort des Systems ermittelt.

3.3.2   Verschiebungsbasierte Methoden

Im Gegensatz zu den kraftbasierten Methoden wurden in den vergangenen Jahren speziell in Nordamerika und in Neuseeland so genannte Verschiebungs- oder Verformungsbasierte Verfahren entwickelt. Die bei einem Erdbeben entstehenden seismischen Kräfte führen zu Verschiebungen im Bauwerk. Diese können zwar zu Kräften und Spannungen im Bauwerk umgerechnet werden, die durch die Verschiebungen entstehenden Schädigungen des Tragwerks sind damit aber noch nicht berücksichtigt. Die Wahl eines verschiebungsbasierten Ansatzes berücksichtigt die Fähigkeit eines Tragwerks, einem Erdbeben durch geeignete Verformungsmechanismen standhalten zu können. Bei den bekannten Verfahren (z.B. Performance Based Seismic Design (PBSD, Priestley (2000), Filiatrault und Folz (2002)), Direct Displacement Design (DDD, Pang und Rosowsky (2007)), Kapazitätsspektren-Methode (z.B. Meskouris et al. (2007)) wird anhand vorgegebener Maximalverschiebungen für die einzelnen Wände bzw. Stockwerke eines Gebäudes die erforderliche Steifigkeit des Gebäudes unter Berücksichtigung der Dämpfung ermittelt. Wird die Bemessung auf Grundlage der Verformungen durchgeführt, können relativ einfach verschiedene Erdbebenstärken berücksichtigt werden, indem für jedes Bemessungslevel eine andere Verformung in Kauf genommen wird. Der Nachweis der Gebrauchstauglichkeit wird hiermit explizit berücksichtigt, so dass bei leichteren Erdbeben nur geringe Schäden entstehen, bei stärkeren Erdbeben die sichere Evakuierung der Bewohner gewährleistet ist (Meskouris et al. (2007))

3.3.2.1 Kapazitätsspektren-Methode

Die Kapazitätsspektren-Methode ist die bekannteste der verschiebungsbasierten Methoden und wird z.B. in Eurocode 8 (2006) und anderen internationalen Normen und Richtlinien (z.B. FEMA 356 (2000)) berücksichtigt. Die Last-Verschiebungskurve des gesamten Bauwerks (Kapazitätsspektrum) wird so transformiert, dass sie einem Antwortspektrum gegenüber gestellt werden kann. Hierzu wird die Last-Verschiebungskurve („Pushover-Kurve", Bild 3-19) in spektrale Beschleunigungen und spektrale Verschiebungen umgerechnet, was der Transformation in einen äquivalenten Einmassenschwinger entspricht. Diese erfolgt mittels der Grundeigenform, jeder Punkt der Kapazitätskurve wird umgerechnet durch die Beziehungen

$$S_{a,i} = \frac{F_{b,i}}{M_{Tot,eff} \cdot \alpha_1} \qquad\qquad (3\text{-}63)$$

$$S_{d,i} = \frac{\Delta_{Dach,i}}{\beta_1 \cdot \phi_{1,Dach}} \qquad\qquad (3\text{-}64)$$

mit

$F_{b,i}$ Fundamentschub im Verformungszustand i

$M_{Tot,eff}$ Gesamtmasse des Systems

α_1 $\dfrac{M_{i,eff}}{M_{Tot,eff}}$, Verhältnis effektive Modalmasse zu Gesamtmasse

$\Delta_{Dach,i}$ Dachverschiebung im Verformungszustand i

β_1 Anteilsfaktor für die erste Grundeigenform

$\phi_{1,Dach}$ Ordinate der Grundeigenform auf Höhe des Dachs

Gleichung (3-64) folgt direkt aus Gleichung (3-57) bzw. (3-62), Gleichung (3-63) folgt aus Gleichung (3-55). Die Erdbebeneinwirkung am gewählten Standort wird in der

Regel durch ein elastisches Antwortspektrum dargestellt. Dieses wird in ein Spektral-beschleunigungs-Spektralverschiebungsdiagramm wie folgt umgerechnet:

$$S_{d,i} = \frac{T_i^2}{4\pi^2} S_{a,i}$$

(3-65)

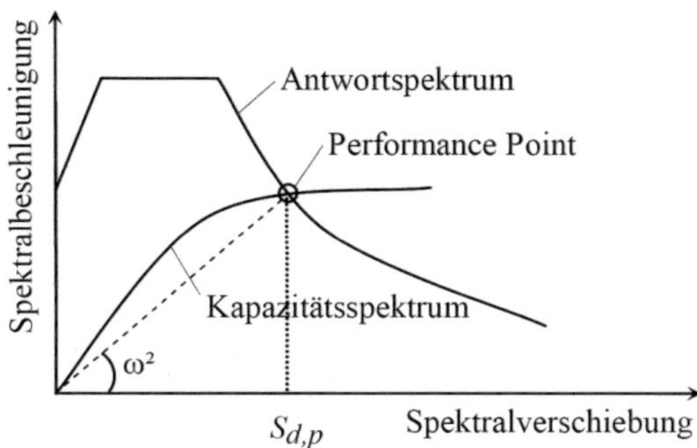

Bild 3-19   Grundlage der Kapazitätsspektren-Methode: Überlagerung von Antwort- und Kapazitätsspektrum (aus Meskouris et al. (2007))

Der Einfluss der Energiedissipation durch die hysteretische Dämpfung ist generell bei größeren Verformungszuständen und speziell im Holzbau von immenser Bedeutung (vgl. Abschnitte 3.1 und 5). Diese Systemdämpfung muss für die spätere Ermittlung des Performance Points durch eine äquivalente viskose Dämpfung ξ_{eq} berücksichtigt werden. Diese wiederum kann z.B. nach Chopra (2001) angegeben werden zu:

$$\xi_{eq} = \frac{1}{4\pi} \frac{E_D}{E_{Pot}}$$

(3-66)

mit

E_D Dissipierte Energie pro Belastungszyklus

E_{Pot} Im System gespeicherte potentielle Energie

Bei unbekannter Dämpfung kann ein Näherungswert für die Dämpfung angegeben werden. Bei der bilinearen Approximation der Last-Verschiebungskurve und deren Erweiterung auf einen zyklischen Belastungsdurchlauf nach Bild 3-20 führt Gleichung (3-66) auf

$$\xi_{eq} = \frac{1}{2\pi} \frac{(S_{a,y} \cdot S_{d,pi} - S_{d,y} \cdot S_{a,pi)}}{S_{a,pi} \cdot S_{d,pi}}$$

(3-67)

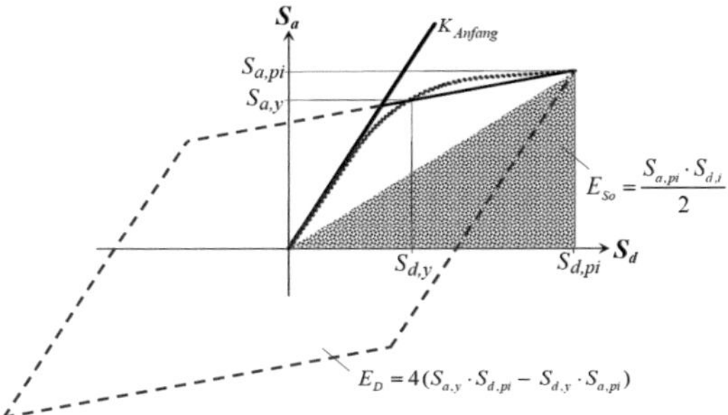

Bild 3-20   Äquivalente viskose Dämpfung (nach Chopra (2001), aus Meskouris et al. (2007))

3.3.2.2   Performance-Based Seismic Design

Wesentliches Ziel des Performance-Based Seismic Design (PBSD, „Verhaltens-basierte Erdbebenbemessung") ist die Festlegung des Verhaltens bzw. der Schädigung einer Struktur in Abhängigkeit von der Erdbebenwirkung. Bei häufig wiederkehrenden, leichteren Erdbeben sollen möglichst keine oder nur geringe Schäden an der Konstruktion auftreten, bei selteneren, schwereren Erdbeben soll in letzter Konsequenz zumindest der Einsturz vermieden werden. Die Methode wurde durch Filiatrault und Folz (2002) auf Holzbauwerke übertragen und ein mögliches Bemessungsverfahren präsentiert.

Die beiden Randfälle „kein Schaden" und „Einsturz des Tragwerks" werden durch unterschiedlich starke Erdbebenwirkungen hervorgerufen, die durch ihre Auftretenswahrscheinlichkeit in einem bestimmten Zeitintervall charakterisiert werden. Zwischen den beiden Fällen können verschiedene Schädigungsstufen unterschieden werden, die vergleichsweise gut mit den inelastischen Verformungen der Struktur übereinstimmen (Dazio (2009)).

Die Erdbebengefährdung wird daher im Rahmen des PBSD genauer untergliedert. So müssen z.B. nach FEMA 356 (2000) die in Tabelle 3-4 aufgeführten Verformungsbegrenzungen für die entsprechenden Erdbebeneinwirkungen nachgewiesen werden. In anderen Normenwerken werden teilweise andere Maximalwerte für die Stockwerksauslenkungen angegeben, weiterhin kann für die gegebenen Grenzzustände bei den Erdbebeneinwirkungen die gewünschte Nichtüberschreitenswahrscheinlichkeit festgelegt werden, um das Verhalten der Struktur beim Bemessungs-erdbeben auf der sicheren Seite liegend zu berechnen.

So steht am Beginn der Nachweisführung mittels PBSD die Definition der Erdbeben-gefährdung, für die das Tragwerk berechnet werden soll. Daraus ergibt sich eine einzuhaltende Zielverschiebung (Maximale Stockwerksauslenkung) des Tragwerks. Mittels empirischer Beziehungen können andere Wiederkehrperioden in die ent-sprechenden Stockwerksauslenkungen umgerechnet werden.

Tabelle 3-4   Auslegungskonzepte nach FEMA 356 (2000)

Grenzzustand	Erdbebeneinwirkung (Auftretenswahrscheinlichkeit)	Maximale Stockwerks-auslenkung
Immediate Occupancy (direkte Wiederbewohnbarkeit)	50 % in 50 Jahren (Wiederkehrperiode 72 Jahre)	1 %
Life Safety (ohne Gefahr für Leib und Leben)	10 % in 50 Jahren (Wiederkehrperiode 475 Jahre)	2 %
Collapse Prevention (Vermeidung von Einsturz)	2 % in 50 Jahren (Wiederkehrperiode 2475 Jahre)	3 %

Ähnlich der Kapazitätsspektren-Methode wird im weiteren Verlauf der Berechnung die effektive Dämpfung als Summe aus viskoser und hysteretischer Dämpfung ermittelt und mit dieser das Bemessungs-Antwortspektrum abgemindert. Mit Hilfe der effektiven Dämpfung kann die Eigenperiode T_{eq} eines äquivalenten Einmassen-schwingers bei der vorher festgelegten Zielverschiebung berechnet werden.

Nun kann die Ersatzfedersteifigkeit k^r_{eq}, die der äquivalente Einmassenschwinger bei der Periode T_{eq} aufweisen muss, berechnet werden. Diese Federsteifigkeit kann mit der Steifigkeit der aussteifenden Wandscheiben bei der vorgegebenen Auslenkung verglichen werden. Wenn die Wandscheibensteifigkeit größer oder gleich der Ersatzfedersteifigkeit k^r_{eq} ist, so wird die Stockwerksauslenkung geringer als gefordert sein und der Nachweis ist prinzipiell erbracht. Abschliessend wird der Fundamentschub („Base Shear") bei der vorgegebenen Auslenkung mittels der Ersatzfedersteifigkeit k^r_{eq} ermittelt. Mit dem Base Shear können die weiteren Gebäudeteile bemessen werden (Filiatrault und Folz (2002)).

3.3.3   Verfahren mit Beschleunigungs-Zeitverläufen

Zeitverlaufsverfahren sind die aufwändigste, vollständigste aber auch schwierigste und damit fehleranfälligste Vorgehensweise bei der Betrachtung von Tragwerken unter Erdbebenbeanspruchung. Die Erdbebeneinwirkung wird durch einen natürli-chen (gemessenen) oder synthetischen (generierten) Bodenbeschleunigungs-Zeit-

Verlauf gegeben, mit dem aus Integration der Bewegungsgleichungen für das System dessen mechanische Zustandgrößen ermittelt werden. Die Bewegungsgleichung wird auf Systeme mit endlich vielen Freiheitsgraden erweitert, deren lineare Darstellung sich in Matrizenschreibweise wie folgt gestaltet:

$$\mathbf{M}\ddot{x} + \mathbf{C}\dot{x} + \mathbf{K}x = -\mathbf{M}\ddot{x}_g \tag{3-68}$$

Für die in dieser Arbeit behandelten nichtlinearen Systeme resultiert im Allgemeinen eine Bewegungsgleichung, bei der die inneren Kräfte von den Verschiebungen, deren Ableitungen und der Zeit abhängen. Deren allgemeine Form ist in Gleichung (3-69) angegeben:

$$\mathbf{M}\ddot{x} + \mathbf{f}(x,\dot{x},t) = -\mathbf{M}\ddot{x}_g \tag{3-69}$$

Für die Lösung der Gleichungen (3-68) und (3-69) stehen zwei unterschiedliche Lösungsverfahren zur Verfügung:

- Modale Lösung der Bewegungsgleichung nur für lineare Systeme

- Direkte Integration der Bewegungsgleichung für lineare und nichtlineare Systeme

Da die in dieser Arbeit betrachteten Strukturen stark nichtlineares Verhalten aufweisen, wird die Bewegungsgleichung direkt integriert (vgl. Abschnitt 6.2). Hierfür sind Integrationsverfahren notwendig, in dieser Arbeit kommt alleinig das weit verbreitete Newmark-Verfahren (auch: Newmark β-Methode) zur Anwendung.

3.4 Normative Betrachtung von Holzbauten

Die Einordnung von Tragwerken erfolgt sowohl entsprechend der europäischen Erdbebennorm Eurocode 8 (2006) als auch der deutschen Erdbebennorm DIN 4149 (2005) in 3 Duktilitätsklassen (Tabelle 3-5). Wesentliches Kriterium bei der Einordnung eines Tragwerkes in eine Duktilitätsklasse ist die Fähigkeit der Konstruktion bzw. der verwendeten Verbindungen, Energie zu dissipieren. So dürfen z.B. der Duktilitätsklasse 3 Tragwerke zugeordnet werden, die viele dissipative Bereiche mit stiftförmigen Verbindungsmitteln besitzen, also über ein gutmütiges Verhalten unter Erdbebenlasten verfügen. Aus der Einordnung in die verschiedenen Duktilitätsklassen folgt die Ableitung eines Verhaltensbeiwertes q. Mit dem Verhaltensbeiwert q mindert der Tragwerksplaner die ermittelten Einwirkungen ab und kann so geringere Ersatzlasten auf das Tragwerk ansetzen, was die Konstruktion wirtschaftlicher macht.

Die Einordnung in Duktilitätsklassen bzw. die Ermittlung des Verhaltensbeiwerts q ist für Holzbauweisen, welche nicht in Tabelle 3-5 aufgeführt sind, nur schwer durchführbar, da keine einheitliche Vorgehensweise existiert. Erfahrungswerte aus Untersuchungen an Holztafelbauten oder Skelettbauten lassen sich kaum auf neuartige Bausysteme übertragen, da statische Wirkung und Aufbau völlig anders sind.

Tabelle 3-5   Auslegungskonzepte, Tragwerkstypen und Höchstwerte der Verhaltensbeiwerte für die drei Duktilitätsklassen nach EC8

Auslegungskonzept und Duktilitätsklasse	q	Beispiele für Tragwerke
Niedriges Energiedissipationsvermögen – DCL	1,5	Kragarm-Tragwerke; Träger; Zwei- oder Dreigelenkbögen; Fachwerke mit Dübelverbindungen
Mittleres Energiedissipationsvermögen – DCM	2	Verleimte Wandscheiben mit verleimten Schubfeldern mit Nagel- oder Schraubenverbindungen; Fachwerke mit stiftförmigen oder Bolzenverbindungen; Tragwerke in Mischbauweise, bestehend aus Holzrahmen (zur Aufnahme der Horizontallasten) und einer nichttragenden Ausfachung
	2,5	Statisch überbestimmte Rahmen mit stiftförmigen oder Bolzenverbindungen
Hohes Energiedissipationsvermögen – DCH	3	Genagelte Wandscheiben mit verleimten Schubfeldern mit Nagel- oder Schraubenverbindungen; Fachwerke mit Nagelverbindungen
	4	Statisch überbestimmte Rahmen mit stiftförmigen oder Bolzenverbindungen
	5	Genagelte Wandscheiben mit genagelten Schubfeldern mit Nagel- oder Schraubenverbindungen

Erkenntnisse über das seismische Verhalten innovativer Bauweisen fehlen, ohne ausreichende Versuchsbasis ist die Einordnung in die Duktilitätsklassen nicht möglich, der Verhaltensbeiwert q lässt sich nicht eindeutig bestimmen. Für den Tragwerksplaner fehlen wichtige Grundlagen für den Einsatz neuartiger Holzbausysteme in seismisch aktiven Gebieten.

4   Experimentelle Untersuchungen

Die Tragfähigkeit und die Steifigkeitseigenschaften aussteifender Wandscheiben im Holzbau (und damit eines Bauwerks aus Holz) hängen maßgeblich vom verwendeten Konstruktionsprinzip (Abschnitt 2) und den verwendeten Verbindungen (Abschnitt 3.1) ab. Weiterhin sind die Bodenbefestigung und die Aufbringung von Auflasten (die so genannten Randbedingungen) entscheidend für das Last-Verschiebungsverhalten einer Wandscheibe. Die Versuchsdurchführung hat verschiedene Hintergründe: Während bisher mit statisch-monotonen Versuchen vor allem die horizontale Tragfähigkeit und Steifigkeit von Wandscheiben oder deren Beplankungswerkstoff für die statische Bemessung bzw. die Aussteifung unter Windlasten geprüft wurde, sind mehr und mehr auch die Erdbebeneigenschaften von Wandscheiben von Interesse. Die Duktilität und die Energiedissipation unter nachgestellten Erdbebenlasten (im allgemeinen zyklische Lasten) kann durch die Verbindungsmittel beeinflusst werden, allerdings haben auch die erwähnten Randbedingungen sowie die verwendete Bodenbefestigung Einfluss auf die Ergebnisse einer Wandscheibenprüfung.

4.1   Prüfung von Holzbauteilen unter seismischen Lasten

In diesem Abschnitt werden die verwendeten Prüfverfahren sowie deren Hintergrund vorgestellt, auf die Randbedingungen eingegangen und der Wandscheibenprüfstand vorgestellt.

Die aufnehmbare Höchstlast sowie die Steifigkeitseigenschaften bei Belastung parallel zur Wandebene und das Erdbebenverhalten von aussteifenden Wänden in Holzbauweise können momentan nur mit Hilfe von Bauteilversuchen bestimmt werden.

Es sind verschiedene Prüfverfahren zur Bestimmung der Festigkeits- und Steifigkeitseigenschaften mit einseitig-monotoner Lastaufbringung gebräuchlich. Ein Prüfverfahren für Wandscheiben, welches die Eigenschaften des Bauteils unter nachgestellten Erdbebenlasten erfassen soll, muss auch ein zyklisches Belastungsprotokoll enthalten. Dieses gibt im Allgemeinen die Amplitude sowie die Geschwindigkeit der Verschiebung vor, ebenso die Anzahl der Wiederholungen in den Verschiebungsstufen sowie die Steigerung der Verschiebung zwischen den Verschiebungsstufen.

Die Erarbeitung eines einheitlichen Prüfverfahrens, das Versuche mit monotoner und zyklischer Last an Wänden in Holzbauweise beinhaltet, ist bis dato Diskussionsgegenstand. Bis heute gelang es allerdings nicht, sich international auf ein einheitliches Prüfverfahren zu einigen. Gründe hierfür liegen in den unterschiedlichen Zielen, die mit statisch-monotonen Versuchen erreicht werden sollen. Während einige Prüfvorschriften das Verhalten des gesamten Bauteils während einer Einwirkung prüfen, soll bei anderen Prüfvorschriften gezielt das Schubverhalten der Beplankung (möglichst isoliert) betrachtet werden.

Die Verfahren mit zyklischer Lastaufbringung dienen der Vereinfachung des komplexen Belastungsmusters realer Beanspruchungen aus Erdbeben. Eine dynamische Beanspruchung ist wegen der hohen erforderlichen Leistung der Prüfmaschinen nur in Laboratorien mit spezieller Ausstattung durchführbar. Die relativ langsamen Prüfgeschwindigkeiten bei der zyklischen Lastaufbringung wurden gewählt, um mit üblichen Prüfmaschinen Untersuchungen durchführen zu können und die Ergebnisse vergleichbar zu machen.

Die Schwierigkeiten, ein einheitliches Belastungsprotokoll für zyklische Versuche zu finden, liegen vor allem in der unterschiedlichen Intensität von Erdbeben, die vom Ort des Bebens abhängt. So wurden im Rahmen des CUREE-Programms ein gewöhnliches Lastprotokoll für allgemeine Bodenbewegungen und ein Lastprotokoll für die stärkeren Bodenbewegungen in der Nähe von Verwerfungen (Near-Fault) vorgeschlagen (Krawinkler et al. (2001)).

Weiterhin ist die Fließverschiebung, die den Übergang vom elastischen in den plastischen Zustand beschreibt, für Holzverbindungen schwierig festzulegen. Da zyklische Versuche sowohl das elastische als auch das plastische Verhalten von Holzverbindungen beschreiben sollen, muss ein Kriterium zur Bestimmung der Verschiebungswerte für die zyklische Lastaufbringung geschaffen werden. Dies kann entweder die Fließverschiebung (Abschnitt 3.1.2) oder auch prozentuale Anteile der Maximalverschiebung der Verbindung sein.

Ein einheitliches Prüfverfahren, das in Europa, Asien und in Nordamerika verwendet werden kann, wurde mit Herausgabe des Vorentwurfes ISO CD 21581 (2007) (International Standards Organisation/Committee Draft) vorgestellt. In ISO CD 21581 finden sich ein Verfahren zur monotonen sowie ein Verfahren zur zyklischen Lastaufbringung, die im Folgenden kurz erläutert werden sollen. Für die Versuche im Rahmen dieser Arbeit wurde ausschließlich ISO CD 21581 verwendet.

4.1.1   Prüfverfahren mit monotonen Lasten

Das Prüfverfahren mit monotoner Last in ISO CD 21581 ist DIN EN 594 (1996) entnommen (Bild 4-1 a)). Dieses Verfahren wurde zur Ermittlung der Steifigkeitseigenschaften von Beplankungswerkstoffen entwickelt, der Versuchssaufbau kann durch geringfügige Änderungen aber auch für die Prüfung von ganzen Wandscheiben verwendet werden.

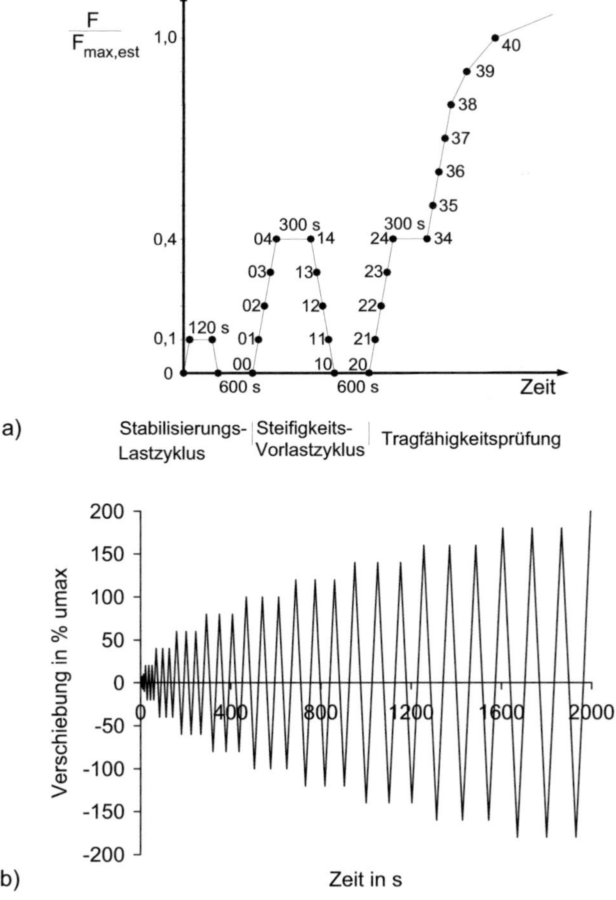

Bild 4-1   a) Prüfverfahren der monotonen Lastaufbringung nach DIN EN 594 bzw. ISO/CD 21581, b) zyklisches Belastungsprotokoll nach ISO 16670 bzw. ISO/CD 21581

Das Vorzugsmaß für die Wandscheibenprüfung von 2.4 x 2.4 m hat die Standard-
maße von Beplankungswerkstoffen in Nordamerika von 1.2 x 2.4 m zum Hintergrund. In Europa ist das Standardmaß für Beplankungswerkstoffe 1.25 x 2.5 m und
somit die Abmessungen der Wandscheibe bei Verwendung von zwei Beplankungs-
platten 2.5 x 2.5 m. Ausgehend von einer Schätzlast $F_{max,est}$ werden zwei Vorlast-
zyklen vor der eigentlichen Tragfähigkeitsprüfung durchgeführt. Die Laststeigerung
bis zum Bruch soll ausgehend vom letzten Haltepunkt so erfolgen, dass das
Versagen des Prüfkörpers in 300 s ± 120 s erreicht wird.

4.1.2   Prüfverfahren mit zyklischen Lasten

Das Prüfverfahren in ISO CD 21581 (2007) für die zyklische Belastung ganzer
Wandscheiben ist ISO 16670 (2003) entnommen. Es handelt sich um ein verschie-
bungsgesteuertes Verfahren, welches aus zwei Teilen aufgebaut ist. Im ersten Teil
werden fünf einzelne Verschiebungsstufen durchfahren, deren Verschiebung
1.25 % bis 10 % der maximalen Verschiebung u_{max} aus einem monotonen Vorver-
such beträgt. Der zweite Teil des Protokolls besteht aus „Phasen", welche aus
jeweils drei vollständig durchfahrenen Zyklen gleicher Amplitude bestehen. Begin-
nend mit 20 % der maximalen Verschiebung u_{max} werden die Amplituden der Zyklen
dann um jeweils 20 % der maximalen Verschiebung erhöht, bis das Versagen des
Prüfkörpers eintritt (Tabelle 4-1).

Tabelle 4-1   Berechnung der Amplituden für das zyklische Belastungsprotokoll

Schritt	Anzahl der Zyklen	Amplitude
1	1	1.25 % von u_{max}
2	1	2.5 % von u_{max}
3	1	5 % von u_{max}
4	1	7.5 % von u_{max}
5	1	10 % von u_{max}
6	3	20 % von u_{max}
7	3	40 % von u_{max}
8	3	60 % von u_{max}
9	3	80 % von u_{max}
10	3	100 % von u_{max}
11, 12...	3	Erhöhung um je 20 % von u_{max}

ISO CD 21581 (2007) verzichtet bewusst auf die Hilfsgröße „Fließverschiebung", es
wird die maximal aufnehmbare Verschiebung eines Bauteils als Bestimmungsgröße

für die Festlegung der zyklischen Verschiebungsgrößen verwendet. Die maximal aufnehmbare Verschiebung u_{max} ist definiert als entweder a) die Verschiebung beim Bruch oder b) die Verschiebung nach Überschreiten der Maximallast, abgelesen bei 0.8 F_{max} oder c) die Verschiebung bei einem weiteren Ansteigen der Last-Verschiebungskurve bei einem Wert von H/15 (H = Höhe der Wandscheibe). Durch diese einfachen Festlegungen können die Verschiebungsstufen für das zyklische Lastprotokoll leicht errechnet werden.

Die ersten Amplituden des Protokolls mit kleinen Verschiebungswerten und einmaliger Wiederholung liefern Erkenntnisse über das Verhalten des Prüfkörpers im linear-elastischen Bereich. Je nach Verhalten des Prüfkörpers können weitere Zyklen nach Ermessen hinzugenommen oder weggelassen werden, um den Übergang vom elastischen in den plastischen Bereich bestmöglich zu erfassen.

ISO CD 21581 (2007) ist bis heute der einzige Normentwurf, der ein vollständiges Prüfverfahren für Wandscheiben, also sowohl den statisch-monotonen Versuch als auch den wiederholt-zyklischen Versuch beschreibt.

4.1.3 Karlsruher Wandscheibenprüfstand

Die Art und Weise der Lastaufbringung sowie die Befestigung des Prüfkörpers in der Prüfapparatur haben großen Einfluss auf die Ergebnisse der Prüfungen. In den letzten Jahren mehrte sich die Forderung nach realitätsnaher Prüfung, um die Ergebnisse möglichst direkt auf die Praxis bzw. die Bemessung der Bauteile überführen zu können.

Im Gebäude vorhandene ständige Lasten oder Nutzlasten müssen durch entsprechende Auflasten berücksichtigt werden. Die Art der Aufbringung der vertikalen Lasten sowie deren Größe beeinflussen jedoch die Versuchsergebnisse stark. In der Vergangenheit wurden Rähme oft mit Gewindestangen vorgespannt, um Auflasten zu simulieren. Hohe Auflasten führen naturgemäß zu einem günstigen Verhalten der Wand, da die abhebenden Kräfte vermindert („überdrückt") werden, somit die horizontale Tragfähigkeit der geprüften Wand ansteigt. Die Wahl dieser so genannten „Randbedingungen" der Prüfung ist den Prüfinstituten bisher weitgehend freigestellt.

Nach Dujic et al. (2005) (Bild 4-2) können im wesentlichen drei Beanspruchungs-mechanismen im Holzbau unterschieden werden. Dujic et al. führten zur Klärung der „richtigen" Lagerung der Wandscheiben umfangreiche Untersuchungen an Wandscheiben durch.

Bei den Versuchen wurden verschiedene Arten der Einspannung erzeugt. Bild 4-2 a) zeigt die Auflast ohne Möglichkeit der vertikalen Verschiebung und ohne Möglichkeit der Rotation (= starre Einspannung, „Shear Wall Mechanism", Schermechanismus). Die abhebenden Kräfte der Wand werden bei einer horizontalen Verschiebung vom Rahmen abgefangen, durch die starre Einspannung der Wand in der Prüfapparatur werden unrealistisch hohe Traglasten in horizontaler Richtung erzeugt. Diese Randbedingung ist lediglich bei einer Ausfachung eines starren Rahmens mit einem Holzbauteil denkbar, in solchen Fällen wird jedoch der Rahmen auch die von außen aufgebrachten Einwirkungen abfangen. Der Schermechanismus als Versagensbild wird dieser Versuchswand vorgegeben, dies ist selbst bei leichten Holzbauweisen nicht zu erwarten.

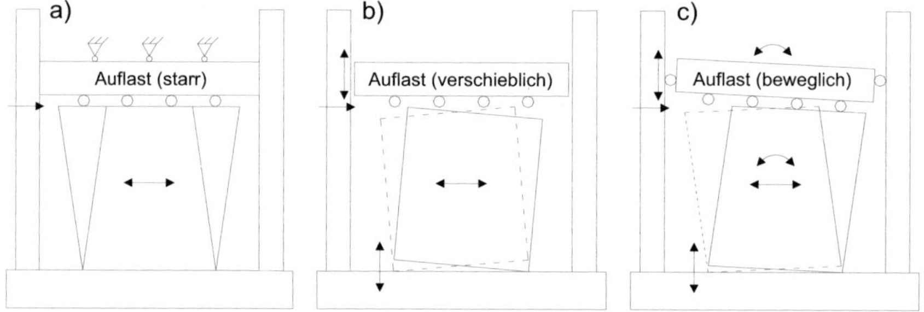

Bild 4-2   Lagerungsbedingungen nach Dujic et al. (2005):
a) Shear Wall Mechanism, b) Restricted Rocking Mechanism,
c) Shear Cantilever Mechanism

Bild 4-2 b) zeigt die Auflast mit Möglichkeit der vertikalen Verschiebung aber ohne Möglichkeit der Rotation (= starre Auflast, „Restricted Rocking Mechanism", Eingeschränkter Kipp-Mechanismus). Bei einer Kipp-Bewegung der Wand können die abhebenden Kräfte die Auflast nach oben drücken. Kipp-Bewegungen der Wand können bei unzureichender Bodenverankerung der Wand auftreten, wenn die Schubtragfähigkeit also größer ist als die Tragfähigkeit der Verbindung von Wand zu Fundament. Dieser Mechanismus kann dort auftreten, wo geringe Auflasten die Wand beanspruchen, z.B. Erdgeschosswände von einstöckigen Wohngebäuden.

Bild 4-2 c) zeigt die Auflast mit Möglichkeit der vertikalen Verschiebung und mit Möglichkeit der Rotation (= bewegliche Auflast, „Shear Cantilever Mechanism", Kipp-Mechanismus). Dieser Mechanismus tritt z.B. dort auf, wo leichte Dachaufbauten die Wand belasten. Leichte Dächer werden bei der Bewegung der Wand die Rotation kaum einschränken, die Vertikalkräfte bleiben konstant. Bei der Versuchsdurchführung ergeben sich für den Kipp-Mechanismus (Bild 4-2 c)) die geringsten

Traglasten; diese Lagerungsart wird daher für die Durchführung von Versuchen empfohlen. Dies stellt damit die konservative Annahme für die Tragfähigkeit dar und ist in der Realität die am häufigsten anzutreffende Randbedingung, da der überwiegende Anteil der Holzhäuser ein bis zwei Stockwerke hat und die Auflasten auf die aussteifenden Wände gering sind.

Weiterhin zählt auch die Bodenbefestigung zu den Randbedingungen. Die Bodenbefestigung sollte sich an der späteren Einbausituation orientieren, also auf in der Praxis anzutreffende, handelsübliche Befestigungssysteme zurückgegriffen werden.

Der Wandscheibenprüfstand am Karlsruher Institut für Technologie wurde daher in eine bereits bestehende 4 x 400 kN Zylinderprüfmaschine integriert. Es ergibt sich der Vorteil, dass für die vertikale Lastaufbringung auf die vorhandene Prüfvorrichtung zurückgegriffen werden kann. Die beschriebenen Randbedingungen können durch kraft- bzw. weggeregeltes Steuern der vertikalen Prüfzylinder erzeugt werden. Die Zylinder können in Reihe geschaltet werden, d.h. der Öldruck im gesamten Kreislauf kann konstant gehalten werden und so das vorgegebene Auflastniveau gehalten werden. Die Last pro Zylinder und die Verschiebung werden während des Versuchs aufgezeichnet, wobei sich nur geringe Abweichungen vom vorgegebenen Lastniveau einstellen.

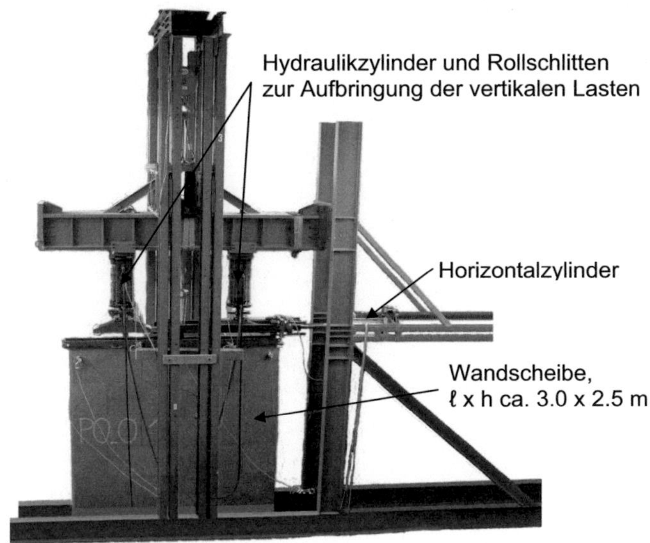

Bild 4-3   Prüfrahmen mit eingebauter Wandscheibe

Für die horizontale Lastaufbringung wurde ein 400 kN-Hydraulikzylinder mit einem Fahrweg von ± 300 mm für die zyklische Belastung gewählt. So können die hohen Kräfte bei der Prüfung von Massivholzbauweisen ebenso aufgebracht werden, wie die großen Verschiebungen bei duktilen Bauweisen.

Der Angriffspunkt der horizontalen Last liegt in der Mitte der Wand, so können die Rotationsbewegungen ohne eventuelle Schiefstellungen des Kolbens ausgeführt werden, ein stark beanspruchtes Gelenk an der oberen Ecke wird so vermieden.

Am oberen Abschluss der Wand wird ein Lasteinleiter mit schräg eingebrachten Schrauben befestigt. Die Schrauben sind schräg versetzt angeordnet, jeweils eine Schraubenreihe ist in einem Winkel von +45°, die andere Reihe in einem Winkel von -45° zur Horizontalen angeordnet. Hierdurch wird die Verbindung sehr steif. Die Schraubenköpfe sind im Blech versenkt, um das problemlose Abrollen der Schlitten zu ermöglichen (Bild 4-4 a)).

Die Übertragung der vertikalen Kräfte vom Kolben auf den Lastverteiler erfolgt über die Rollschlitten. Jeweils vier Schwerlastrollen wurden zu einer Einheit zusammengefasst, die mittels einer Kalotte mit den Kolben verbunden werden können. So werden Schiefstellungen des Lastverteilers oder schräg gestellte Rähme der Wandscheiben ausgeglichen. Durch kugelgelagerte Rollen wurden die Reibungseinflüsse der Rollschlitten minimiert (Bild 4-4 b)).

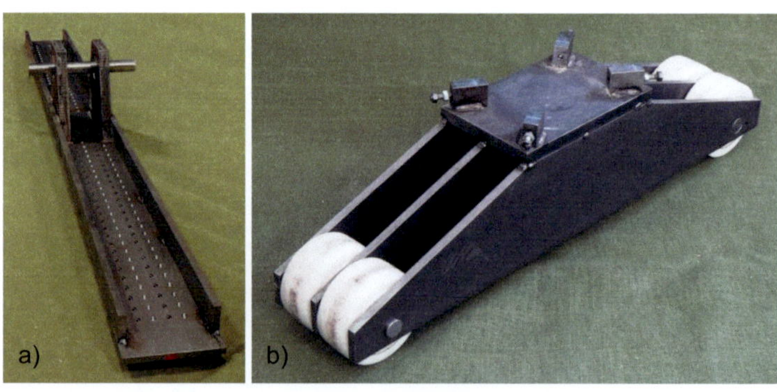

Bild 4-4   a) Lastverteiler, b) Rollschlitten

Bei den Versuchen ohne zusätzliche Auflast wurde lediglich der Lastverteiler aufgesetzt und verschraubt. Vor Durchführung der Versuche wurde mit einer Kraftmessdose das Gewicht des Lastverteilers und der Gestängekonstruktion des Zylinders bestimmt. Es ergab sich ein Eigengewicht dieser Bauteile von 400 kg woraus eine Gleichstreckenlast von 1,33 kN/m bis 1,6 kN/m für die Prüfkörper unterschiedlicher Länge folgt. Aus Gründen der Vereinfachung wird im folgenden der Zusatz „0" für die Versuche ohne zusätzliche Auflast verwendet.

Als übliche Größe der Auflast bei der Versuchsdurchführung an aussteifenden Wandscheiben wurde 10 kN/m gewählt.

4.2 Versuche an Zugankern

4.2.1 Hintergrund

Die Auflagerkräfte einer Wandscheibe werden auf der Druckseite über Kontakt vom Wandelement auf die Schwelle und von dieser weiter in den Baugrund übertragen. Hierbei kann es lokal zu Querdruckversagen der Schwelle kommen, der Nachweis der Schwellenpressung wird in vielen Fällen maßgebend. Die plastische Verformung der Schwelle ist bei den Wandscheibenversuchen zwar teilweise deutlich sichtbar, der Einfluss dieser Eindrückung auf das Verhalten der Wand unter Erdbebenlasten ist jedoch gering.

Auf der Zugseite der Wand müssen die Kräfte über Zuganker in den Baugrund geleitet werden. Der kurze Schenkel des Zugankers wird an den Baugrund oder das darunter liegende Stockwerk angeschlossen. Hierfür werden im Allgemeinen Bolzen, Metalldübel (Schwerlastanker, Durchsteckanker o.ä.), Klebedübel oder Gewindestangen verwendet. Die Befestigung des kurzen Schenkels ist vergleichsweise steif und das Versagen entweder spröde (Ausreißen der Dübel) oder wenig duktil (Zugversagen von Bolzen oder Gewindestange, vgl. Bild 4-22 d)).

Der lange Schenkel des Zugankers wird über stiftförmige Verbindungsmittel (Schrauben oder Sondernägel) mit der Wandscheibe verbunden. Dieser Anschluss verfügt damit über die in Abschnitt 3.1 beschriebenen Eigenschaften von Verbindungen im Holzbau. Das Versagen ist ausgeprägt duktil, unter wiederholter Belastung findet Energiedissipation statt. Bei zyklischen Versuchen ist das Ausziehen oder Abreißen von Verbindungsmitteln zu beobachten (Bild 4-22 f)), weiterhin die plastische Verformung der Zuganker. Im Querschnitt des langen Schenkels kann Zugversagen des Metalls auftreten (Bild 4-22 g) und h)), bis dahin kann unter zyklischer Belastung Energie dissipiert werden.

Die Versuche an Zugankern haben damit die Ermittlung der Traglasten unter monotoner und zyklischer Last, die Untersuchung der dissipativen Eigenschaften unter zyklischer Last und die Ermittlung der Steifigkeitseigenschaften für die numerische Modellierung zum Hintergrund.

4.2.2　　　　　　Versuchsaufbau und Versuchsprogramm

Bild 4-5 zeigt die drei verwendeten Zuganker sowie den Versuchsaufbau. Das Lochmuster des Zugankers Typ A teilt sich in einen oberen und einen unteren Bereich. Bei der Holztafelbauweise wird der untere Bereich mit der Schwelle, der obere Bereich mit der Rippe verbunden. Für die Versuche an Zugankern wurde daher nur der obere Bereich mit Verbindungsmitteln ausgefüllt. Die beiden anderen Zuganker wurden voll ausgenagelt bzw. voll ausgeschraubt.

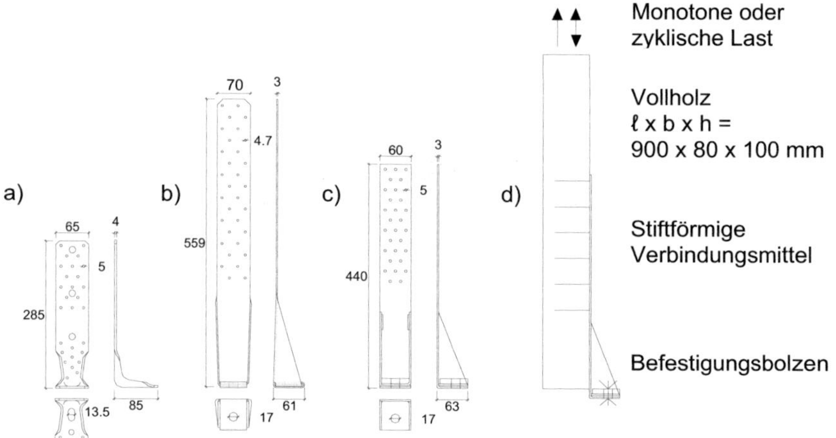

Bild 4-5　　　　　a) Zuganker Typ A, b) B, c) C, d) Versuchsaufbau

Die untersuchten Konfigurationen, die Belastung und die Kurzbeschreibung des Versagens sind in Tabelle 4-2 enthalten. Aufgrund des symmetrischen Aufbaus der Wandscheiben erfolgt bei zyklischer Belastung auch eine Beanspruchung der Zuganker durch Druckkräfte. Es wird jedoch davon ausgegangen, dass die Druckkräfte vor allem durch die Querdruckbeanspruchung in der Schwelle übertragen werden. Das zyklische Belastungsprotokoll wurde daher als schwellende Belastung ausgelegt: Es werden wiederholt reine Zugkräfte aufgebracht, bevor zur Nulllage zurückgekehrt wird (Bild 4-6 a)). Die resultierende Hysteresekurve befindet sich somit hauptsächlich im ersten Quadranten (Bild 4-6 b)).

Tabelle 4-2   Versuche mit Zugankern

Nr.	Versuchs-bezeichnung	Verbindungsmittel	Belastung	Versagens-beschreibung
1	A1	SR 4.0 x 50 mm	Mon, 5 mm/min	Abriss Bo
2	A2	SR 4.0 x 50 mm	Mon, 5 mm/min	Auszug SR
3	A3	SR 4.0 x 50 mm	Zyk, 10 mm/min	Auszug SR
4	A4	RiNä 4.0 x 50 mm	Mon, 5 mm/min	Auszug Nä
5	A5	RiNä 4.0 x 50 mm	Zyk, 10 mm/min	Auszug Nä
6	B1	RiNä 4.0 x 75 mm	Mon, 5 mm/min	Zugversagen Stahl
7	B2	RiNä 4.0 x 75 mm	Mon, 5 mm/min	Zugversagen Stahl
8	B3	RiNä 4.0 x 75 mm	Zyk, 10 mm/min	Zugversagen Stahl
9	B4	RiNä 4.0 x 75 mm	Zyk, 10 mm/min	Zugversagen Stahl
10	B5	RiNä 4.0 x 50 mm	Mon, 5 mm/min	Zugversagen Stahl
11	B6	RiNä 4.0 x 50 mm	Zyk, 10 mm/min	Zugversagen Stahl
12	B7	SR 4.0 x 50 mm	Mon, 5 mm/min	Zugversagen Stahl
13	B8	SR 4.0 x 50 mm	Zyk, 10 mm/min	Zugversagen Stahl
14	C1	RiNä 4.0 x 75 mm	Mon, 2 mm/min	Zugversagen Stahl
15	C2	RiNä 4.0 x 75 mm	Mon, 2 mm/min	Zugversagen Stahl
16	C3	RiNä 4.0 x 75 mm	Zyk, 4 mm/min	Spalten Holz
17	C4	RiNä 4.0 x 75 mm	Zyk, 10 mm/min	Zugversagen Holz
SR = Schraube, RiNä = Rillennägel				

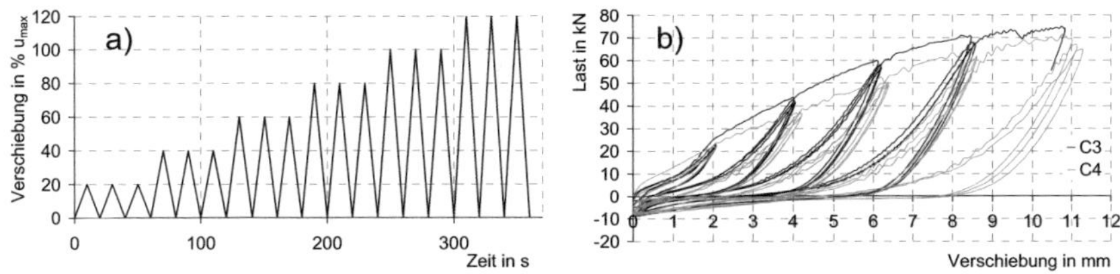

Bild 4-6   a) Belastungsprotokoll für die Zuganker,
                   b) Typische Hysteresekurven

4.2.3   Versuchsergebnisse und Diskussion

Die SR oder RiNä mit 4.0 x 50 mm werden beim Zuganker des Typs A unabhängig von der Belastung ausgezogen (ähnlich Bild 4-22 f)). Die vergleichsweise kurzen Verbindungsmittel und deren im Vergleich zu den Typen B und C geringere Anzahl führen zum Ausziehen, welches teilweise mit Kopfabriss verbunden ist. Die längeren Verbindungsmittel bzw. deren größere Anzahl führen bei Typ B und Typ C zum Versagen des Nettoquerschnitts des Stahls im Bereich der untersten Bohrungen (Tabelle 4-2). Vor dem Versagen sind bei allen geprüften Zugankern Verformungen von über 10 mm möglich (Bild 4-7).

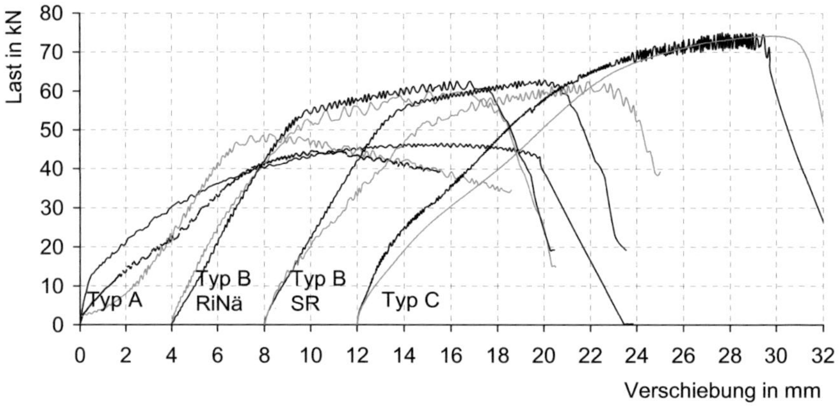

Bild 4-7   Last-Verschiebungskurven monotone Versuche mit Zugankern

Eine typische Hysteresekurve für einen Versuch mit Zugankern ist in Bild 4-6 b) dargestellt. Die für den Holzbau typische Form zeigt, dass die eingetragene Energie über die stiftförmigen Verbindungsmittel dissipiert wird und nicht über die plastische Verformung des Stahlquerschnitts (vgl. Abschnitt 3.1). Bild 4-8 zeigt den Vergleich der Energiedissipation der verschiedenen Zugankertypen. Unabhängig vom Typ und von den verwendeten Verbindungsmitteln ist das Verhalten sowie der Gesamtbetrag der dissipierten Energie ähnlich.

Die Bemessung von Zugankern muss daher so erfolgen, dass Versagen beim Anschluss des kurzen Schenkels mit Bolzen, Metalldübeln, Klebedübeln oder Gewindestangen ausgeschlossen wird. Wenn davon ausgegangen werden kann, dass das Versagen der Verbindung im Bereich der stiftförmigen Verbindungsmittel erfolgt, so ist in jedem Falle ein duktiles Verhalten zu erwarten.

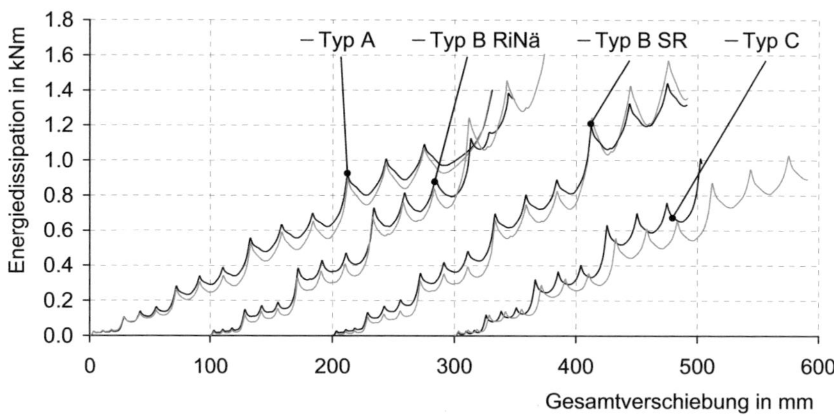

Bild 4-8   Vergleich der Energiedissipation für die geprüften Zuganker

4.3   Versuche mit der Massivholz-Paneelbauweise

Als Brettsperrholz (BSPH) werden allgemein Massivholzplatten bezeichnet, bei denen nebeneinander liegende Bretter gleicher Dicke zu einer Lage oder Schicht zusammengefasst werden. Wird lediglich eine Schicht durch die Verleimung der Schmalseiten der Bretter gebildet, spricht man von einschichtigen Massivholzplatten; mehrere Schichten bilden mehrschichtige Massivholzplatten. Bei mehrschichtigen Massivholzplatten wird in der Regel ein symmetrischer Aufbau gewählt, bei dem ausgehend von einer Mittellage weitere Lagen um jeweils 90° versetzt angeordnet werden. Bei mehrschichtigen Massivholzplatten müssen die Schmalseiten der Bretter nicht miteinander verklebt sein, so dass mehr oder weniger große Fugen auftreten. Die Verklebung der einzelnen Lagen führt zur Behinderung der gegenseitigen Quell- und Schwindverformung („sperren", „Sperrholz"). Bei der Massivholz-Paneelbauweise handelt es sich damit um BSPH, bei dem die Bretter der einzelnen Lagen in teilweise größerem Abstand angeordnet sind.

Die unterschiedlichen Eigenschaften des Holzes in Faserrichtung und rechtwinklig dazu bedingen, dass die mechanischen Eigenschaften von BSPH richtungsabhängig sind. Die Berechnung von in Plattenebene beanspruchtem BSPH kann entweder mittels der Verbundtheorie, der Theorie der nachgiebig verbundenen Biegeträger oder dem Schubanalogieverfahren (DIN 1052 (2008)) erfolgen.

Bei der Berechnung von BSPH, welches zur Aussteifung herangezogen werden soll (Schubbeanspruchung in Plattenebene), müssen zwei Fälle unterschieden werden:

- Vollständige Scheibe: Mindestens eine Brettlage ist vorhanden, bei der die nebeneinander liegenden Bretter miteinander verklebt sind. Es können Schubkräfte zwischen den Brettern übertragen werden und es entstehen in dieser Lage bei einer Schubverzerrung aufeinander senkrecht stehende Schubspannungen.

- Aufgelöste Scheibe: Eine Brettlage besteht aus nebeneinander liegenden, nicht miteinander verklebten Brettern, die wiederum auf rechtwinklig dazu verlaufenden Brettern aufgeklebt sind. Die Schubkräfte werden über Torsionsbeanspruchungen der verklebten Kreuzungsflächen übertragen (Blaß und Görlacher (2003)).

Für beide Fälle existieren Nachweisverfahren, die in der Literatur (Blaß und Görlacher (2003)), in der bauaufsichtlichen Zulassung (DIBt-Z-9.1-555 (2008)) sowie in der Europäisch-Technischen Zulassung (DIBt-ETA-05/2011 (2005)) für die Massivholz-Paneelbauweise beschrieben sind.

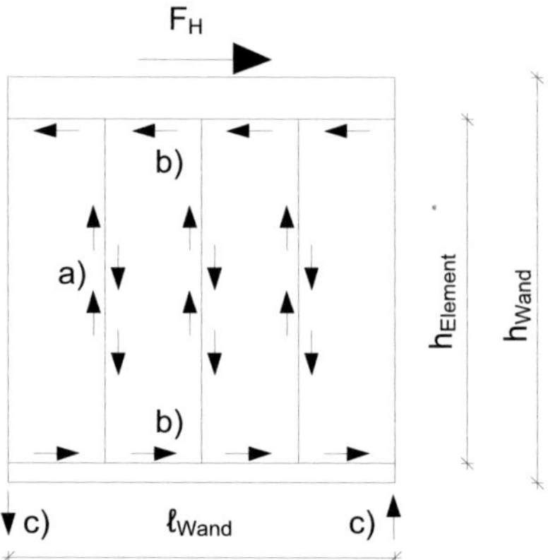

Bild 4-9   Schubfluss und Auflagerkräfte bei einer Wandscheibe in Massivholz-Paneelbauweise. a) Schubfluss Koppelbretter, b) Schubfluss Schwelle bzw. Rähm, c) Auflagerkräfte

Die oben angegebenen Nachweisverfahren führen zu vergleichsweise hohen charakteristischen Horizontallasten, da die zugrunde liegenden Versuche jeweils nur an einem Element der Bauweise durchgeführt wurden. Die Tragfähigkeit ganzer Wandscheiben in Massivholz-Paneelbauweise ist jedoch hauptsächlich von den verwendeten Verbindungsmitteln abhängig.

Der Schubfluss an den Verbindungsmitteln in Bild 4-9 zeigt, dass die Verbindungen der Elemente untereinander (Koppelbrett) sowie die Überstände der Elemente an Rähm oder Schwelle beansprucht sind. Bei Verwendung von Vollholz-Koppelbrettern kann die Parallelität von Kraft- und Faserrichtung (Bild 4-9 a)) zum Spaltversagen führen. Da die Last an den Brettüberständen an Schwelle und Rähm rechtwinklig zur Faserrichtung wirkt, kann an den Brettüberständen Querzugversagen auftreten (Bild 4-9 b)). Bei ausreichender Tragfähigkeit der Verbindungsmittel und des Holzes kann die Zugfestigkeit des Zugankers oder die Querdruckfestigkeit der Schwelle maßgebend werden (Bild 4-9 c)).

Die aufgeführten Versagensarten konnten bei den Versuchen mehrfach beobachtet werden (vgl. Bild 4-22), während Schubverformungen der Elemente in keinem Versuch sichtbar oder messbar waren. Die Berechnungsverfahren (z.B. Blaß und Görlacher (2003)) führen unter einer horizontalen Last von 100 kN bei einer Wand mit 4 Paneelen (entspricht 25 kN je Paneel) zu berechneten Schubverformungen von unter 1 mm. Im Vergleich zu den gemessenen Horizontalverformungen von teilweise über 100 mm sind diese Schubverformungen vernachlässigbar.

Diese Beobachtungen und die Notwendigkeit, zuverlässige Eingangsdaten für die numerische Modellierung zu erhalten, stellen die Grundlage für die in Abschnitt 4.3.1 beschriebenen Versuche an Verbindungsmitteln dar. Die Geometrie der Koppelfuge wurde bei den Prüfungen nachgebildet und Versuche unter monotoner und zyklischer Lastaufbringung durchgeführt. Es sollte das Trag- und Verformungsverhalten sowie die Energiedissipation der verwendeten Verbindungsmittel bestimmt werden.

4.3.1 Versuche an Verbindungsmitteln

4.3.1.1 Geprüfte Verbindungsmittel

Im Rahmen der Versuche wurden Klammern (KL) und magazinierte Rillennägel (RiNä, „Coilnägel") eingesetzt (Bild 4-10). Weitere Verbindungsmittel sind denkbar, aufgrund der niedrigen Geschwindigkeiten beim Eintreiben oder Eindrehen baupraktisch jedoch kaum geeignet. Die große Anzahl der Verbindungsmittel macht die Montage zu einem limitierenden Kostenfaktor.

Die Weiterentwicklung der Elemente im Rahmen der Arbeit führte zur Untersuchung verschiedener Querschnittsaufbauten (Bild 4-11, ein bemaßter Querschnitt ist in Bild 9-6 dargestellt). Je nach Elementtyp sind Querlagen eingebaut, die zur einfachen Herstellung von Installationskanälen in der entsprechenden Höhe angebracht werden. Bei der Anbringung der Koppelbretter dringen die Verbindungsmittel dann teilweise in die Längs- und teilweise in die Querlagen ein. Die Traglast sowie die Steifigkeit der Fuge resultiert somit aus den zwei Kraft-Faserrichtungen 0° und 90°. Die Versuche mit Verbindungsmitteln unterscheiden daher im Aufbau die Kraftrichtung „Längs" und „Quer" zur Faser.

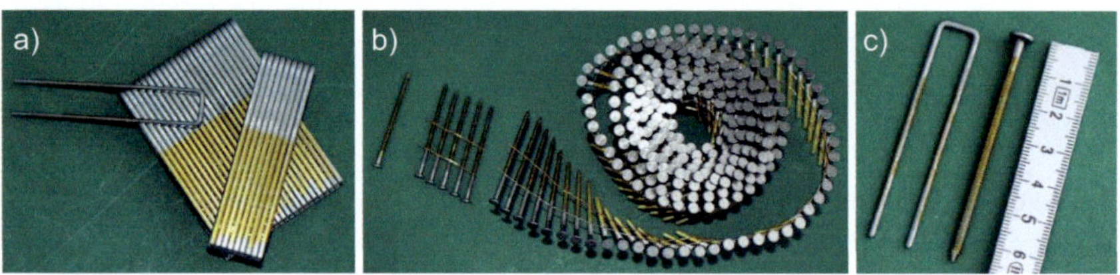

Bild 4-10   a) Klammern, b) Magazinierte Rillennägel (RiNä, „Coilnägel"),
                   c) Vergleich

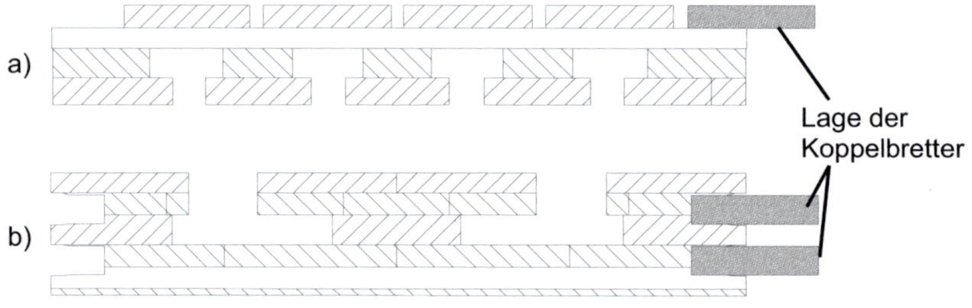

Bild 4-11   Schnitte durch Wandelemente der Typen a) Fux4S, b) Fux6S

Um das Verformungsverhalten sowie die Energiedissipation der Verbindung zwischen den Elementen zu untersuchen, wurden 184 Zugscherkörper hergestellt (Bild 4-12 und Bild 4-14). Durch paarweisen Einbau ergeben sich 92 Versuche. Hiervon wurden 54 Versuche mit monotoner Lastaufbringung und 38 Versuche mit zyklischer Lastaufbringung durchgeführt (Tabelle 4-4).

Tabelle 4-3   Verwendete Verbindungsmittel

Bezeichnung	Abmessungen	Normative Zug-festigkeit $f_{u,k}$	Fließmoment
Klammern	1.83 x 64mm	≥ 800 N/mm^2	970 Nmm
Rillennägel	2.8 x 65 mm	≥ 700 N/mm^2	2730 Nmm
Klammern	2.0 x 90 mm	≥ 800 N/mm^2	1480 Nmm

Tabelle 4-4   Versuchsprogramm für Verbindungsmittel

Versuchs - reihe Nr.	Anzahl VM	1. Lage BSSH	Verbindungsmittel	Last	Anzahl Versuchs-körper	Anzahl Versuche	
1	2	Längs	KL 1.83 x 64 mm	Monoton	10	5	Ein-schnittige Verbindung
2	5	Längs	KL 1.83 x 64 mm	Monoton	10	5	
3	10	Längs	KL 1.83 x 64 mm	Monoton	10	5	
4	2	Längs	KL 1.83 x 64 mm	Zyklisch	6	3	
5	5	Längs	KL 1.83 x 64 mm	Zyklisch	6	3	
6	10	Längs	KL 1.83 x 64 mm	Zyklisch	6	3	
7	2	Längs	RiNä 2.8 x 65 mm	Monoton	6	3	
8	5	Längs	RiNä 2.8 x 65 mm	Monoton	6	3	
9	10	Längs	RiNä 2.8 x 65 mm	Monoton	6	3	
10	2	Längs	RiNä 2.8 x 65 mm	Zyklisch	4	2	
11	5	Längs	RiNä 2.8 x 65 mm	Zyklisch	4	2	
12	10	Längs	RiNä 2.8 x 65 mm	Zyklisch	4	2	
13	2	Quer	KL 1.83 x 64 mm	Monoton	10	5	
14	3	Quer	KL 1.83 x 64 mm	Monoton	10	5	
15	5	Quer	KL 1.83 x 64 mm	Monoton	10	5	
16	2	Quer	KL 1.83 x 64 mm	Zyklisch	6	3	
17	3	Quer	KL 1.83 x 64 mm	Zyklisch	6	3	
18	5	Quer	KL 1.83 x 64 mm	Zyklisch	6	3	
19	2	Quer	RiNä 2.8 x 65 mm	Monoton	6	3	
20	3	Quer	RiNä 2.8 x 65 mm	Monoton	6	3	
21	5	Quer	RiNä 2.8 x 65 mm	Monoton	6	3	
22	2	Quer	RiNä 2.8 x 65 mm	Zyklisch	4	2	
23	3	Quer	RiNä 2.8 x 65 mm	Zyklisch	4	2	
24	5	Quer	RiNä 2.8 x 65 mm	Zyklisch	4	2	
25	5	Längs	Kl 1.83 x 64 mm	Monoton	8	4	Zwei-schnittige Verbindung
26	5	Längs	Kl 1.83 x 64 mm	Zyklisch	10	5	
27	5	Längs	KL 2.0 x 90 mm	Monoton	4	2	Vier-schnittige Verbindung
28	5	Längs	KL 2.0 x 90 mm	Zyklisch	6	3	
Summe					184	92	

Während beim Element Fux4S ein Koppelbrett auf der Oberfläche zweier benachbarter Elemente angebracht wird, besitzt das Element Fux6S zwei seitliche Taschen, in die Koppelbretter eingebracht werden können (Bild 4-11). Zwei Koppelbretter werden verwendet, wenn höhere Traglasten und Steifigkeiten erzielt werden sollen, als dies mit einem Koppelbrett möglich wäre (z.B. hohe Horizontallasten, Einsatz als wandartiger Träger). Durch die Anbringung des Koppelbrettes auf der Oberfläche ist die entstehende Verbindung bei Fux4S einschnittig, bei Fux6S (bei ausreichender Verbindungsmittellänge) mindestens zweischnittig. Werden noch längere Verbindungsmittel (z.B. Breitrückenklammer 2.0 x 90 mm) eingesetzt, so entstehen vierschnittige Verbindungen.

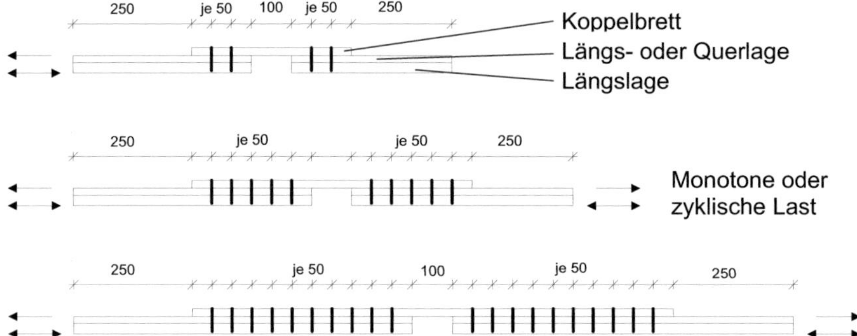

Bild 4-12　　　　　Versuchskörper mit 2, 5 und 10 Verbindungsmitteln (Maße in mm)

Da bei den zwei- und vierschnittigen Verbindungen nicht verschiedene Anordnungen der Brettlagen untersucht werden mussten, sind diese Versuchsreihen vergleichsweise kurz. Die wesentlichen Informationen über das Verhalten der Verbindungen unter zyklischen Lasten wurden in den vorangegangenen Versuchsreihen gewonnen.

An jeweils 10 Verbindungsmitteln wurden die Fließmomente im Biegeversuch ermittelt (Mittelwerte in Tabelle 4-3). Die Angabe des Fließmomentes der Klammern bezieht sich auf einen Klammerschaft.

4.3.1.2　　　　　Herstellung und Aufbau der Versuchskörper

Abgetrennte Streifen der Koppelfuge wurden mit Nägeln oder Klammern mit den Koppelbrettern verbunden. Um die Einbausituation realistisch abzubilden, wurden Bereiche von Längs- und Querlagen innerhalb eines Prüfkörpers berücksichtigt (Abschnitt 4.3.1.1). Somit entstanden zwei Gruppen von Prüfkörpern (Bild 4-13).

Die Länge der Prüfkörper mit Querlagen ist durch die bereichsweise Anordnung der Querlagen begrenzt. Für die Versuche mit Querlagen können Prüfkörper mit 2, 3 oder 5 Verbindungsmitteln angefertigt werden, während die Prüfkörper mit Längslagen mit bis zu 10 Verbindungsmitteln in Reihe hergestellt werden können.

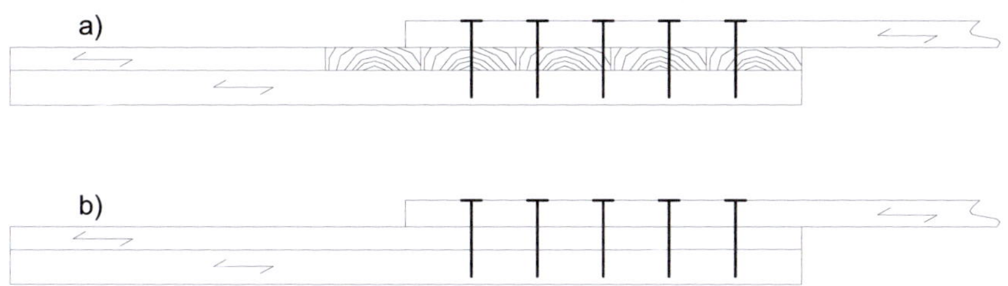

Bild 4-13   Prinzipskizze Prüfkörper a) quer, b) längs

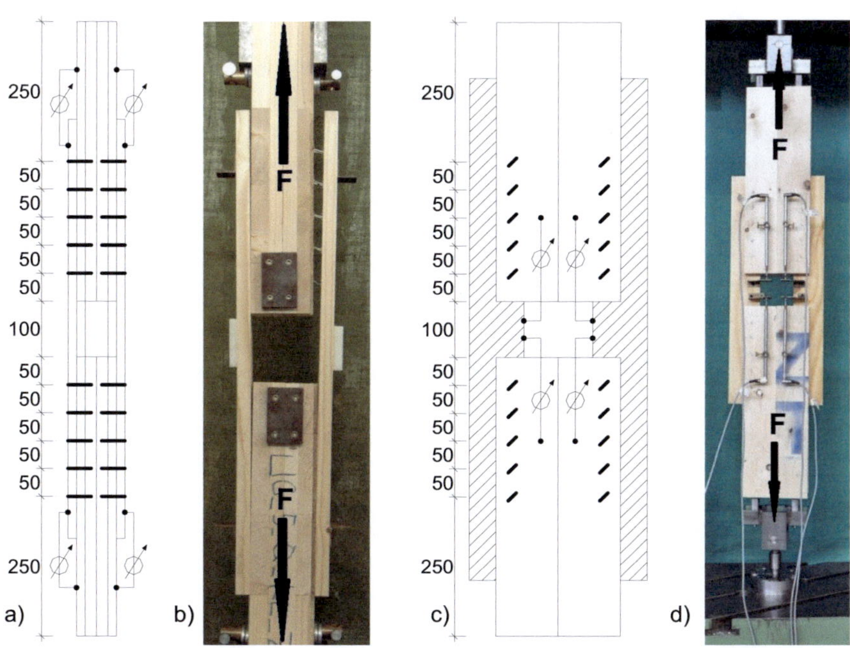

Bild 4-14   Prüfkörper Fux4S a) Skizze, b) nach Versagen im zyklischen
                   Versuch; Prüfkörper Fux6S c) Skizze, d) in Prüfmaschine
                   (Maße in mm)

Den Versuchsaufbau für die verschiedenen Elemente zeigt Bild 4-14. Die Einspannung der Prüfkörper in die Prüfapparatur erfolgte mit einer gelenkig gelagerten
Aufnahmekonstruktion. Stahllaschen und Versuchskörper sind mit gegenläufig
schräg (α = 45°) eingedrehten Schrauben verbunden. Schräges Einschrauben führt
zur Abnahme der lateralen Scherkräfte auf die Schraube und bewirkt die Zunahme

der axialen Kräfte, wodurch eine steife und somit verschiebungsfreie Einspannung der Prüfkörper auch unter zyklischen Lasten erreicht wird.

Die Abstände der Verbindungsmittel untereinander (parallel zur Faserrichtung der Decklage) werden zu 50 mm gewählt. Die Randabstände (rechtwinklig zur Faserrichtung der Decklage) ergeben sich aus der Breite der Koppelbretter bzw. dem Einschnitt der Aussparung: Die Verbindungsmittel werden in der Mitte der Koppelbretter eingebracht (Randabstand ca. 20-25 mm). Sie genügen damit in jedem Fall den vorgeschriebenen Mindestabständen für Klammern und Rillennägel.

Versatzmomente aus einseitigem Einbau werden beim symmetrischen Einbau minimiert, jedoch nicht ausgeschlossen. Die Biegemomente unter Zugbelastung führen zur gegenseitigen Abstützung der Prüfkörper. Für Druckbelastung werden die Prüfkörper untereinander verbunden und über seitliche Abstützungen ausgesteift, um das Ausknicken zu verhindern. Die Verschiebung wird über je einen induktiven Wegaufnehmer pro Verbindung aufgezeichnet (Bild 4-14 a) und c)). Die Rohdichten der Versuchskörper wurden im Bereich der Verbindung für jede Lage getrennt ermittelt (Bild 9-2 bis Bild 9-5 (Abschnitt 9.2)).

4.3.1.3　　　　　Versuchsergebnisse und Diskussion

Während Klammerverbindungen sowohl unter monotonen als auch unter zyklischen Lasten ausgeprägt duktiles Verhalten zeigen (Bild 4-15 a), c), e) und f)), versagen Nagelverbindungen unter zyklischen Lasten bereits nach wenigen Zyklen durch Abriss der Verbindungsmittel (Bild 4-15 b) und d)). Das Abreißen wurde bei den Wandscheibenversuchen mit Schrauben und Nägeln ebenfalls beobachtet. Auf die Prüfung von einzelnen Schraubenverbindungen wurde daher verzichtet: Langsame Eindrehgeschwindigkeiten und das frühe Versagen der herkömmlichen Schrauben machen den Einsatz für die potentiell hochduktile Massivholz-Paneelbauweise unter großen zyklischen Verschiebungen uninteressant. Der Einsatz von Schrauben in seismisch schwach aktiven Regionen ist beim Einsatz der Wandgeometrie Fux6S mit zwei Koppelbrettern allerdings denkbar. Das Einschrauben z.B. bei einem wandartigen Träger ist nicht zu zeitintensiv, geringe Beanspruchungen bei schwachen Erdbeben können durch Schrauben durchaus aufgenommen werden.

Bei allen Verbindungsmitteln und Konfigurationen ist die Übereinstimmung von monotonem Versuch zur Einhüllenden des zyklischen Versuches gut zu erkennen (Bild 4-15). Durch Querzugversagen in den Querlagen erreichen Versuche der Anordnung „quer" geringfügig niedrigere Traglasten als bei der Anordnung „längs".

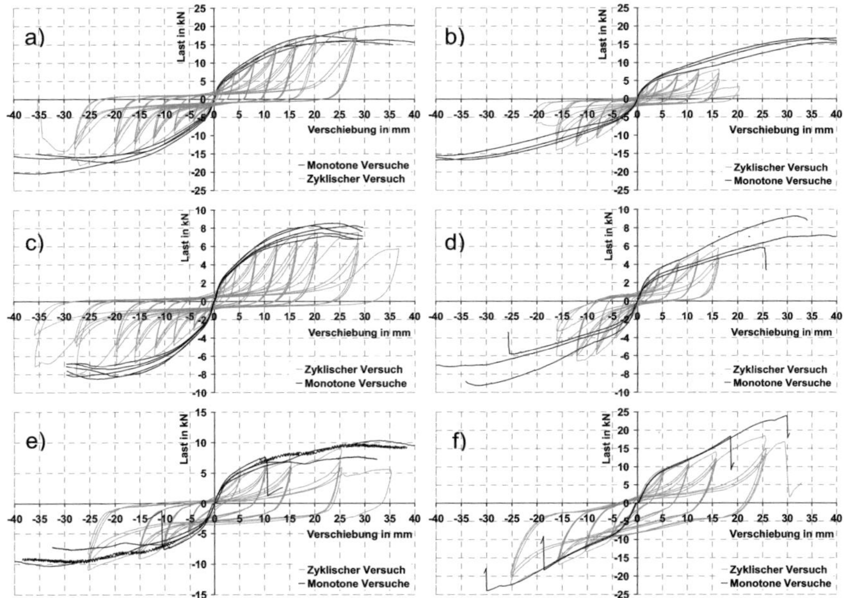

Bild 4-15 Überlagerung Last-Verschiebungsdiagramme monotone/zyklische Versuche an Verbindungsmitteln a) Fux4S 10 Klammern Längs, b) Fux4S 10 Nägel Längs, c) Fux4S 5 Klammern Quer, d) Fux4S 5 Nägel Quer, e) Fux6S 5 Klammern 1.8 x 64 mm, f) Fux6S 5 Klammern 2.0 x 90 mm (jeweils bezogen auf einen Versuchskörper nach Bild 4-12)

Der Vergleich der Traglasten von einschnittiger Verbindung und zweischnittiger Verbindung (Bild 4-15 a) und e), bezogen auf 10 bzw. 5 Klammern) zeigt lediglich geringe Unterschiede. Bei der einschnittigen Verbindung werden durch die große Einbindelänge des Klammerschaftes bedingt durch den Einhängeeffekt, also der Aktivierung axialer Kräfte und der dadurch bedingten Reibung zwischen den Fügeteilen bei lateraler Beanspruchung eines Verbindungsmittels. So werden bereits bei geringer Verschiebung Zugkräfte aktiviert. Die Hysterese des zweischnittig beanspruchten Verbindungsmittels zeigt einen deutlich steileren Anstieg zum Versuchsbeginn bzw. bis zum Erreichen der Lochleibungsfestigkeit. Weiterhin ist die Hysteresekurve der zweischnittigen Verbindung deutlich bauchiger, da vier Fließgelenke entstehen. Der Vergleich der zwei- und vierschnittigen Verbindung bei Element Fux6S in Bild 4-15 e) und f) zeigt erwartungsgemäß etwa doppelte Traglast und Anfangssteifigkeit.

Die Auswertung der Versuche hinsichtlich der mittleren Traglasten und Verschiebungen zeigt Tabelle 4-5. Der Unterschied zwischen der im Versuch gemessenen Traglast F_{max} und der mit den Mittelwerten von Rohdichte und Fließmoment berechneten Traglast ergibt sich vor allem aus dem Einhängeeffekt. Dieser Effekt wirkt sich positiv auf das duktile Verhalten der Verbindungsmittel aus. Die Klammern lassen sich leicht biegen, bei Verformung sorgt die schnelle Aktivierung der axialen Kräfte für das gewünschte, „zähe" Verhalten der Verbindung. Bei Rillennägeln wird durch die Verschiebung die Rillung „aktiviert", wodurch ebenfalls höhere Traglasten bei gleichzeitig duktilem Verhalten erreicht werden.

Tabelle 4-5   Versuchsergebnisse monotone Versuche an Verbindungsmitteln

Versuchs-reihe Nr.	VM	F_{max} pro VM in N	u_{max} in mm	ρ in kg/m^3	Steifig-keit K in N/mm	Rechnerische Traglast in N	$\Delta_{Traglast}$ in N
1	2 KL	1707	10.3	456	566	666	1041
2	5 KL	1723	12.7	442	481	655	1068
3	10 KL	1734	13.5	438	524	652	1082
7	2 RiNä	1497	15.8	464	213	653	844
8	5 RiNä	1455	12.9	442	321	638	818
9	10 RiNä	1631	17.0	442	232	623	1008
13	2 KL	1601	11.0	451	517	662	939
14	3 KL	1458	9.5	427	485	644	814
15	5 KL	1584	10.8	428	438	645	940
19	2 RiNä	1952	17.3	456	189	648	1304
20	3 RiNä	1793	17.2	440	166	636	1156
21	5 RiNä	1486	15.0	436	253	633	853
25 (Fux6S) *)	5 KL (64 mm)	1804	14.6	454	582	664	1140
27 (Fux6S)	5 KL (90 mm)	4224	9.7	454	1291	1692	2532
*) nur zwei Versuche berücksichtigt			$K = \dfrac{0.3 \cdot F_{max}}{u_{40\% F_{max}} - u_{10\% F_{max}}} \; {}^{N}\!/_{mm}$				

Für stiftförmige Verbindungsmittel mit einem Durchmesser d < 8mm ist kein Abminderungsfaktor für die Lochleibungsfestigkeit in Abhängigkeit des Kraft-Faser-Winkels zu berücksichtigen (vgl. Abschnitt 3.1.2). Rechnerisch werden also für Klammer- und Nagelverbindungen in Längs- und Querlagen identische Traglasten ermittelt.

4.3.1.4   Vergleich der Energiedissipation

Bild 4-16 zeigt das äquivalente hysteretische Dämpfungsmaß nach Gleichung (3-23) für die zyklischen Versuche. Die Klammerverbindungen zeigen für beide Kraft-Faserwinkel nach anfänglich hoher Energiedissipation eine kontinuierliche Abnahme des Dämpfungsmaßes, während die Nagelverbindungen eher gleichbleibende Dämpfung zeigen, die jedoch weit streut. Die Nagelverbindungen versagen im Vergleich zu Klammerverbindungen bereits bei weitaus geringeren Laststufen infolge von Materialermüdung. Während Klammerverbindungen meist Verschiebungssstufen zwischen 100% u_{max} und 140% u_{max} erreichen, versagen die Prüfkörper mit Nagelverbindungen überwiegend bereits bei 80% u_{max}.

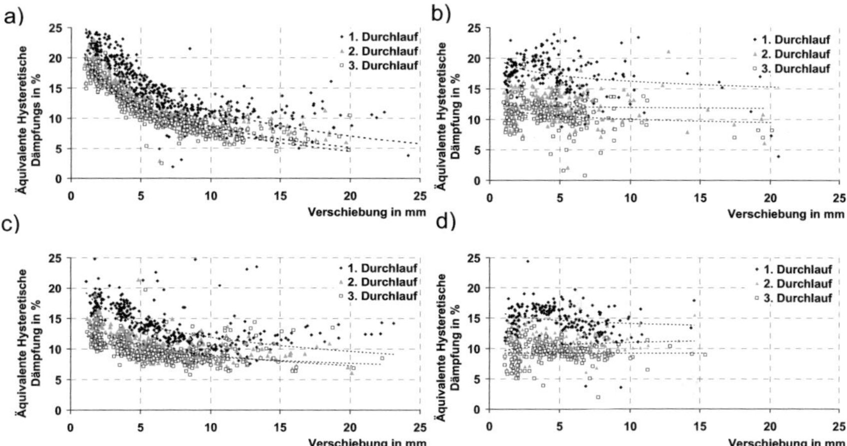

Bild 4-16   Äquivalentes hysteretisches Dämpfungsmaß für die Verbindungsmittelversuche a) Klammern längs, b) Nägel längs, c) Klammern quer, d) Nägel quer; jeweils mit logarithmischen Trendlinien

Um die Energiedissipation einzelner Verbindungen in einem Gesamtsystem klassifizieren zu können, sind diese Beobachtungen durchaus wichtig. Bei Versuchen mit Verbindungsmitteln stellt sich eine andere Hystereseform ein, als dies mit gleichen Verbindungsmitteln bei einer Gesamtstruktur der Fall wäre. Ebenso ist der Verlauf der Energiedissipation über die Versuchsdauer bei Wandscheibenversuchen anders als in Bild 4-16 gezeigt. Auf die Unterschiede und die Rückschlüsse wird in Abschnitt 4.3.3.3 genauer eingegangen.

4.3.2　　　　　　　　Wandscheibenversuche mit monotonen Lasten

Mit den Versuchen an der Elementgeometrie Fux4S sollte die grundsätzliche Eignung der Massivholz-Paneelbauweise für den Einsatz in Erdbebengebieten geklärt werden. Die Eigenschaften der Wandscheiben unter horizontalen Lasten hängen von der Geometrie der Wandscheibe, den Verbindungsmitteln, dem Werkstoff für die Koppelbretter sowie den Zugankern der Wandscheiben ab. Standardmäßig wurden die Versuche mit der Wandlänge ℓ = 2.5 m durchgeführt. Diese Wandlänge kommt der in ISO/CD 21581 geforderten Wandlänge von ℓ = 2.4 m am nächsten und kann damit einfach für Vergleiche mit anderen Wandbauweisen genutzt werden.

Es wurden Koppelbretter aus Vollholz (VH) und Sperrholz (BFU) verwendet. Bretter aus Vollholz sind kostengünstig, neigen jedoch durch Schubbelastung und die in Reihe angeordneten Verbindungsmittel zum Spalten. Nicht in allen Ländern sind die standardmäßig verwendeten Klammern als Verbindungsmittel bei tragenden Holzkonstruktionen zugelassen, alternativ wurden daher magazinierte Rillennägel („Coilnägel") und Schrauben verschiedener Längen verwendet. Während die magazinierten Rillennägel mit Druckluftnaglern ebenfalls wirtschaftlich eingebracht werden können, ist die Verarbeitungsgeschwindigkeit von Schrauben selbst bei Verwendung von Magazinschraubern deutlich geringer. Verschiedene Zuganker wurden bei den Versuchen verwendet. Es sollte deren Verhalten unter monotonen und zyklischen Lasten und damit deren Einfluss auf das Gesamtverhalten der Wand untersucht werden.

4.3.2.1　　　　　　　Versuchsaufbau

Der Versuchsaufbau für die Wände mit Fux4S-Elementen ist in Bild 4-17 dargestellt. Der Prüfkörper orientiert sich in seinen Abmessungen auch an praktischen Gesichtspunkten: Die Höhe entspricht einer üblichen Stockwerkshöhe, die Länge des Prüfkörpers beträgt 2.5 m. Tabelle 4-6 enthält die Versuchsbezeichnungen,

Tabelle 4-6　　　　　Bezeichnungen Wandscheibenversuche Fux4S

1.Stelle	2.Stelle	3.Stelle	4.Stelle
Bauweise	Lastaufbringung	Auflast	Laufende Nummer
LIG_	PO_ („Push Over", Monoton) oder ZYK_ (Zyklisch)	0 oder 10 kN/m	1,2,3...

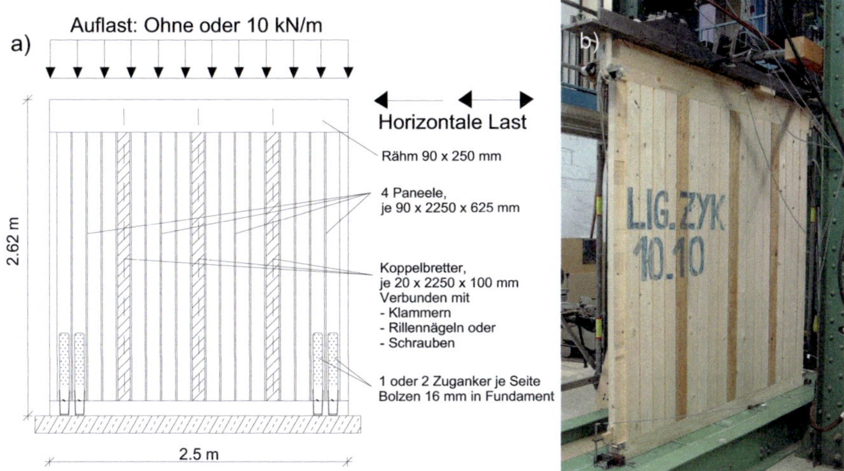

Bild 4-17   Wandscheibenprüfkörper aus Fux4S-Elementen a) Skizze,
                   b) Wandscheibe in Prüfapparatur

4.3.2.2   Monotone Wandscheibenversuche mit Element Fux4S

Die Eignung verschiedener Verbindungsmittel unter horizontalen Lasten wurde
anhand der ersten Versuche mit dem Element Fux4S durchgeführt. Auf dieser Basis
erfolgte die Weiterentwicklung der Elemente und der Fugengeometrie. Tabelle 4-7
und Tabelle 4-8 enthalten die durchgeführten Versuche, die Anordnung der Verbindungsmittel zeigt Bild 4-18.

Wie in Abschnitt 4.1 erläutert, werden monotone und zyklische Versuche durchgeführt, um sowohl die Tragfähigkeits- und Steifigkeitseigenschaften der Wand
bestimmen zu können, als auch Aussagen über deren Energiedissipation treffen zu
können.

Die Einleitung der horizontalen Last erfolgte im Stabilisierungs- und Steifigkeits-
Lastzyklus (Bild 4-1 a)) sowie bis zur Haltezeit der Tragfähigkeitsprüfung mit der
Verschiebungsgeschwindigkeit 2 mm/min. Für die Tragfähigkeitsprüfung nach der
Haltezeit wurde die Verschiebungsgeschwindigkeit 6 mm/min gewählt.

Die Ergebnisse der Versuche enthält Tabelle 4-16, die Last-Verschiebungsdiagramme zeigt Bild 4-32. Das Versagen der Versuchskörper 1 und 2 (Tabelle 4-7)
trat an den Zugankern ein. So konnte teilweise das Durchziehen der Schraube

durch den Zuganker beobachtet werden (Bild 4-22 b)), davor schon das Aufbiegen des Schenkels und damit deutliches Abheben der Schwelle vom Fundament. Die Last-Verschiebungskurve der Versuche 1 und 2 zeigt ausgeprägt plastisches Verhalten, welches von diesen Verformungen rührt. Bei den folgenden Versuchen wurde daher ein zweiter Zuganker angebracht. Der Prüfkörper von Versuch 2 war nach dem Versuch weitgehend ungeschädigt und wurde für Versuch 3 abermals verwendet, wobei die Belastung in der anderen Richtung erfolgte (Zusatz „_1B"). Durch den zweiten Zuganker ergibt sich wesentlich steiferes Verhalten bis zum Versagen des Bolzens. Mit dem zweiten Zuganker können weiterhin ausreichend große Verformungen bei größerer Steifigkeit des Prüfkörpers beobachtet werden.

Tabelle 4-7   Monotone Versuche mit Element Fux4S

Nr.	Bezeichnung	Stoß-brett	Verbindungs-mittel (Bild 4-18)	Abstand VM Koppelbrett	Boden-verankerung
1	LIG_PO_10_1	NH	SR 4.0 x 50 a)	$a_1 = 100$ mm $a_2 = 30$ mm	1 x Typ A
2	LIG_PO_0_1	NH	SR 4.0 x 50 a)	$a_1 = 100$ mm $a_2 = 30$ mm	1 x Typ A
(3)	LIG_PO_0_1B	NH	SR 4.0 x 50 a)	$a_1 = 50$ mm $a_2 = 30 / 40$ mm *)	2 x Typ A
4	LIG_PO_10_2	BFU	KL 1.83 x 64 b)	$a_1 = 50$ mm $a_2 = 30$mm	1 x Typ B
(5)	LIG_PO_10_2B	BFU	KL 1.83 x 63,5 b)	$a_1 = 50$ mm $a_2 = 30$mm	2 x Typ B
6	LIG_PO_10_3	BFU	RiNa 2.8 x 65 b)	$a_1 = 50$ mm $a_2 = 30$mm	2 x Typ B
*) versetzte Anordnung der VM					

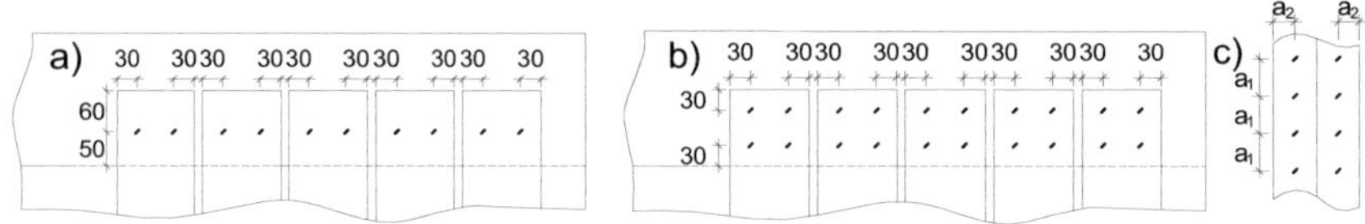

Bild 4-18   Verbindungsmittel bei Fux4S (vgl. Tabelle 4-7): a), b) Anordnung an Schwelle bzw. Rähm c) Koppelbrett (Maße in mm)

Versuch 4 zeigt aufgrund der verwendeten Klammern und Zuganker wesentliche Verbesserungen hinsichtlich der aufnehmbaren Höchstlast und der Steifigkeiten. Bei hohen Lasten und Verschiebungen erfolgte das Versagen durch den Abriss der Stahllasche im Nettoquerschnitt (Bild 4-22 h)). Der Prüfkörper war weitgehend unbeschädigt und konnte nach Austausch der Zuganker einer weiteren Prüfung in der anderen Richtung unterzogen werden (Versuch 5). Das Versagen von Versuch 5 trat durch Abriss der Nut am Einbinder in Höhe der Klammerreihe auf.

Analog zu Versuch 2 und 3 zeigt sich bei Belastung in der anderen Richtung deutlich steiferes Verhalten des Prüfkörpers. Die Versuche 4 und 5 können daher lediglich zur Orientierung verwendet werden. Beim Versuch 6 wurden Rillennägel verwendet. Es zeigen sich ebenfalls hohe Lasten bei großen Verformungen, das Versagen trat durch Aufspalten der Bretter am Rähm auf (Bild 4-22 j)).

4.3.2.3 Monotone Wandscheibenversuche mit Element Fux6S

Bei zweischaligen Wänden können sich die beiden Schalen der Wand unabhängig voneinander bewegen, diese Entkopplung führt zu besseren Schallschutzeigenschaften. Ähnliches wird mit dem Element Fux6S verfolgt. Ausgehend vom bekannten Konstruktionsprinzip können die Elemente wechselseitig versetzt auf der Schwelle angeordnet werden.

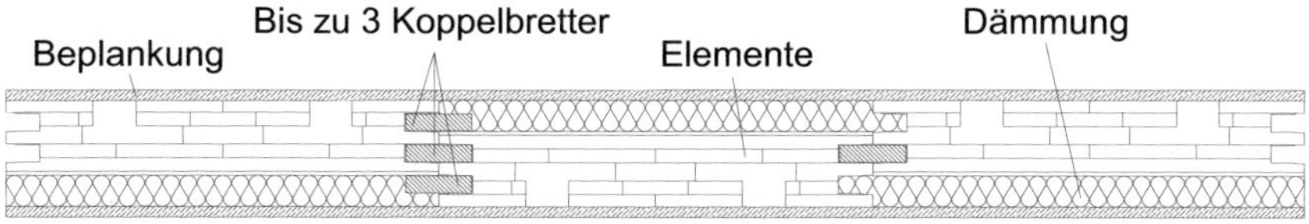

Bild 4-19   Versetzte Anordnung bei Element Fux6S

Die Vertiefungen in der Oberfläche werden gedämmt, nach Anbringen einer Gipskartonplatte entsteht eine der zweischaligen Wand ähnliche Konstruktion. Element Fux6S hat an beiden Seiten zwei Nuten zur Aufnahme von Koppelbrettern. So können bei der versetzten Anordnung der Elemente bis zu drei Koppelbretter angebracht werden (Bild 4-19).

Tabelle 4-8 zeigt die monotonen Versuche mit dem Element Fux6S, die Definition der Verbindungsmittelabstände zeigt Bild 4-20.

Tabelle 4-8 Monotone Versuche mit Element Fux6S

Nr.	Bezeichnung	Draufsicht	Ansicht	Koppel-bretter	VM nach Bild 4-20)	VM Koppelbrett	Zuganker
7	L_N_M_1	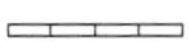	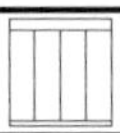	1 x BFU	a)	a_1=50mm, KI 1.83 x 64 mm	2 x Typ C
8	L_N_M_2				b)		
9	L_N_M_3		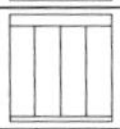	1 x BFU	b)	a_1=50mm, KI 1.83 x 64 mm	2 x Typ C
10	L_N_M_4				b)		
11	L_N_M_5	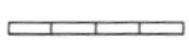		2 x BFU	d)	a_1=50mm, KI 2.0 x 90 mm	2 x Typ C

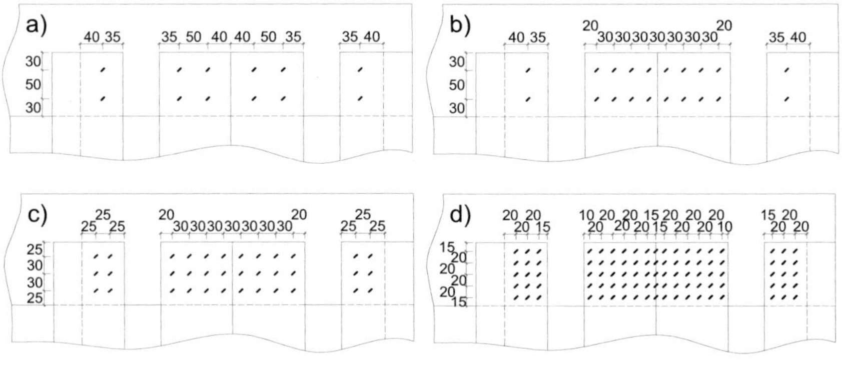

Bild 4-20   Klammern an Schwelle/Rähm bei Element Fux6S (vgl. Tabelle 4-8, Maße in mm

Die Ergebnisse der monotonen Versuche zeigt Bild 4-32 bzw. Tabelle 4-16. Das Versagen von Versuch 7 trat durch die Ablösung der Klammern an den Überständen von Schwelle und Rähm (Anordnung nach Bild 4-20 a)) ein. Bild 4-21 zeigt den Anschluss der Elemente an Rähm (Schwelle analog). Das Verbindungsmittel durchdringt Längs- und Querlagen, diese Kreuzung der Lagen verhindert das Aufspalten der Überstände. Daher können die Abstände der Verbindungsmittel untereinander deutlich verringert werden. Blaß und Uibel (2007) geben Vorschläge für die Mindestabstände von Verbindungsmitteln in den Seitenflächen von BSPH an (Tabelle 4-9). Da die Spaltgefahr durch Längs- und Querlagen minimiert wird, können diese Mindestabstände auf den Überstand an Schwelle und Rähm angewendet werden. Durch die große Anzahl der Verbindungsmittel (z.B. Bild 4-20 d)) lassen sich deutlich höhere Kräfte, als dies ohne gekreuzte Lagen der Fall gewesen wäre, übertragen.

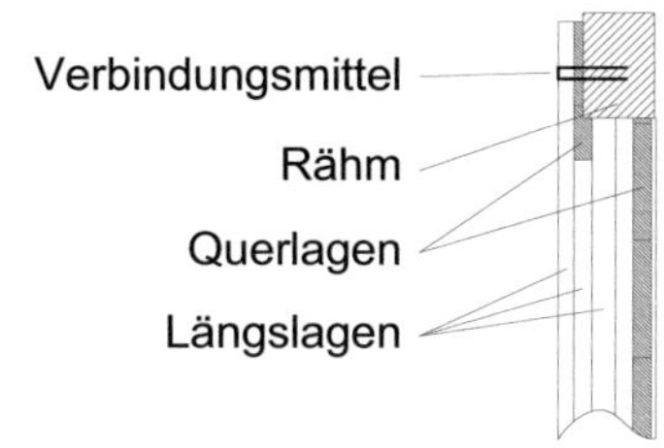

Bild 4-21   Elementüberstand bei der Geometrie Fux6S

Tabelle 4-9   Vorschläge für die Mindestabstände von Verbindungsmitteln in den
                   Seitenflächen von BSPH nach Blaß und Uibel (2007)

Verbindungs-mittel	$a_{1,t}$	$a_{1,c}$	a_1	$a_{2,t}$	$a_{2,c}$	a_2
Schrauben [1]	$6 \cdot d$	$6 \cdot d$	$4 \cdot d$	$6 \cdot d$	$2.5 \cdot d$	$2.5 \cdot d$
Nägel	$(7 + 3 \cdot \cos\alpha) \cdot d$	$6 \cdot d$	$(3 + 3 \cdot \cos\alpha) \cdot d$	$(3 + 4 \cdot \sin\alpha) \cdot d$	$3 \cdot d$	$3 \cdot d$
Stabdübel	$5 \cdot d$	$4 \cdot d \cdot \sin\alpha$ (mind. $3 \cdot d$)	$(3 + 2 \cdot \cos\alpha) \cdot d$	$3 \cdot d$	$3 \cdot d$	$4 \cdot d$
α Winkel zwischen Kraftrichtung und Faserrichtung der Decklagen						
[1] Selbstbohrende Holzschrauben ohne Bohrspitze						

Die monotonen Versuche 8,9 und 10 wurden mit reduzierten Verbindungsmittelab-
ständen nach Bild 4-20 durchgeführt. Die Last-Verschiebungskurven zeigen duktiles
Verhalten bis zu Verschiebungen von ca. 100 mm bei hohem Lastniveau.

Versuch 30 wurde mit Klammern 2.0 x 90 mm als Verbindungsmittel für die Koppelbretter durchgeführt. Durch die vierschnittige Verbindung verhält sich die Wandscheibe deutlich steifer als bei der zweischnittigen Verbindung, das Versagen trat
durch Abriss der Zuganker (analog Bild 4-22 i)) ein.

4.3.3   Wandscheibenversuche mit zyklischen Lasten

4.3.3.1   Zyklische Wandscheibenversuche mit Element Fux4S

Tabelle 4-10 zeigt die Versuche mit Fux4S mit zyklischer Lastaufbringung. Die Lasteinleitung erfolgte bei allen Versuchen mit der Geschwindigkeit 100 mm/min.

Bei den Versuchen wurden verschiedene Verbindungsmittel zur Befestigung der Elemente sowie der Koppelbretter verwendet und so deren Eignung für zyklische Lasten geprüft. Die Versuchsbezeichnungen enthält Tabelle 4-6. Die Versagensarten nach Tabelle 4-10 sind in Bild 4-22 gezeigt. Die Last-Verschiebungskurven und die tabellierte Form der Hysterese sind in Abschnitt 9.3 (Bild 9-7 bis Bild 9-26 bzw. Tabelle 9-2 bis Tabelle 9-21) dargestellt. In Abschnitt 9.3 werden jedoch nur diejenigen Versuche dargestellt, die auch als Grundlage für die numerische Modellierung in Abschnitt 5.3.2 dienen. Alle im Rahmen des Forschungsvorhabens mit der Massivholz-Paneelbauweise durchgeführten Versuche sind in Blaß und Schädle (2011b) enthalten.

Das Versagen von Nägeln und Schrauben trat analog zu den Beobachtungen in Abschnitt 4.3.1 durch Abriss der Verbindungsmittel in den Belastungszyklen mit den Verschiebungsstufen ca. ± 40 mm bis ca. ± 60 mm ein. Das Ermüdungsversagen der Verbindungsmittel tritt bei Wandscheibenversuchen schrittweise ein, der Lastabfall im Versuch ist daher weniger ausgeprägt als bei den Versuchen mit Verbindungsmitteln. Der Abriss der Verbindungsmittel ist die Ursache für den teilweise erheblichen Traglastverlust zwischen der ersten und der zweiten bzw. dritten Schleife des zyklischen Lastprotokolls (z.B. Bild 9-14). An verschiebungsbeanspruchten Stellen ist vor dem Versagen der Auszug der Verbindungsmittel um mehrere Millimeter zu beobachten. Selbst bei hohen Verschiebungsstufen und damit nach vielen Zyklen konnte in keinem Versuch Klammerversagen durch Ermüdung festgestellt werden.

An beiden Enden der Wandscheiben wurden auf einer Seite der Wand jeweils zwei Zuganker angebracht. Die Befestigung der Elemente an Schwelle bzw. Rähm wurde nach Bild 4-18 ausgeführt. Um Querzugversagen des Rähms zu verhindern, wurde dies mit je drei Vollgewindeschrauben an beiden Enden verstärkt. Die Koppelbretter wurden mit Brettern aus Nadelholz (NH) sowie mit den Holzwerkstoffen Kerto und BFU ausgeführt. Bei Koppelbrettern aus Vollholz trat erwartungsgemäß Spaltversagen auf. Während bei Schrauben und Nägeln aufgrund des größeren Verbindungsmitteldurchmessers frühe Spaltneigung zu erkennen war, trat bei Verwendung von Klammern erst bei deutlich größeren Verschiebungsstufen Spalten auf.

Koppelbretter aus Holzwerkstoffen verhindern das Spalten. Prüfkörper mit dem Zusatz „B" wurden nach geringen Vorschädigungen im ersten Versuch einer zweiten Prüfung unterzogen.

Tabelle 4-10 Zyklische Versuche mit Element Fux4S

Nr.	Bezeichnung	Stoßbrett	Verbindungs-mittel (Bild 4-18)	Abstand Verbindungs-mittel	Zuganker	Versagen Bild 4-22
12	LIG_ZYK_10_1	NH	SR 4.0 x 50 a)	a_1 = 100 mm a_2 = 30 mm	2 x Typ A	a)
13	LIG_ZYK_10_2	Kerto	SR 4.0 x 50 a)	a_1 = 100 mm a_2 = 30 mm	2 x Typ A	e) bzw. i)
14	LIG_ZYK_10_3	Kerto	SR 4.0 x 70 b)	a_1 = 50 mm a_2 = 30 mm	2 x Typ A	d)
15	LIG_ZYK_10_3B	Kerto	SR 4.0 x 70 b)	a_1 = 50 mm a_2 = 30 mm	2 x Typ A + Schiene	f)
16	LIG_ZYK_10_4	NH	KL 1.53 x 55 b)	a_1 = 50 mm a_2 = 30 mm	2 x Typ A	f)
17	LIG_ZYK_10_5	NH	RiNä 2.8 x 65 b)	a_1 = 60 mm a_2 = 30 mm	2 x Typ A	c)
18	LIG_ZYK_10_6	BFU	KL 1.83 x 64 b)	a_1 = 50 mm a_2 = 30 mm	2 x Typ B	e) bzw. i)
19	LIG_ZYK_10_7	BFU	KL 1.83 x 64 b)	a_1 = 50 mm a_2 = 30 mm	2 x Typ B	e) bzw. i)
20	LIG_ZYK_10_8	BFU	KL 1.83 x 64 b)	a_1 = 50 mm a_2 = 30 mm	2 x Typ B	e) bzw. i)
21	LIG_ZYK_10_12	BFU	KL 1.83 x 64 b)	a_1 = 50 mm a_2 = 30 mm	2 x Typ B	h)
22	LIG_ZYK_10_9	BFU	RiNä 2.8 x 65 b)	a_1 = 50 mm a_2 = 30 mm	2 x Typ B	e) bzw. i)
23	LIG_ZYK_10_10	BFU	RiNä 2.8 x 65 b)	a_1 = 50 mm a_2 = 30 mm	2 x Typ B	e) bzw. i)
24	LIG_ZYK_10_11	BFU	RiNä 2.8 x 65 b)	a_1 = 50 mm a_2 = 30 mm	2 x Typ B	j)
25	LIG_ZYK_0_1	NH	SR 4.0 x 50 a)	a_1 = 100 mm a_2 = 30 mm	2 x Typ A	c). a)
26	LIG_ZYK_0_1B	NH	SR 4.0 x 50 a)	a_1 = 100 mm a_2 = 30 mm	2 x Typ A	e) bzw. i)
27	LIG_ZYK_0_2	NH	SR 4.0 x 50 b)	a_1 = 50 mm a_2 = 30 mm	2 x Typ A	d)
28	LIG_ZYK_0_3	NH	KL 1.53 x 55 b)	a_1 = 40 mm a_2 = 30 mm	2 x Typ A	c)
29	LIG_ZYK_0_4	NH	KL 1.53 x 55 b)	a_1 = 50 mm a_2 = 30 mm	2 x Typ A	c)
30	LIG_ZYK_0_5	NH	RiNä 2.8 x 65 b)	a_1 = 60 mm a_2 = 30/40 mm	2 x Typ A	b)

Die Prüfkörper ohne zusätzliche Auflast zeigten in den Versagensmechanismen kein signifikant anderes Verhalten als diejenigen mit Auflast 10 kN/m. Die Form der Hysterese unterscheidet sich naturgemäß durch die ausgeprägtere Einschnürung („pinching") (vgl. z.B. Bild 9-9 und Bild 9-10).

Bild 4-22   Versagensarten bei der Massivholz-Paneelbauweise: a) Querzug-versagen Rähm, b) Durchknöpfen Zuganker, c) Spalten Koppel-brett, d) Abriss Bolzen Zuganker e) Versagen Verbindung Element-Rähm, f) Ermüdungsversagen Schrauben Zuganker, g), h) Abriss Zuganker, i) Versagen Verbindung Element-Rähm, j) Spalten Brettüberstände

Die Versuche 18 bis 20 wurden in der chronologischen Reihenfolge zuletzt ausgeführt. Die verwendeten Verbindungsmittel und Koppelbretter sowie die Zuganker hatten sich als die unter zyklischen Lasten sinnvollste Konstellation ergeben.

4.3.3.2 Zyklische Wandscheibenversuche mit Element Fux6S

Die zyklischen Versuche mit dem Element Fux6S sollten neben der Untersuchung des Erdbebenverhaltens auch Aufschlüsse über die Zuverlässigkeit des numerischen Modells (Abschnitt 5) liefern. Die Länge der Prüfkörper wurde variiert, um mit der wechselnden Zahl der Koppelfugen die Richtigkeit des Rechenmodells zu überprüfen.

Durch die gekreuzten Brettsperrholzlagen am Überstand von Schwelle und Rähm (Bild 4-21) ist Versagen durch Spalten weitgehend ausgeschlossen. Die mindestens zweischnittige Verbindung bei Element Fux6S ergibt hohe Lasten bei gleichzeitig hoher Energiedissipation. Das Verhalten der vierschnittigen Verbindung und Klammern 2.0 x 90 mm ist durch hohe aufnehmbare Horizontallasten bei hoher Duktilität gekennzeichnet und stellt eine interessante Erweiterung des Einsatzbereiches dar.

Tabelle 4-11   Zyklische Versuche mit Element Fux6S

Nr.	Bezeichnung	Draufsicht	Ansicht	Koppel-bretter	VM nach Bild 4-20)	VM Koppelbrett	Zuganker
31	L_N_Z_1			1 x BFU	b)	a_1=50mm, KI 1.83 x 64 mm	2 x Typ C
32	L_N_Z_2				b)		
33	L_N_Z_3			1 x BFU	b)	a_1=50mm, KI 1.83 x 64 mm	2 x Typ C
34	L_N_Z_4				b)		
35	L_N_Z_5			2 x BFU	d)	a_1=50mm, KI 2.0 x 90 mm	2 x Typ C
36	L_N_Z_6			1 x BFU	c)	a_1=50mm, KI 1.83 x 64 mm	2 x Typ C
37	L_N_Z_7				c)		
38	L_N_Z_8			1 x BFU	c)	a_1=50mm, KI 1.83 x 64 mm	2 x Typ C
39	L_N_Z_9				c)		
40	L_N_Z_10			1 x BFU	c)	a_1=50mm, KI 1.83 x 64 mm	2 x Typ C
41	L_N_Z_11				c)		

Die kurzen Wandscheiben mit nur zwei Elementen wurden ohne Auflast geprüft. Beim Aufbringen von Auflast über den Lastverteiler und die Rollschlitten würden jeweils zwei Rollen der Rollschlitten nicht mehr auf der Wand aufliegen, wodurch die

Gefahr des Verbiegens des Lastverteilers und die Gefahr unkontrollierter Ausmittig-keiten bestünde.

Die Last-Verschiebungsdiagramme sowie die tabellierte Form der Hysterese sind in Abschnitt 9.3 (Bild 9-16 bis Bild 9-26 und Tabelle 9-11 bis Tabelle 9-21) dargestellt.

4.3.3.3   Versuchsergebnisse und Diskussion

Bild 4-23 zeigt die Energiedissipation über die Gesamtverschiebung der Versuche mit dem Element Fux4S, Bild 4-24 zeigt dies mit dem Element Fux6S. Die Gesamt-verschiebung ergibt sich durch Addition der Verschiebungen der einzelnen Zyklen. Diese Darstellung enthält zum einen Informationen über den Versagenszeitpunkt, zum anderen ist die Darstellung („Steigung" der Ergebnisse) unabhängig von der Verschiebungsgeschwindigkeit im Versuch.

Bild 4-23 zeigt, dass die Energiedissipation bei den Versuchen mit Element Fux4S ähnlich ist. Einzig die Versuchsreihe bei Position 4000 mm (Klammern 64 mm in Koppelbrett BFU) zeigt deutlich höhere Energiedissipation, da der Versuch aufgrund der positiven Eigenschaften aus dem Zusammenspiel von Klammern und BFU-Koppelbrett bei zyklischen Lasten eine höhere Anzahl Belastungszyklen übersteht.

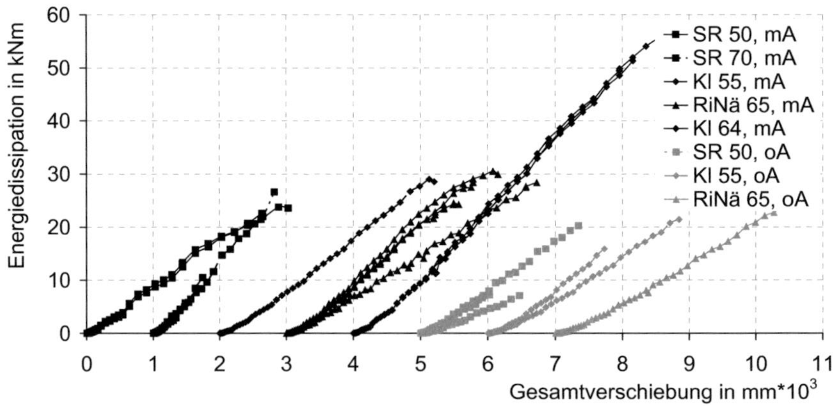

Bild 4-23   Energiedissipation Element Fux4S (mA/oA = mit/ohne Auflast)

Aufgrund der geringen Unterschiede der Energiedissipation wurde in Bild 4-23 keine Unterscheidung zwischen den Materialien der Koppelbretter vorgenommen. Bei der Verwendung eines Koppelbrettes aus Nadelholz weist die Energiedissipation jedoch meist geringere „Steigung" auf als bei Verwendung eines Koppelbrettes aus BFU (z.B. bei Position 3000 mm (RiNä 65 mm)).

Bild 4-24 zeigt die Energiedissipation der Versuche mit dem Element Fux6S. Die Abhängigkeit von der Anzahl der Wandelemente und damit der Anzahl der Verbindungsmittel ist ebenso deutlich zu erkennen wie das im Gegensatz zu Element Fux4S größere Verformungsvermögen der Prüfkörper bedingt durch die zweischnittige Verbindung und die optimierten Zuganker.

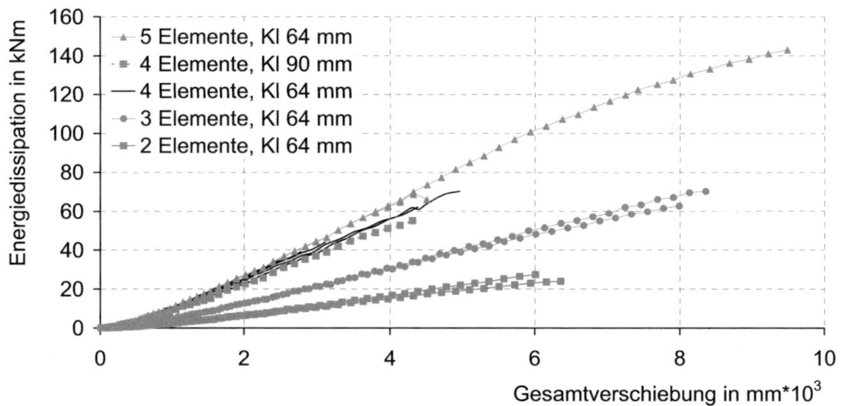

Bild 4-24   Energiedissipation Element Fux6S

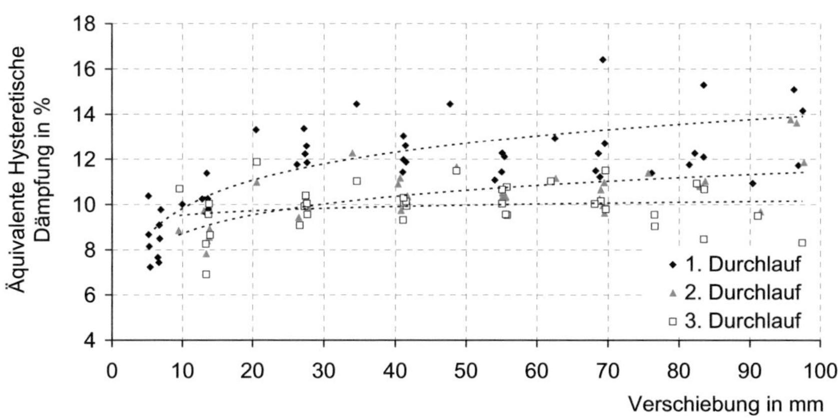

Bild 4-25   Äquivalente Hysteretische Dämpfung für Klammern,
                   Element Fux4S

Bild 4-25 und Bild 4-26 zeigen den Vergleich der äquivalenten hysteretischen Dämpfung der geprüften Elemente. Die größere Anzahl der Versuche bei Element Fux6S schafft ein einheitlicheres Bild, bei dem sich die Energiedissipation über die Verschiebung auf einem annähernd konstanten Niveau hält. Die logarithmische Trendlinie zeigt für den ersten Durchlauf stabile Dämpfung von ca. 11 %, für den zweiten und dritten Durchlauf fallen diese Werte auf knapp über 10 % ab. Der Vergleich von Bild 4-25 und Bild 4-26 mit Bild 4-16 zeigt, dass hinsichtlich der Energiedissipation nicht vom Verhalten von Holzverbindungen auf das Verhalten von Wandscheiben zurückgeschlossen werden kann. Holzverbindungen weisen in den ersten Zyklen hohe Dämpfungsmaße auf, die im Laufe des Versuchs abfallen. Die Klammerverbindungen in Bild 4-16 a) stabilisieren sich nach anfänglichen Werten von bis zu 30 % beispielsweise bei ca. 10 %, während die Wandscheiben-versuche in Bild 4-25 und Bild 4-26 anfänglich niedrige Werte aufweisen und sich ebenfalls bei ca. 10 % stabilisieren.

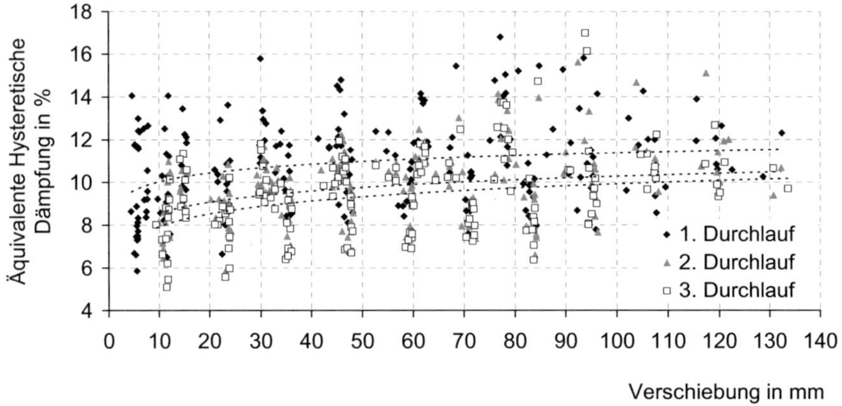

Bild 4-26   Äquivalente Hysteretische Dämpfung für Klammern,
                     Element Fux6S

Die für die Ermittlung der Duktilitätsklasse und des Verhaltensbeiwertes q in EC8 enthaltenen Hinweise zum dissipativen Tragwerksverhalten sollten daher erweitert werden. Momentan sind „die Eigenschaften der dissipativen Bereiche […] Versuche entweder an einzelnen Verbindungen, an ganzen Tragwerken oder an deren Teilen zu bestimmen". Aufgrund der Beobachtungen können Versuche an einzelnen Verbindungen lediglich zur Abschätzung des grundsätzlichen Verhaltens der Verbindung, also z.B. der Ermüdungsfestigkeit dienen. Genauere Informationen können nur Bauteilversuche am Gesamtsystem liefern.

4.4   Versuche mit der Einzelelement-Bauweise

Das Tragverhalten einer Wandscheibe in Einzelelement-Bauweise unter horizontalen Lasten ist durch ihren besonderen Aufbau nicht mit dem Tragverhalten herkömmlicher Holzbauweisen vergleichbar. Die Beplankung der Wand wird durch kleinformatige Holzwerkstoffplatten gebildet, die gleichzeitig als Decklage der einzelnen Elemente dienen. Die Holzwerkstoffplatten werden nur auf der späteren Gebäudeinnenseite an deren überstehenden horizontalen Rändern durch Klammern verbunden. Hierdurch entsteht eine einseitige, nicht kontinuierlich durchgehende Beplankung. Die Stege übertragen Vertikalkräfte aus Eigen- und Verkehrslasten nur über Kontaktkräfte, die bei horizontaler Belastung entstehenden Zugkräfte können ohne Verbindungsmittel nicht übertragen werden. Weiterhin übertragen die Verbindungsmittel sowie die überstehenden Stege die horizontalen Schubkräfte.

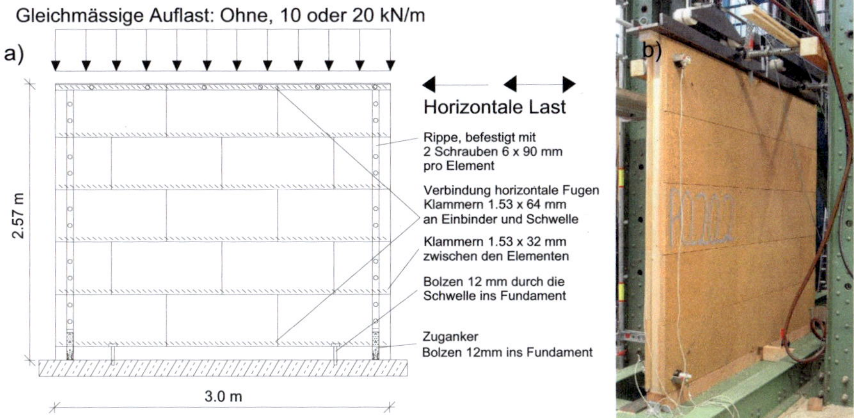

Bild 4-27   Wandscheibenprüfkörper in Einzelelement-Bauweise
                   a) Skizze, b) Wandscheibe in Prüfapparatur

Diese Besonderheiten der Einzelelement-Bauweise machen Versuche an Wandscheiben unerlässlich, da das Tragverhalten nicht mit einfachen mechanischen Modellen beschrieben werden kann. Die Versuche wurden an wiederum an einheitlicher Wandgeometrie mit unterschiedlichen Auflasten sowie teilweise unterschiedlichen Verbindungsmitteln durchgeführt. Alle Versuche wurden mit 3 Vollelementen in der ersten, dritten und fünften Lage sowie mit zwei halben Elementen und zwei Vollelementen in der zweiten und vierten Lage durchgeführt (Bild 4-27). So wird eine realistische Wandscheibengröße erreicht, die in ähnlicher Größenordnung wie in DIN EN 594 (1996) gefordert (2.4 x 2.4 m) liegt. So kann mit anderen Wandbauweisen verglichen werden. Die Versuchsbezeichnungen enthält Tabelle 4-12.

Tabelle 4-12 Versuchsbezeichnungen

1.Stelle	2.Stelle	3.Stelle	4.Stelle
Bauweise	Lastaufbringung	Auflast	Laufende Nummer
HIB_	PO ("Push Over", Monoton) oder ZYK (Zyklisch)	0 oder 10 oder 20 kN/m	1,2,3...

Der Einbau der Wand in die Prüfapparatur erfolgte entsprechend dem Vorgehen in der Praxis. So wurde zuerst die Schwelle mit zwei Bolzen d = 12 mm an der Prüfapparatur befestigt, bevor die erste Elementreihe auf der Schwelle ausgelegt wurde. Die Schwelle besitzt keinen in das Element eingreifenden Überstand oder eine entsprechende Verkürzung. Daher wurde jedes Element zusätzlich mit einem Winkelverbinder an der Schwelle befestigt, der einen Teil der Kräfte in Wandebene zwischen Schwelle und erster Elementreihe aufnimmt. Die weiteren Elementreihen wurden im Läuferverband ausgelegt, der seitliche Abschluss der zweiten und vierten Reihe wurde durch je ein halbes Element gebildet.

Nach Aufbringen der fünften Elementreihe erfolgt in der Praxis das Einbringen der Dämmung, welche jedoch eine vernachlässigbare statische Wirkung hat und daher bei den Versuchen nicht eingebracht wurde. Die vertikalen Stiele mit dem Querschnitt 60 x 90 mm wurden in die Wände geschoben und von der Seite mit 4 Schrauben 6 x 90 mm befestigt. Die Stiele erhöhen zum einen die Biegesteifigkeit der Wand bei Lasten, die rechtwinklig zur Wandebene angreifen. Sollte aufgrund hoher horizontaler Beanspruchungen rechtwinklig zur Wandebene eine hohe Biegesteifigkeit erforderlich sein, ist es möglich, zusätzliche Stiele in die Zwischenräume einzubauen. Zum anderen leiten die Stiele die abhebenden Kräfte ab, die bei horizontaler Belastung der Wandscheibe auftreten. Die Stiele müssen in einem maximalen Achsabstand von 3.0 m eingebaut werden. Bei den Versuchen wurde jeweils ein vertikaler Stiel am vorderen bzw. hinteren Abschluss der Wand eingebracht.

Die Zuganker wurden so angebracht, dass die Nägel in die vertikalen Stiele greifen. In den ersten Versuchen (PO_10_1 bis PO_10_3) stellte sich die Verbindung mit dem lediglich von außen aufgebrachten Zuganker als Schwachstelle dar. In weiteren Versuchen erfolgte die Befestigung der vertikalen Stiele an der Schwelle daher zusätzlich mit einem Winkelverbinder 90 x 90 mm, der mit Schrauben am Stiel und mit Kammnägeln an der Schwelle befestigt wurde (Tabelle 4-13).

Den oberen Abschluss der Wand bildet das Rähm aus Nadelholz. Die Stege der obersten Elementreihe sind verkürzt, so dass der Einbinder zwischen den Holzwerkstoffplatten liegt und nach oben um 10 mm übersteht. Um gleichmäßiges, verdrehungsfreies Anliegen des Rähms an den Oberkanten der Stege sicher zu stellen, wird der Einbinder mit vertikalen Schrauben 6 x 140 mm in jedem zweiten Steg von oben befestigt. Diesen vertikalen Schrauben wird keine rechnerische Tragfähigkeit zugewiesen, da sie in das Hirnholz der Stege eingeschraubt sind. Die statisch relevante Verbindung von Rähm zur oberen Elementreihe wird durch seitlich eingedrehte Schrauben hergestellt, wobei in jeder zweiten Elementkammer eine Schraube eingedreht wird (angedeutet in Bild 4-27). Nachdem die Wand komplettiert ist, wird der Lastverteiler auf die Prüfwand abgesetzt. Durch dessen Eigengewicht werden die verbliebenen Fugen zugedrückt, die Klammern dann mittels eines Druckluft-Klammergerätes eingetrieben. Der Aufbau sowie die Abmessungen eines Grundelementes können Bild 9-27 entnommen werden.

4.4.1   Wandscheibenversuche mit monotonen Lasten

Tabelle 4-13 enthält das Versuchsprogramm sowie einige Bemerkungen zu den Verbindungsmitteln und zum Versagen der Prüfkörper. Bei den Versuchen PO_10_1 bis PO_10_3 wurde eine Schwelle aus Nadelholz verwendet bei der lediglich zwei Bretter mit dem unteren Schwellenholz verschraubt waren.

Tabelle 4-13   Übersicht über die monotonen Versuche

Nr.	Bezeichnung	Bemerkung	Versagensbeschreibung
1	HIB_PO_10_1	Schwelle NH	Querdruck Schwelle
2	HIB_PO_10_2		Querdruck Schwelle
3	HIB_PO_10_3		Querdruck Schwelle
4	HIB_PO_10_4		Zug unterste Fuge
5	HIB_PO_10_5		Zug unterste Fuge
6	HIB_PO_0_1	Zusätzlich Klammern in Stegüberständen und Winkel 90 x 90 mm an Stiel	Einbinder durchgeschoben
7	HIB_PO_0_2		Treppenförmig
8	HIB_PO_0_3		Zug unterste Fuge
9	HIB_PO_20_1		Zug unterste Fuge
10	HIB_PO_20_2		Einbinder durchgeschoben
11	HIB_PO_20_3		Schub unterste Fuge
Die Verbindung zum Stiel erfolgte je Element mit 2 Schrauben 6.0 x 90 mm			

Die Verschraubung zwischen Brettern und unterem Schwellenholz erwies sich bei Zugbeanspruchung als Schwachstelle; an der Druckseite konnten starke Querdruckverformungen beobachtet werden. Für die weiteren Versuche wurde daher eine Douglasienschwelle mit einem aufgeschraubten Formstück verwendet, um eine kraftschlüssigen Verbindung zu erhalten (Bild 4-28).

Die Befestigung mit Bolzen d = 12 mm sowie Zugankern konnte bei allen Versuchen die Verschiebungen zwischen Schwelle und Unterbau reduzieren. Da die Untersuchung der Wandscheibe nicht von der Befestigung beeinflusst werden sollte, wurde für alle folgenden Versuche ein Gegenhaltewinkel vor der Schwelle befestigt, um die Verschiebungen zu minimieren.

Bild 4-28   Nadelholzschwelle mit aufgenagelten Brettern: a) Abheben Zugseite, b) Querdruckversagen, c) Douglasienschwelle mit Formstück

Bild 4-29   Versagensbilder der Einzelelement-Bauweise:
a) treppenförmiges Versagen (monoton, ohne Auflast),
b) Zugversagen erste Fuge (monoton, Auflast 10 kN/m),
c) treppenförmiges Versagen (zyklisch, ohne Auflast),
d) Schubversagen der ersten Fuge (zyklisch, Auflast 20 kN/m)

Die Versagensbilder der Versuche spiegeln das Tragverhalten unter den in Abschnitt 4.1.3 beschriebenen Randbedingungen wieder. Während sich bei geringen Auflasten Zugversagen zwischen den Elementen einstellt (Bild 4-29 a), b) und c)), tritt bei höheren Auflasten Schubversagen durch das Abgleiten der untersten Elementfuge ein.

Die Last-Verschiebungsdiagramme der Versuche (Bild 4-32) zeigen erwartungsgemäß die Abhängigkeit der horizontalen Traglast von der Auflast. Bei einigen Versuchen wurden zusätzliche Schrauben in den Stegüberständen angebracht, um das Tragverhalten weiter zu verbessern. Die Ergebnisse der Versuche sind in Tabelle 4-16 aufgeführt.

4.4.2 Wandscheibenversuche mit zyklischen Lasten

Wie in Abschnitt 3.1 beschrieben, hängt das hysteretische Verhalten eines Bauteils vornehmlich von den verwendeten Verbindungsmitteln ab. Schlanke Verbindungsmittel verformen sich leichter als gedrungene Verbindungsmittel und sind daher beim Entwurf von Tragwerken für erdbebengefährdete Gebiete vorzuziehen. Die bei der Einzelelement-Bauweise verwendeten Klammern sind leicht verformbar und in großer Anzahl vorhanden. Der Aufbau des Systems aus einzelnen Bausteinen, die sich bei horizontaler Belastung gegeneinander verschieben und verdrehen, erzeugt Reibung, wodurch weitere Energiedissipation durch Umwandlung in Wärme- und Schallenergie stattfindet. Die genannten Punkte sprechen für ein günstiges Verhalten unter wiederholt-zyklischer Belastung bzw. unter Erdbebenlasten. Tabelle 4-14 enthält eine Übersicht über die zyklischen Versuche sowie eine kurze Versagensbeschreibung.

Tabelle 4-14 Übersicht über die zyklischen Versuche

Nr.	Bezeichnung	Versagens-beschreibung
1	HIB_ZYK_10_1	Zug unterste Fuge
2	HIB_ZYK_10_2	Zug unterste Fuge
3	HIB_ZYK_10_3	Zug unterste Fuge
4	HIB_ZYK_0_1	Treppenförmig
5	HIB_ZYK_0_2	Treppenförmig
6	HIB_ZYK_0_3	Treppenförmig
7	HIB_ZYK_20_1	Schub unterste Fuge
8	HIB_ZYK_20_2	Schub unterste Fuge
9	HIB_ZYK_20_3	Schub unterste Fuge

Beim Vergleich der Versuche fällt die unterschiedliche Form der Hysteresekurve unter den verschiedenen Auflasten auf. Die eingedrückte Form der Hystereseschleifen wird ohne zusätzliche Auflasten besonders deutlich, schon geringe Auflasten sorgen für eine bauchigere Form der Kurven. Bei den Versuchen mit zusätzlicher Auflast führt die Reibung zwischen den Elementen und das daraus folgende ruckartige Abgleiten zum unruhigen Verlauf der Kurve. Bei den Versuchen mit hoher Auflast wird die Form der Hysteresen extrem bauchig, was für eine hohe Energiedissipation spricht. Dies kann an der äquivalenten hysteretischen Dämpfung der Versuche belegt werden.

Beispielhaft sind typische Hysteresekurven für die verschiedenen Auflaststufen in Bild 9-28, Bild 9-29 und Bild 9-30 dargestellt. Die tabellierte Beschreibung der Kurven ist in Tabelle 9-22, Tabelle 9-23 und Tabelle 9-24 gegeben.

Die Höchstlasten und die entsprechenden Verschiebungen von monotonen und zyklischen Versuchen stimmen gut überein. Auffällige Minderungen der Traglast bei den Versuchen mit zyklischer Lastaufbringung würden auf ein nachteiliges Verhalten der Einzelelement-Bauweise bei wiederholter Belastung schließen lassen, was jedoch nicht erkennbar ist. Teilweise zeigen die Versuche unter zyklischer Last im Vergleich zu den monotonen Versuchen wesentlich duktileres Verhalten, was für die Erdbebenbemessung positiv ist.

Durch die Auflast von 10 kN/m bildet sich als Versagensmechanismus der in Bild 4-2 c) gezeigte „Shear Cantilever Mechanism" aus, wobei die Schubverformung der Wandscheibe sich als horizontale Verschiebung zwischen den einzelnen Elementreihen darstellt. Die Fuge zwischen der ersten und der zweiten Elementreihe ist hierbei am stärksten beansprucht. Die Elemente der zweiten Reihe verschieben sich gegenüber der ersten Elementreihe deutlich in horizontaler Richtung (ähnlich Bild 4-29 d)). Das Versagensbild der Versuche ohne zusätzliche Auflast ist in Bild 4-29 a) und c) zu erkennen. Ohne oder nur mit geringen Auflasten wird sich als Versagensbild der in Bild 4-2 dargestellte Fall des Shear Cantilever Mechanisms ausbilden.

Bild 4-29 d) zeigt das Versagen eines Versuches mit zusätzlicher Auflast 20 kN/m. Aufgrund der hohen Auflast bildet sich eine Schubverformung des Prüfkörpers aus, die sich durch die Elementbauweise jedoch nicht als Verzerrung des gesamten Prüfkörpers darstellt, sondern sich in einer großen Verschiebung der ersten Elementfuge zeigt. Nach dem Überschreiten der aufnehmbaren Höchstlast zeigt sich ein deutlicher Traglastabfall, jedoch kein strukturelles Versagen der Wand. Es werden weiterhin große Verschiebungen aufgenommen, die den unruhigen Verlauf der Last-Verschiebungshysteresen verursachen. Die erste Fuge gleitet hin und her, durch die große Reibung bewegen sich die oberen vier Elementreihen ruckartig auf der ersten Elementreihe.

Eine ausführlichere Beschreibung der Versuche mit der Einzelelement-Bauweise ist in Blaß und Schädle (2009) zu finden.

4.5   Versuche mit der Holztafelbauweise

Um die vorgestellten innovativen Wandbauweisen mit einer bekannten Bauweise für aussteifende Wände vergleichen zu können, wurden 6 Vergleichsversuche mit der Holztafelbauweise durchgeführt. Hierbei wurde ein- und beidseitige Beplankung der Wände berücksichtigt und verschiedene Auflasten aufgebracht. Sowohl monotone als auch zyklische Versuche wurden durchgeführt. Bild 4-30 zeigt eine Skizze des Versuchsaufbaus sowie eine Holztafelbauwand in der Prüfapparatur, Tabelle 4-15 enthält eine Übersicht über die Versuche.

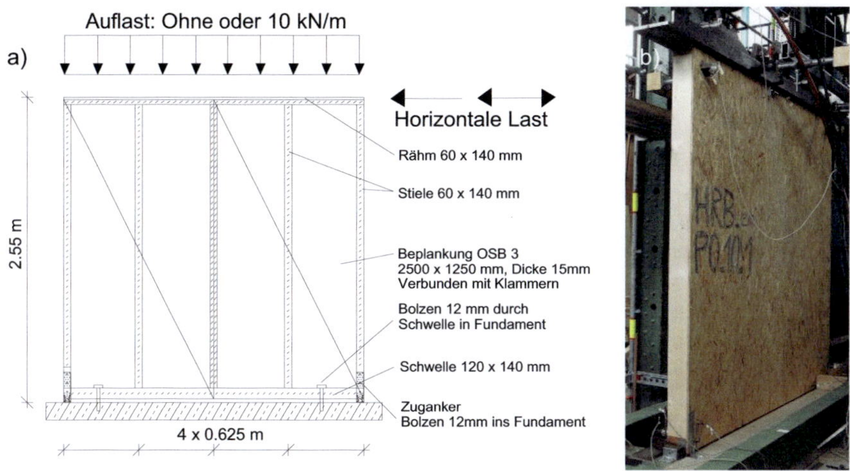

Bild 4-30   Wandscheibenprüfkörper Holztafelbauweise a) Skizze,
                     b) Wandscheibe in Prüfapparatur

Die Abmessungen des Versuchsaufbaus wurden ähnlich den in den vorherigen Abschnitte beschriebenen gestaltet. Es wurden Stiele aus Konstruktionsvollholz (KVH) mit dem Querschnitt 60 x 140 mm verwendet. Die Beplankung mit OSB3-Platten der Dicke t = 15 mm führt für die Holztafelbauwände zu einer Wanddicke von d = 155 mm für einseitige Beplankung und zu einer Wanddicke von d = 170 mm für beidseitige Beplankung. Die Schwelle wurde in Anlehnung an die Systemwände aus Douglasie mit den Abmessungen h x b = 120 x 140 mm ausgeführt. Die Beplankung wurde an der Schwelle mit einem vertikalen Abstand von 30 mm zum Boden befestigt, um bei einer Verdrehung der Wand die Bodenberührung der Tafel und eine daraus resultierende Ergebnisverfälschung zu vermeiden. Die Länge der Stiele wurde mit 2,37 m so gewählt, dass sich zum oberen Abschluss der Wand ein Abstand von 20 mm ergibt, ebenfalls um bei einer Verdrehung der Beplankung den Kontakt mit dem Lasteinleiter zu verhindern.

Die Länge der Versuchswände wurde bei den Holztafelbauwänden auf 2.5 m festgesetzt, da die Standardabmessungen der Beplankungstafeln 1.25 x 2.5 m betragen. So können zwei Beplankungstafeln mit einem senkrechten Stoß in der Mitte unter Beibehaltung des im Holztafelbau üblichen Rastermaßes von 62.5 cm verwendet werden. Zum exakten Vergleich der Ergebnisse kann die Tragfähigkeit pro Längeneinheit herangezogen werden.

Die Beplankungstafeln wurden mit der Unterkonstruktion mit Klammern der Abmessungen 1.53 x 64 mm verbunden, an den Plattenrändern wurde ein Abstand der Verbindungsmittel untereinander von 50 mm gewählt, im Feld betrug der Abstand der Verbindungsmittel 100 mm.

Tabelle 4-15   Übersicht über die Versuche mit Holztafelbauwänden

Nr.	Bezeichnung	Auflast	Beplankung
1	HRB_PO_ein_10_1	10 kN/m	Einseitig
2	HRB_ZYK_ein_10_1	10 kN/m	Einseitig
3	HRB_PO_zwei_10_1	10 kN/m	Beidseitig
4	HRB_ZYK_zwei_10_1	10 kN/m	Beidseitig
5	HRB_PO_zwei_0_1	0 kN/m	Beidseitig
6	HRB_ZYK_zwei_0_1	0 kN/m	Beidseitig

Die Bodenbefestigung der Wände wurde analog zu den Versuchen an der Einzelelement-Bauweise mit zwei Bolzen durch die Schwelle sowie durch an beiden Enden der Wand angebrachte Zuganker hergestellt.

4.5.1   Wandscheibenversuche mit monotonen Lasten

Versuch Nr. 1 (Tabelle 4-15) wurde mit einer einseitig beplankten Holztafelbauwand und einer Auflast von 10 kN/m durchgeführt. Die Einzelelement-Bauweise wird nur durch auf der Gebäudeinnenseite angebrachte Klammern verbunden. Die Tragwirkung einer so hergestellten Beplankung kann jedoch nur einen Teil der Tragwirkung einer durchgehenden Beplankung erreichen. Sowohl mit monotoner als auch mit zyklischer Last wurde daher der erste Versuch mit einer einseitig beplankten Holztafelbauwand durchgeführt, um einen Vergleich zur Einzelelement-Bauweise zu ermöglichen. Dem Versagen der Versuchswand gingen große Verformungen durch das Herausziehen der Klammern und damit verbundenem Verdrehen der Beplankung voraus. Durch die Verankerung der Versuchswand auf der Druckseite mit einem Zuganker war die Rotation der Beplankung an dieser Stelle unterbunden, was zu Druckversagen der Beplankung in dieser Ecke führte (Bild 4-31 b)).

Um die beschriebenen Systeme mit einer marktüblichen Holzbauweise vergleichen zu können, wurde ein Versuch (Nr. 3 in Tabelle 4-15) mit einer beidseitig beplankten Holztafelbauwand und der Auflast 10 kN/m durchgeführt. Die beidseitig beplankte Wand ist deutlich steifer als die einseitig beplankte Versuchswand, das Versagen trat analog zur einseitig beplankten Wand durch den Abriss der Beplankung auf der Zugseite oberhalb des Zugankers auf (Bild 4-31 a)). Die verwendeten Klammern wurden bereits deutlich in die Beplankung eingezogen bzw. aus der Unterkonstruktion herausgezogen. Nach dem Versuch wurde die Wand auseinandergebaut. Hierbei konnte Querzugversagen der Schwelle auf der ganzen Länge beobachtet werden. Weiterhin konnten starke Eindrückungen unter der Unterlegscheibe der Fundamentdübel beobachtet werden.

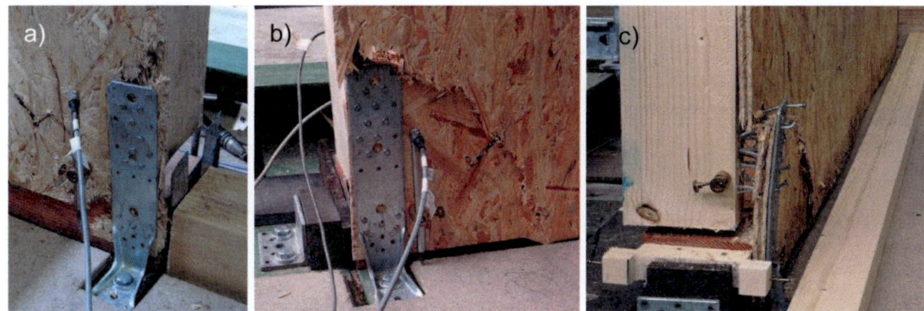

Bild 4-31   Versagen Beplankung a) auf Zugseite, b) auf Druckseite,
                   c) Auszug VM an Zuganker und Beplankung

Der abschließende Versuch mit der Holztafelbauweise unter monotoner Belastung (Versuch Nr. 5 in Tabelle 4-15) wurde ohne zusätzliche Auflast durchgeführt, um auch für geringe Auflasten einen Vergleich zu den beschriebenen Bauweisen zu erhalten. Da das Versagen unter der geringen Auflast analog zu den beiden vorherigen Versuchen (Zugversagen der Beplankung) zu erwarten war, wurde der Versuchsaufbau dahingehend geändert, die Zugkraft zu einem höheren Anteil über den Zuganker abzutragen. Ein handelsüblicher Zuganker wurde hierzu verlängert, um die Anzahl der Nägel in der Zugrippe zu verdoppeln. Das Zugversagen der

Beplankung konnte durch diese Maßnahme verhindert werden, bis zum Erreichen der Höchstlast konnte kein Versagen der Beplankung beobachtet werden.

4.5.2   Wandscheibenversuche mit zyklischen Lasten

Um abschließend einen Vergleich der Energiedissipation zwischen innovativen Bauweisen und der Holztafelbauweise zu ermöglichen, wurden drei Versuchswände zyklisch belastet. Wie bei den vorher durchgeführten Versuchen mit monotoner Lastaufbringung wurde eine Wand mit einseitiger Beplankung sowie zwei Wände mit beidseitiger Beplankung geprüft.

Bei der einseitig beplankten Holztafelbauwand mit der Auflast 10 kN/m (Versuch Nr. 2 in Tabelle 4-15) trat das Versagen ähnlich den Versuchen mit monotoner Lastaufbringung durch den Abriss der Beplankung auf der jeweilig auf Zug beanspruchten Seite ein (Bild 4-31 a)). Die bei den Versuchen mit zyklischer Lastaufbringung erreichte horizontale Traglast stimmt mit der im monotonen Versuch erreichten Traglast gut überein. Sowohl der Auszug der Klammern aus der Beplankung als auch Auszug der Verbindungsmittel am Zuganker kann unter zyklischer Last beobachtet werden (Bild 4-31 c)).

Versuch Nr. 4 (Tabelle 4-15) wurde mit einer einseitig beplankten Holztafelbauwand mit der Auflast 10 kN/m durchgeführt. Bei diesem Versuch trat das Versagen durch das Zugversagen der Beplankung auf der Seite des Zugankers ein. Die im monotonen Versuch erreichte horizontale Traglast wurde im Versuch mit zyklischer Lastaufbringung übertroffen. Der Auszug der Verbindungsmittel an der Schwelle war zu beobachten.

Wie beim Versuch mit monotoner Lastaufbringung wurde beim abschließenden Versuch Nr. 6 mit der beidseitig beplankten Holztafelbauwand (Tabelle 4-15) der Zuganker verlängert, daraus resultierend konnte bei diesem Versuch kein Versagen der Beplankung festgestellt werden. Bei den meisten Versuchen lässt sich beobachten, dass die erreichten Traglasten bei zyklischer Belastung in Zugrichtung höher sind als in Druckrichtung. Die Begründung liegt in der Tatsache, dass die zuerst aufgebrachte Belastung diejenige in Zugrichtung ist, der Prüfkörper bei Belastung in dieser Richtung somit keine Vorschädigung aufweist. Bei der Belastung in die entgegen gesetzte Richtung ist der Prüfkörper dann vorgeschädigt, was zur geringeren horizontalen Traglast in dieser Richtung führt.

Eine ausführliche Beschreibung der Versuche mit der Holztafelbauweise ist in Blaß und Schädle (2009) zu finden.

4.6   Vergleich der untersuchten Wandbauweisen

4.6.1   Ergebnisse unter monotonen Lasten

Der Vergleich der untersuchten Wandbauweisen unter monotonen Lasten hinsichtlich den Höchstlasten, den erreichten Verschiebungen sowie Steifigkeiten enthält
Tabelle 4-16, die Last-Verschiebungskurven sind in Bild 4-32 und Bild 4-33 dargestellt.

Bei allen Versuchsergebnissen ist die Abhängigkeit von den gewählten Auflasten
und der Einfluß der Zuganker klar erkennbar. Am deutlichsten ist der Einfluß der
Auflast bei der Einzelelement-Bauweise sichtbar. Hier steigen die Steifigkeiten der
Versuchskörper kontinuierlich mit der Auflast an. Wie zu erwarten ist der positive
Einfluß beidseitiger Beplankung bei der Holztafelbauweise zu sehen. Zusätzliche
Auflast verbessert die Versuchsergebnisse hinsichtlich der Steifigkeit nochmals. Bei
der Massivholz-Paneelbauweise ist der Einfluß der zweischnittigen Verbindung
deutlich erkennbar. Während bei den Versuchen mit der Elementgeometrie Fux4S
(Versuche Nr. 15 bis 20 in Tabelle 4-16) teilweise noch recht geringe Steifigkeiten
erreicht wurden, wurden bei den Versuchen mit der Elementgeometrie Fux6S
deutlich höhere Steifigkeiten erreicht (Versuche Nr. 21 bis 25 in Tabelle 4-16).

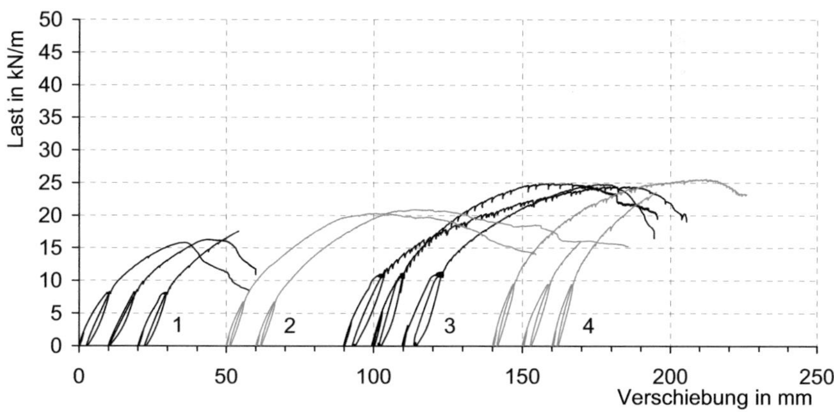

Bild 4-32   Einzelelement-Bauweise unter monotonen Lasten,
                   Nummerierung nach Tabelle 4-16: 1) ohne zusätzliche Auflast,
                   Versuche 1, 2, 3; 2) Auflast 10 kN/m, Versuche 4, 5;
                   3) Auflast 10 kN/m, Versuche 6, 7, 8
                   4) Auflast 20 kN/m, Versuche 9, 10, 11

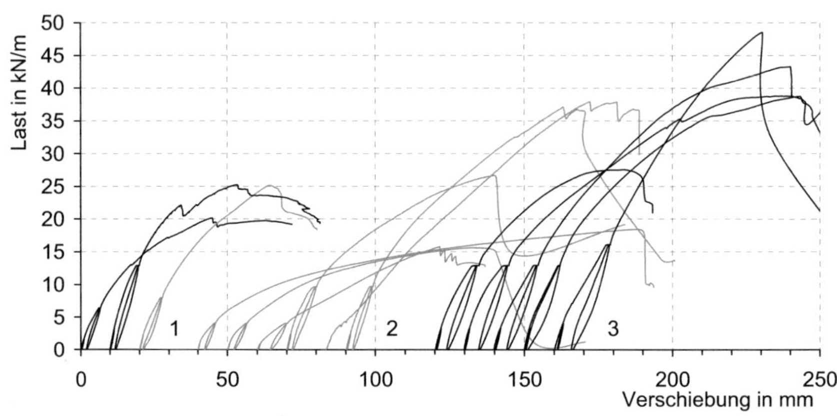

Bild 4-33   Holztafelbauweise und Massivholz-Paneelbauweise unter
                   monotonen Lasten, Nummerierung nach Tabelle 4-16:
                   1) Holztafelbauweise, Versuche 12, 13, 14; 2) Massivholz-
                   Paneelbauweise, Element Fux4S, Versuche 15 - 20; 3) Massiv-
                   holz-Paneelbauweise, Element Fux6S, Versuche 21 - 25

Tabelle 4-16   Ergebnisse monotone Versuche der untersuchten Bauweisen

Nr.	Bezeichnung	F_{max} in kN	F_{max} in kN/m	u_{max} in mm	F bei Verschiebung u = 5 mm	Steifigkeit K in N/mm
Einzelelement-Bauweise						
1	HIB_PO_0_1	47.4	15.8	35.2	16.0	2693
2	HIB_PO_0_2	48.9	16.3	32.8	14.4	2757
3	HIB_PO_0_3	52.7	17.6	35.5	16.2	2876
	Mittelwerte	49.7	16.6	34.5	15.5	2775
4	HIB_PO_10_4	61.0	20.3	47.8	18.8	2892
5	HIB_PO_10_5	62.8	20.9	52.3	17.6	2773
	Mittelwerte	61.9	20.6	50.0	18.2	2833
6	HIB_PO_10_1	73.4	24.5	87.7	18.9	2715
7	HIB_PO_10_2	74.6	24.9	65.8	22.9	3127
8	HIB_PO_10_3	74.4	24.8	51.8	22.0	3501
	Mittelwerte	74.1	24.7	68.4	20.6	3114
9	HIB_PO_20_1	76.8	25.6	70.9	23.3	3390
10	HIB_PO_20_2	47.4	15.8	19.4	19.8	3625
11	HIB_PO_20_3	70.8	23.6	34.6	23.5	3604
	Mittelwerte	65.0	21.7	41.6	22.2	3540
Holztafelbauweise						
12	HRB_PO_ein_10_1	50.3	20.1	107.7	13.2	1916
13	HRB_PO_zwei_0_1	63.1	25.2	54.3	16.3	2400
14	HRB_PO_zwei_10_1	63.0	25.2	49.1	21.6	3651
Massivholz-Paneelbauweise, Element Fux4S						
15	LIG_PO_10_1	55.2	22.1	148.2	8.5	1454
16	LIG_PO_0_1	46.8	18.7	82.9	8.3	1490
17	LIG_PO_0_1B	47.2	18.9	69.5	5.9	1180
18	LIG_PO_10_2	66.7	26.4	69.8	16.3	2054
19	LIG_PO_10_2B	94.7	37.9	88.0	8.8	1200
20	LIG_PO_10_3	92.6	37.0	73.0	16.7	2076
Massivholz-Paneelbauweise, Element Fux6S						
21	L_N_M_1	68.9	27.6	63.9	17.1	3018
22	L_N_M_2	97.0	38.8	107.1	18.4	2627
23	L_N_M_3	108.2	43.3	100.1	16.3	2523
24	L_N_M_4	96.8	38.7	92.8	17.9	2560
	Mittelwerte	92.7	37.1	91.0	17.4	2682
25	L_N_M_5	121.3	48.5	70.1	15.7	2743

$$K = \frac{0.3 \cdot F_{max}}{u_{40\% \, F_{max}} - u_{10\% \, F_{max}}} \; \text{N}/\text{mm}$$

4.6.2   Ergebnisse unter zyklischen Lasten

Den Vergleich der Bauweisen unter zyklischen Lasten zeigt Bild 4-34. Hierbei sind im Wesentlichen die gleichen Faktoren wie unter monotonen Lasten für das Verhalten der Wandscheibe ausschlaggebend. Den verwendeten Verbindungsmitteln kommt unter zyklischen Lasten zentrale Bedeutung zu. Während Nägel (Bild 4-34 b)) und Schrauben zu frühem Versagen infolge Abriss oder Ausziehen aus dem Holz neigen, können mit Klammern (Bild 4-34 c)) deutlich höhere Verschiebungswerte erreicht werden.

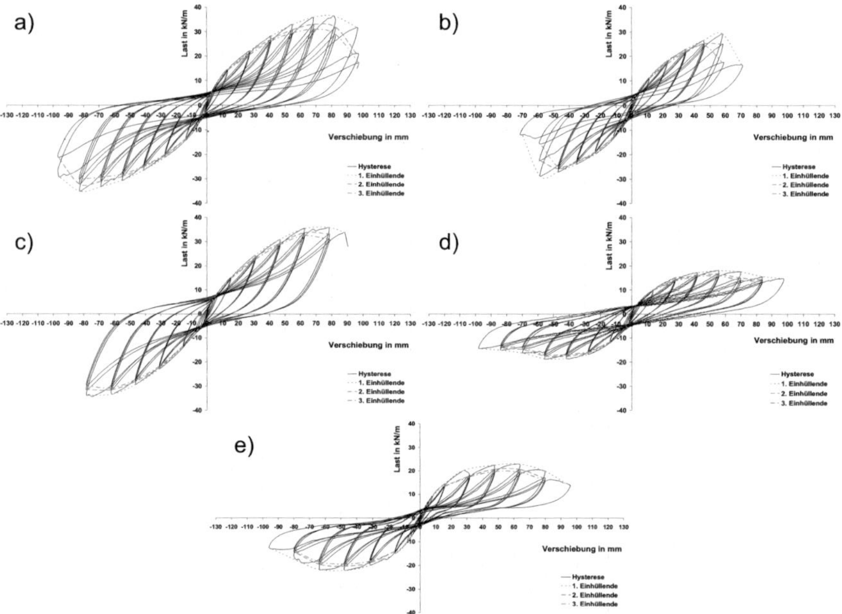

Bild 4-34   Vergleich der Wandbauweisen unter zyklischen Lasten:
                   a) Massivholz-Paneelbauweise Fux4S Klammern,
                   b) Massivholz-Paneelbauweise Fux6S Nägel,
                   c) Massivholz-Paneelbauweise Fux6S Klammern,
                   d) Einzelelement-Bauweise
                   e) Holztafelbauweise. Alle Auflasten 10 kN/m

Der Vergleich hinsichtlich des äquivalenten hysteretischen Dämpfungsmaßes nach Gleichung (3-23) ist in Tabelle 4-17 enthalten. Hierbei ist der positive Einfluß der Reibung bei der Einzelelement-Bauweise zu erkennen (hohe Werte in allen Zyklen), ebenso der Einfluß des frühen Abrisses der Beplankung bei der Holztafelbauweise (niedrige Werte im 2. und 3. Durchlauf). Die Massivholz-Paneelbauweise liefert ähnliche Werte für das äquivalente hysteretische Dämpfungsmaß, jedoch verbunden mit deutlich höheren Maximallasten für die einzelnen Wandscheiben. Hier ist die Kombination von steifem Element und duktilem Verbindungsmittel vorteilhaft.

Tabelle 4-17   Vergleich der untersuchten Bauweisen hinsichtlich des äquivalenten hysteretischen Dämpfungsmaßes

	Äquivalentes hysteretisches Dämpfungsmaß im 1. Durchlauf	Äquivalentes hysteretisches Dämpfungsmaß im 2. und 3. Durchlauf
Massivholz-Paneelbauweise Element Fux 4S (Klammern)	9.6 % - 13.4 %	8.4 % - 10.9 %
Massivholz-Paneelbauweise Element Fux 4S (Nägel)	9.6 % - 12.7 %	9.3 % - 11.9 %
Massivholz-Paneelbauweise Element Fux 6S (Klammern)	8.4 % - 16.8 %	6.9 % - 14.2 %
Einzelelement-Bauweise	13.9 % - 15.7 %	14.1 % - 14.8 %
Holztafelbauweise	10.9 % - 12.9 %	7.9 % - 9.2 %
Äquivalentes hysteretisches Dämpfungsmaßes nach Bild 3-8 b) bzw. Gleichung (3-23), jeweils bei 100 % der Verschiebung u_{max}		

5   Numerische Modellierung

5.1   Hysteresemodelle im Holzbau

Im Ingenieurwesen sind zahlreiche Modelle zur Darstellung von hysteretischem Verhalten bekannt. Diese können im Wesentlichen in drei Gruppen eingeteilt werden: Elastoplastische (bilineare) Modelle, Höchstlastorientierte (peak-oriented) Modelle und Modelle mit eingedrückter Form ("pinching") (Ibarra et al. (2005)).

Im einfachsten Fall wird ein ideal-plastischer Werkstoff durch ein elastoplastisches Modell beschrieben, welches z.B. hysteretisches Verhalten von Stahlstrukturen abbilden kann (Bild 5-1 a)).

Höchstlastorientierte Modelle (Bild 5-1 b)) können z.B. Hysteresekurven von Stahlbetonkonstruktionen abbilden und berücksichtigen abnehmende Steifigkeit in Abhängigkeit der zuvor erreichten Höchstlast. Die Entlastungssteigung bleibt dabei konstant. Elasto-plastische und höchstlastorientierte Modelle finden in erster Linie im Stahl- und Massivbau Anwendung (vgl. Rettinger (2009)).

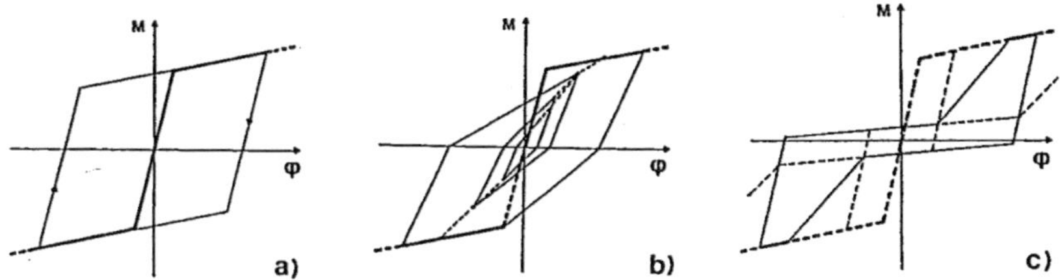

Bild 5-1   Typische Modelle für hysteretisches Verhalten: a) elastoplastische, b) höchstlastorientierte, c) eingeschnürte Form (aus Ceccotti und Vignoli (1989))

Aufgrund der besonderen Verformungscharakteristik von Holzverbindungen (Abschnitt 3.1), können Hysteresemodelle mit eingedrückter Form (Bild 5-1 c)) das Verhalten von Holzkonstruktionen am besten beschreiben. Der markante Unterschied dieser Hystereseform liegt in der geringen Energiedissipation im 2. und 4. Quadranten. Ähnlich zu höchstlastorientierten Modellen wird der Umschlagpunkt eines vorhergehenden Zyklus angesteuert, wobei allerdings der erste Teil des Belastungspfades eine zunächst geringe Steigung aufweist. Ab dem Punkt der bleibenden Verformung der bereits durchlaufenen Zyklen erfolgt die Belastung wieder mit einer höheren Steifigkeit, wodurch die Hohlraumbildung durch plastische

Lochleibungsverformung des Holzes berücksichtigt wird. Zahlreiche hysteretische Modelle mit eingeschnürter Form zur Modellierung von Holzverbindungen und ganzen Wandscheiben existieren, wobei zwischen abschnittsweise linearen und kurvenförmigen Definitionen unterschieden werden kann. Ebenfalls kann die Form der Einhüllenden, also die Systemantwort unter monoton ansteigender statischer Belastung („Envelope curve", „backbone curve") als Unterscheidungsmerkmal dienen. Ein Überblick über die wichtigsten Hysteresemodelle ist nachfolgend gegeben (vgl. Rettinger (2009)).

Stewart (1987) benutzt abschnittsweise lineare Pfadverfolgungsregeln, um das Verhalten einer Holztafelbauwand durch einen Einmassenschwinger zu idealisieren. Die zyklische Festigkeits- und Steifigkeitsabnahme werden durch 9 unabhängige Parameter abgebildet, die trilineare Definition der Einhüllenden berücksichtigt eine abfallende Steigung nach Erreichen der Höchstlast (Bild 5-2 a)).

Folz und Filiatrault (2001) entwickelten im Rahmen des CUREE-Projektes ("Consortium of Universities for Research in Earthquake Engineering") das Finite-Elemente-Programm CASHEW (Cyclic Analysis of Shear Walls) für die Analyse von Holztafelbauwänden unter zyklischer Belastung. Das hysteretische Verhalten der verwendeten Verbindungsmittel ist abschnittsweise linear definiert, die Einhüllende mit einem kurvenförmigen Verlauf beschrieben. Die Ergebnisse aus der Simulation des zyklischen Versuches können zur Kalibrierung eines Ein-Masse-Schwingers verwendet werden, die so geschaffenen Grundlagen können auch zur dynamischen Analyse eines Systems genutzt werden (Bild 5-2 b)).

Die Abschätzung der zur Beschreibung der Hysteresekurve erforderlichen Parameter ist in den vorgestellten Modellen problematisch. Meist wird durch den Vergleich der Last-Verschiebungskurven die Modell-Antwort an die zuvor gewonnenen Versuchswerte angepasst. Das Programm CASHEW besitzt ein integriertes Modul, das die 10 erforderlichen Parameter automatisch bestimmt. Als Eingabegrößen erforderlich sind lediglich der Schubmodul der Beplankung und Kalibrierdaten aus zyklischen Versuchen mit den verwendeten Verbindungsmitteln erforderlich.

Collins et al. (2005) nutzen das ursprünglich von Dolan (1989) (Bild 5-2 c)) entwickelte Hysteresemodell, welches sowohl Belastungs- als auch Entlastungspfad durch Exponentialfunktionen annähert, um ein neues Federelement als Unterprogramm im Finite-Elemente-Programm ANSYS zu implementieren.

Bild 5-2 d) zeigt das *„University of Florence Model"* nach Ceccotti und Vignoli (1989). Dieses wird zur Berechnung des Beispielgebäudes in Abschnitt 6 verwendet und dort ausführlicher vorgestellt.

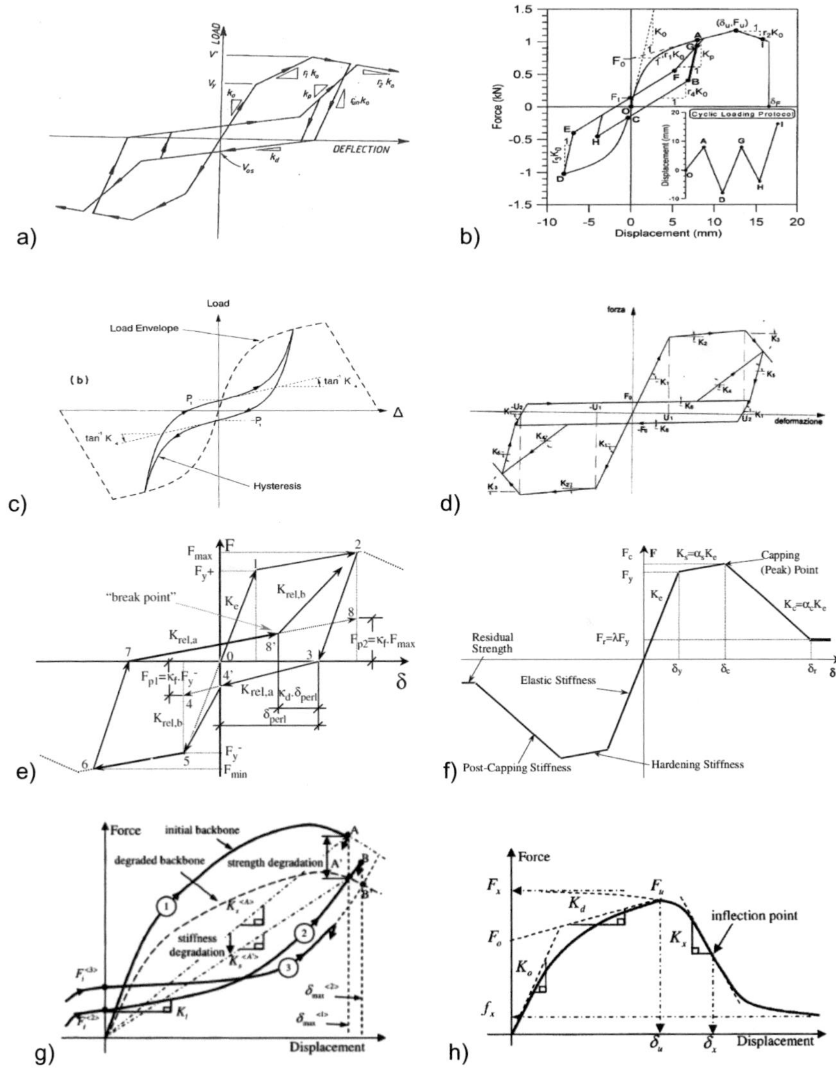

Bild 5-2 Hysteresemodelle a) nach Stewart (1987), b) nach Folz und Filiatrault (2001), c) nach Dolan (1989), d) nach Ceccotti und Vignoli (1989), e) Modell und f) Einhüllende („backbone curve") nach Ibarra et al. (2005), g) Modell und Einhüllende h) nach Pang et al. (2007)

Folz und Filiatrault (2001) verwendeten in Anlehnung and die Beschreibung der Hysterese nach Ibarra et al. (2005) (Bild 5-2 e) und f)) abschnittsweise lineare Pfadverfolgungsregeln für das elastoplastische, höchstlastorientierte und eingeschnürte Hysteresemodell. Die vier Beschreibungsparameter (abnehmende Festigkeit vor und nach Erreichen der Verschiebung bei Höchstlast des monotonen Versuchs, abnehmende Entlastungssteifigkeit und zunehmende Steifigkeitsabnahme bei Belastung) sind dabei abhängig von der bisher dissipierten Energie und der Form der Einhüllenden.

Die Beschreibungen nach Ibarra et al. (2005) finden sich auch im EPHM ("Evolutionary Parameter Hysteretic Model") nach Pang et al. (2007) (Bild 5-2 g) und h)). Bei dieser Weiterentwicklung des CUREE-Modells werden Exponentialfunktionen zur Definition der Belastungs- und Entlastungskurve sowie der Einhüllenden benutzt und die abnehmende Entlastungssteifigkeit berücksichtigt. Weiterhin wird die abnehmende Dicke des eingeschnürten („pinching") Bereichs berücksichtigt.

Eine allgemeine und daher weit verbreitete Formulierung hysteretischen Verhaltens ist das Bouc-Wen-Baber-Noori Modell (BWBN). Ausgehend von einem Hysteresemodell mit kurvenförmigen Verlauf für die dynamische Analyse erzwungener Schwingungen (Bouc (1967)) wurde es durch Baber und Wen (1981) und Baber und Noori (1985) weiterentwickelt um abnehmende Festigkeit, Steifigkeit und den für Holzverbindungen typischen Einschnüreffekt abzubilden. Alle drei Effekte wurden dabei durch nichtlineare Differentialgleichungen als Funktion der dissipierten Energie formuliert. Foliente nutzte das Modell erstmalig zur Abbildung von Hystereseschleifen im Holzbau und modifizierte dafür die Formulierung des "pinching"-Effekts. Xu und Dolan (2009) entwickelten das Modell weiter und implizierten es durch ein benutzerdefiniertes Element in das Finite-Elemente-Programm ABAQUS. „Pinching" wird dort nicht als Funktion der dissipierten Energie angegeben, sondern realitätsnah in Abhängigkeit der maximalen Verschiebung definiert. Um die Tragfähigkeit der Verbindungsmittel richtig abzubilden, wurde die Formulierung eines orientierten Feder-Paares von Judd (2005) genutzt. Die Anpassung der 13 Parameter des Modells an Testdaten wurde als Optimierungsproblem betrachtet und mit Hilfe eines Algorithmus in FORTRAN gelöst.

Die beschriebenen Hysteresemodelle wurden meist in eigens zu diesem Zweck entwickelte Computerprogramme implementiert, welche in der Regel nicht ohne weiteres zugänglich und darüber hinaus meist relativ benutzerunfreundlich sind.

Eine andere Vorgehensweise bei der Darstellung hysteretischen Verhaltens ist die Verwendung von Feder- bzw. kombinierten Feder-Reibelementen, die bereits in gängigen Finite-Elemente-Programmen implementiert sind. So stellen Blasetti et al.

(2008) eine vereinfachte Methode zur Modellierung hysteretischen Verhaltens vor. Die Eigenschaften der Verbindung zwischen Rahmen und Beplankung werden dabei durch die erwähnten, kombinierten Feder-Reibelemente mit dem Programm ANSYS modelliert. Mit dem Modell nach Bild 5-3 kann die für Holzverbindungen typische, eingeschnürte Hysteresekurve dargestellt werden. Durch den Aufbau des Elementes werden jedoch mit zunehmender Verschiebung immer größere Lasten aufgenommen, die Darstellung der Hysteresekurve nach dem Überschreiten der Höchstlast ist nicht möglich.

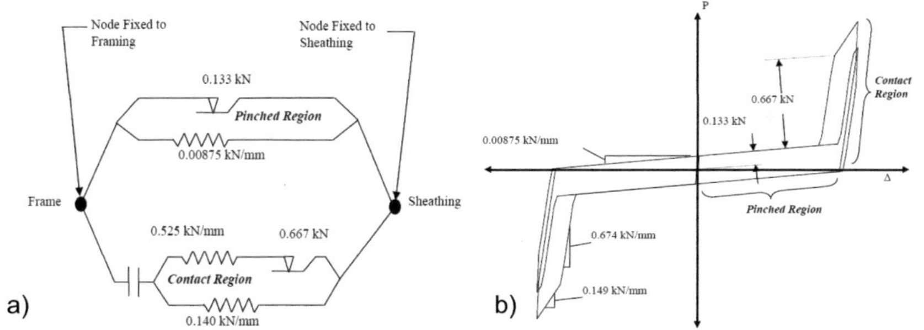

Bild 5-3   a) Element, b) Last-Verschiebungskurve des hysteretischen Elements (Blasetti et al. (2008))

Ein ähnlicher Ansatz wurde von Heiduschke (2004) erfolgreich zur Modellierung von Dübelverbindungen genutzt. Heiduschke unterscheidet zwischen drei Komponenten, welche unabhängig voneinander, in Form von parallel geschalteten Federn, zur Energiedissipation beitragen: Reibung, Biegung des Dübels und Bettungsverhalten des Holzes. Dadurch ist eine Zuordnung von Materialeigenschaften zu den Modellparametern möglich (vgl. Rettinger (2009)).

Im Rahmen dieser Arbeit wird eine neu entwickelte Kombination aus Feder- und Reibelementen (Federpaket) vorgestellt. Mit Hilfe eines in Reihe geschalteten Federelementes, das negative Steigungen darstellen kann, ist das Federpaket in der Lage, den abfallenden Ast der Last-Verschiebungskurve darzustellen. Die Anwendbarkeit des Federpaketes zur Modellierung von stiftförmigen mechanischen Verbindungsmitteln wird in den folgenden Abschnitten an einzelnen Holzverbindungen gezeigt. Abschliessend wird das hysteretische Verhalten von Wandscheiben in Massivholz-Paneelbauweise und in Holztafelbauweise mit Hilfe des Federpaketes modelliert. Durch alleinigen Einsatz mechanischer Verbindungsmittel zur Verbindung der Holzbauteile sind diese Bauweisen für die Modellierung mit dem Federpaket prädestiniert. Das Tragverhalten der Einzelelement-Bauweise setzt sich wesentlich aus der horizontalen Schubbeanspruchung der Stegüberstände und der

Verbindungsmittel sowie aus der vertikalen Zugbeanspruchung der Verbindungsmittel und des eingestellten Stieles zusammen. Da das Verhalten der Verbindungsmittel durch diese Kombination von Tragmechanismen nicht isoliert betrachtet werden kann, bietet sich der Einsatz des Federpaketes nicht an. Auf die numerische Modellierung der Einzelelement-Bauweise wurde daher verzichtet.

5.2   Modellierung einzelner Verbindungsmittel

Das in Abschnitt 3.1 beschriebene Verhalten von Holzverbindungen und die Form der Last-Verschiebungskurven der Versuche in Abschnitt 4.3.1 führen zur Überlegung, dass mechanische Verbindungsmittel bei der Modellierung als Federn dargestellt werden können. Bei monotoner Belastung wird das Verbindungsmittel durch eine nichtlineare Feder mit den Eigenschaften aus dem Versuch dargestellt, im schwierigeren Fall zyklischer Belastung muß die Feder nichtlineare sowie hysteretische Eigenschaften besitzen. Die Kalibrierung der Hysteresefedern erfolgt wiederum anhand von Versuchen.

5.2.1   Modell für monotone Lasten

Bild 5-4 zeigt eine Holzverbindung und das zugehörige mechanische Modell. Die Federn können in Finite-Elemente (FE)-Programmen als nichtlineare Federn mit benutzerspezifischer Last-Verformungs-Beziehung definiert werden. Im Programmsystem ANSYS steht hierfür COMBIN39 zur Verfügung, ein eindimensionales Federelement mit bis zu drei Freiheitsgraden pro Knoten.

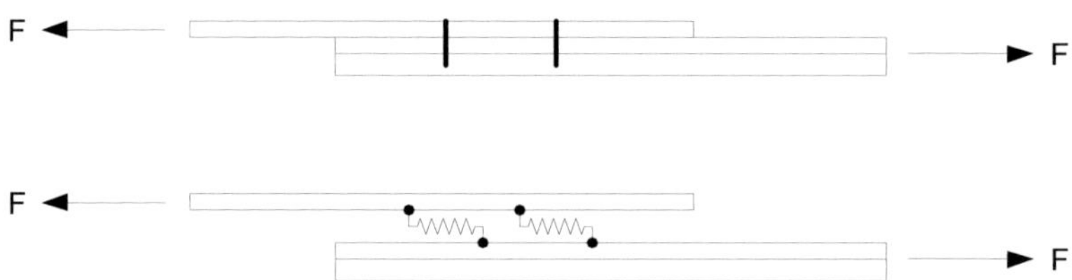

Bild 5-4   Holzverbindung und Modell

Die Knoten-Freiheitsgrade (Verschiebungen u_x, u_y, u_z) werden beim Einbau des Elements in Strukturen, bei denen die Richtung der Knotenverschiebung nicht vorab bekannt ist, benötigt. Bild 5-5 zeigt dies am Beispiel einer Wandscheibe in Holztafelbauweise. Bei horizontaler Verschiebung der Wandscheibe verformen sich die Rippen parallelogrammartig, während die „steife" Beplankung weitgehend unverformt bleibt (Bild 5-5 a) und b)). Der Kopf des Verbindungsmittels sitzt fest in der Beplankung während sich dessen Spitze mit der Unterkonstruktion verschiebt. Die zwischen Kopf und Spitze durch Lochleibung und Fließgelenke auftretenden Verformungen sind in Bild 5-5 c) durch Pfeile dargestellt. Je nach Position des Verbindungsmittels weist jeder Verschiebungspfeil eine andere Richtung auf. Für die korrekte Abbildung der Verbindungsmittel sind die Knotenfreiheitsgrade daher erforderlich.

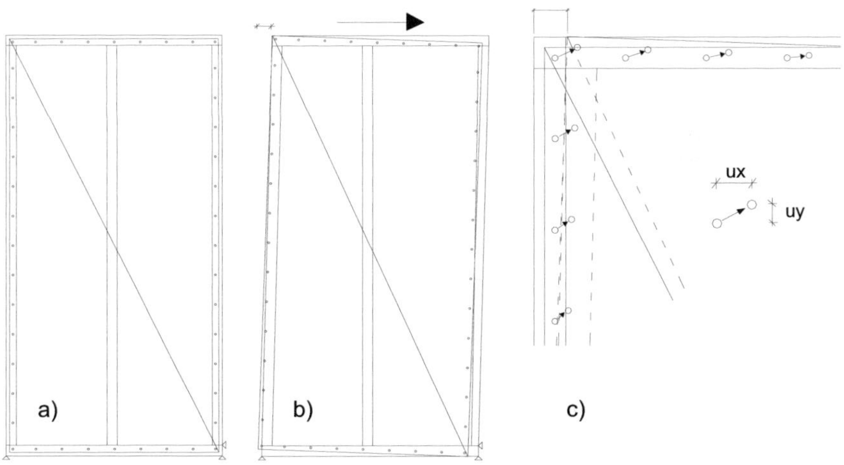

Bild 5-5   Verformung Wandscheibe und Verbindungsmittel
                   bei horizontaler Last

Bild 5-6 zeigt beispielhaft die verwendete Kalibrierung für eine einschnittige Klammerverbindung und Klammern der Länge ℓ = 64 mm. Die Darstellung der Last-Verschiebungs-Kurve erfolgt mit fünf Steigungen bis zur Höchstlast. Die Kurve wurde anhand der Versuchsdaten angepasst. Die maximale Verschiebung der Verbindung wurde zu 15 mm angenommen, danach fällt die Last ab. Das letzte Verformungssegment von COMBIN39 muss per Definition positive Steigung aufweisen, weshalb die Verformung über 20 mm hinausgehen kann, jedoch keine nennenswerten Lasten mehr aufgenommen werden.

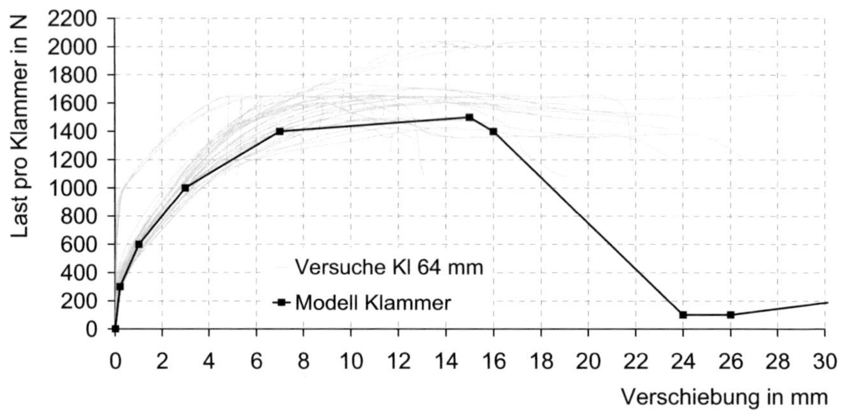

Bild 5-6   Kalibrierung der Klammern für monotone Belastung

5.2.2   Modell für zyklische Lasten

Durch Reihen- und Parallelschaltung von Federn kann ein Federpaket (Bild 5-7) kombiniert werden. Der Vollständigkeit wegen seien hier die elementaren Federgesetze wiederholt, die zur Berechnung des Verhaltens des Federpaketes erforderlich sind.

Parallelschaltung   Reihenschaltung

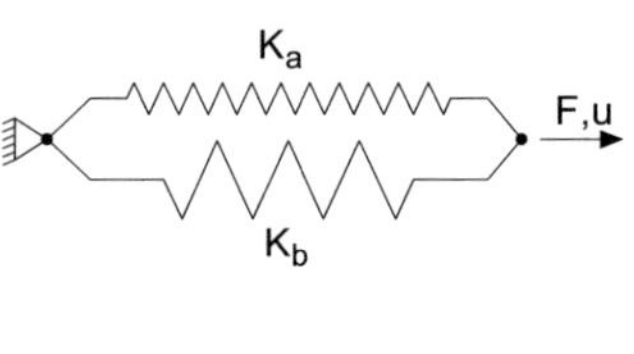

$$u \quad = u_a = u_b$$

$$K_{ges} \quad = K_a + K_b$$

$$F \quad = F_a + F_b$$

$$= K_a \cdot u_a + K_b \cdot u_b$$

$$= (K_a + K_b) \cdot u$$

$$u \quad = u_a + u_b$$

$$\frac{1}{K_{ges}} \quad = \frac{1}{K_a} + \frac{1}{K_b}$$

$$F \quad = F_a = F_b$$

$$= K_{ges} \cdot u$$

$$= \frac{K_a \cdot K_b}{K_a + K_b} \cdot u$$

Wie beschrieben hängt das hysteretische Verhalten einer Struktur aus Holz vor allem von den einzelnen Verbindungen ab. Bei den untersuchten Bauweisen ist dies in erster Linie die Verbindung zwischen den Paneelen, in geringerem Umfang die Verbindung zum Baugrund, also die Zuganker. Für beide Verbindungen sollen Modelle verwendet werden, die das jeweilige Verhalten möglichst zutreffend abbilden, um daraus das Verhalten der Gesamtstruktur zu berechnen zu können.

5.2.2.1 Stiftförmige Verbindungsmittel

Für die Darstellung einer einzelnen Holzverbindung, im Fall der untersuchten Wandbauweisen vornehmlich Klammer- oder Nagelverbindungen, wurde die in Bild 5-7 gezeigte Kombination von Federelementen („Federpaket") verwendet. Vorteil dieses Federpaketes ist die einfache Verfügbarkeit der vordefinierten Elemente in einem kommerziellen Finite-Elemente-Programm. Das Federpaket ist aus den in ANSYS zur Verfügung stehenden Federelementen COMBIN37 und COMBIN40 zusammengestellt. Hierbei handelt es sich um Federelemente mit Reibgliedern und Gap-Eigenschaften mit einem Freiheitsgrad pro Knoten. Dies bedeutet, dass eine Richtungsorientierung der Verbindungsmittel wie in Bild 5-5 mit dem Federpaket nicht erreicht werden kann, sondern für jeden Freiheitsgrad ein einzelnes Feder-paket angeordnet werden muss. Daraus resultiert die Überschätzung der Steifigkeit und der Traglast bei nicht achsenparallelen Belastungen.

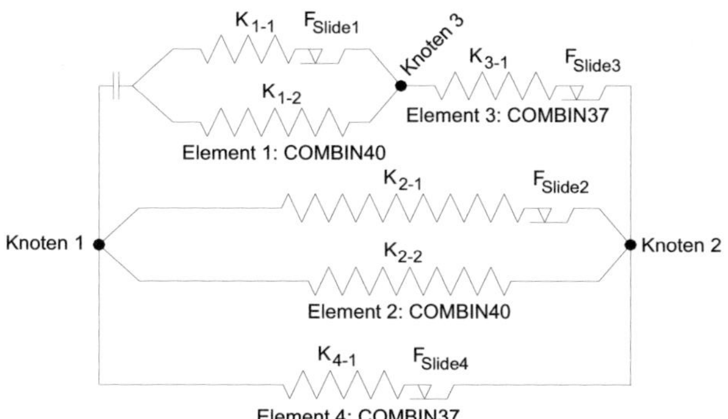

Bild 5-7   Federpaket für stiftförmige Verbindungsmittel in ANSYS

So genannte phänomenologische Modelle beschreiben die Form der Hysterese und damit die Energiedissipation auf Grundlage von Versuchen, geben allerdings keinen Einblick in das mechanische Verhalten der Verbindung. Parametrische Modelle wie das in Bild 5-7 gezeigte Federpaket berücksichtigen die mechanischen Parameter in der Verbindung und damit die Hauptbestandteile der Energiedissipation. Dies sind a) die Reibung zwischen den miteinander verbundenen Bauteilen, b) die plastische Verformung der stiftförmigen Verbindungsmittel sowie c) das Lochleibungsverhalten des Holzes. Die Last-Verschiebungskurve einer Holzverbindung kann als Kombination der aufgeführten Mechanismen verstanden werden. Da die einzelnen Federelemente parallel geschaltet sind, kann ihr Verhalten einzeln betrachtet werden (Heiduschke (2004)).

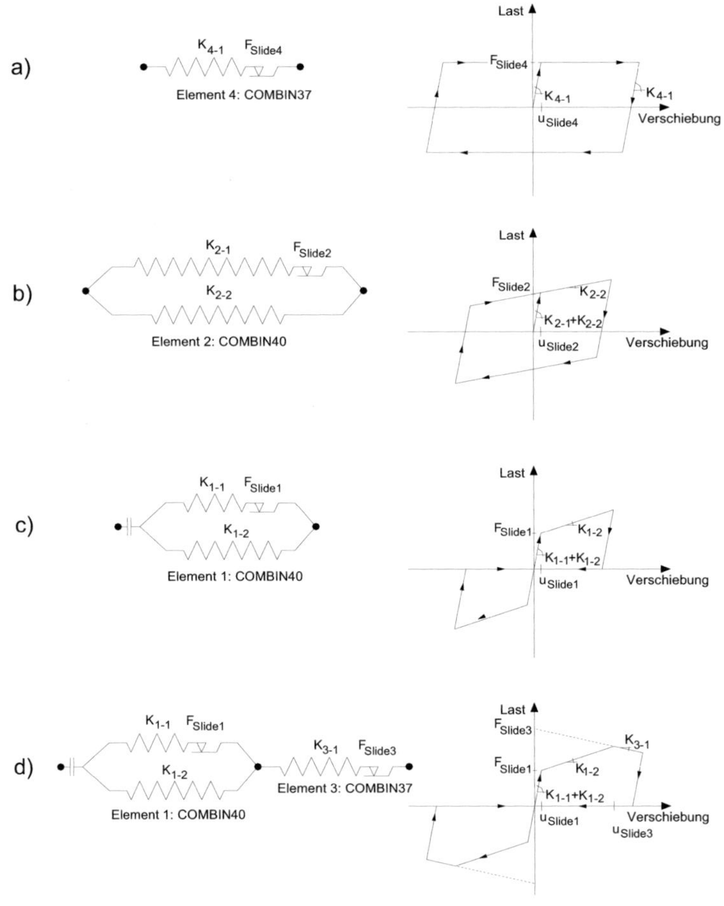

Bild 5-8   Verhalten der Einzelfedern des Federpaketes: a) Reibung, b) Biegung, c) Lochleibung, d) Lochleibung mit abfallendem Ast

Bild 5-8 a) zeigt die Reibungseinflüsse in der Hysteresekurve. Bei den untersuchten Verbindungen bzw. Wandbausystemen handelt es sich in erster Linie um Reibung zwischen benachbarten Bauteilen, z.B. die Reibung zwischen Koppelbrettern und Paneelen bei der Massivholz-Paneelbauweise. Da die verwendeten stiftförmigen Verbindungsmittel Klammern und Nägel sich im Verlauf eines (zyklischen) Versuchs aus dem Holz ausziehen, treten Reibungseffekte daher vor allem am Beginn eines Versuchs auf.

Bild 5-8 b) zeigt die bilinear-plastische Biegeverformung der Verbindungsmittel. Nach dem Erreichen einer Grenzlast, unter der die plastische Verformung beginnt, bildet sich unter wiederholter Biegebeanspruchung die gezeigte Form der bilinear-plastischen oder starr-plastischen Hysterese aus.

Bild 5-8 c) zeigt das angenäherte Lochleibungsverhalten des Elements. Nach dem Erreichen der Lochleibungsfestigkeit ist die Eindrückung des Verbindungsmittels durch die zweite Gerade angenähert. Bei der Belastungsumkehr besteht kein Kontakt zwischen dem Verbindungsmittel und dem umgebenden Holz mehr, es folgt der Rückgang der Last auf Null. Die Verschiebung wird nun in der anderen Richtung soweit gesteigert wird, bis wieder Kontakt hergestellt ist und die Last von neuem ansteigt. Die Lücke („Gap") wird bei einer Verformung des Elementes geöffnet. Bei einer erneuten Verschiebungsaufbringung muss zuerst die Lücke geschlossen werden, bevor wieder Last vom Element aufgenommen wird. Dies repräsentiert die plastischen Lochleibungsverformungen. Im Federpaket kommt für jede Verschiebungsrichtung ein Element zur Anwendung. Aus Gründen der Übersichtlichkeit ist das zweite Element in Bild 5-7 nicht dargestellt.

Bild 5-8 d) zeigt das Verhalten des Elementes nach Überschreiten der Höchstlast. Holzverbindungen verhalten sich wie erwähnt duktil, nach dem Überschreiten der Höchstlast können oft noch weitere Verformungen auf hohem Lastniveau aufgenommen werden. Dieses Verhalten wird mit Hilfe einer weiteren, in Reihe geschalteten Feder abgebildet. Deren Steifigkeit ist bis zum Erreichen einer Maximallast F_{Slide} positiv. Die Feder ist im weiteren Verlauf so programmiert, dass der Last-Verschiebungsverlauf bei weiterer Verschiebungsaufbringung durch eine abfallende Gerade abgebildet wird.

Beim Federpaket sind insgesamt 10 Parameter zur Bestimmung der Form der Hysteresekurve notwendig. Unter Beachtung der Konvention

$$F_{Slide\,4} \leq F_{Slide\,2} \leq F_{Slide\,1} \leq F_{Slide\,3} \tag{5-1}$$

können diese wie folgt angegeben werden:

$$u_{y1} \quad = u_{Slide4} = \frac{F_{Slide4}}{K_{4-1}} \tag{5-2}$$

$$F_{y1} \quad = u_{y1} \cdot K_{ges} \tag{5-3}$$

$$= u_{y1} \cdot \left[\left(K_{1-1} + K_{1-2} \right)^{-1} + \left(K_{3-1} \right)^{-1} \right]^{-1} + \left(K_{2-1} + K_{2-2} \right) + K_{4-1}$$

$$u_{y2} \quad = u_{Slide2} = \frac{F_{Slide2}}{K_{2-1}} \tag{5-4}$$

$$F_{y2} \quad = u_{y2} \cdot K_1 \tag{5-5}$$

$$= u_{y2} \cdot \left[\left(K_{1-1} + K_{1-2} \right)^{-1} + \left(K_{3-1} \right)^{-1} \right]^{-1} + \left(K_{2-1} + K_{2-2} \right)$$

$$u_{y3} \quad = u_{Slide1} = \frac{F_{Slide1}}{K_{1-1}} \cdot \left(1 + \frac{K_{1-1} + K_{1-2}}{K_{3-1}} \right) \tag{5-6}$$

$$F_{y3} \quad = u_{y3} \cdot K_2 \tag{5-7}$$

$$= u_{y3} \cdot \left[\left(K_{1-1} + K_{1-2} \right)^{-1} + \left(K_{3-1} \right)^{-1} \right]^{-1} + \left(K_{2-2} \right)$$

$$u_{max} \quad = \frac{F_{K,Ab} - F_{K,Ein}}{K_{2-2} - K_{3-1}} \tag{5-8}$$

$$\text{mit} \quad F_{K,Ab} \quad = F_{Slide2} + F_{Slide3} + F_{Slide4} \tag{5-9}$$

$$F_{K,Ein} \quad = F_{Slide1} + F_{Slide2} \cdot \left(1 + \frac{K_{2-2}}{K_{2-1}} \right) + F_{Slide4} \tag{5-10}$$

$$F_{max} \quad = K_{2-2} \cdot u_{max} + F_{K,Ein} \tag{5-11}$$

Diese Kombination aus parallel und in Reihe geschalteten Federn erlaubt die Abbildung von im Holzbau üblichen eingeschnürten Hystereseformen. Die komplette Hysteresekurve mit den zugehörigen Kalibrierparametern zeigt Bild 5-9. Die in (5-2) bis (5-11) angegebenen Parameter können leicht visualisiert werden, so dass die Form der Hysteresekurve mittels eines Kalibrierblattes (Bild 5-10) leicht an Versuchsdaten angepasst werden kann. Kriterium für die Anpassung ist die Übereinstimmung der kumulierten Energiedissipation.

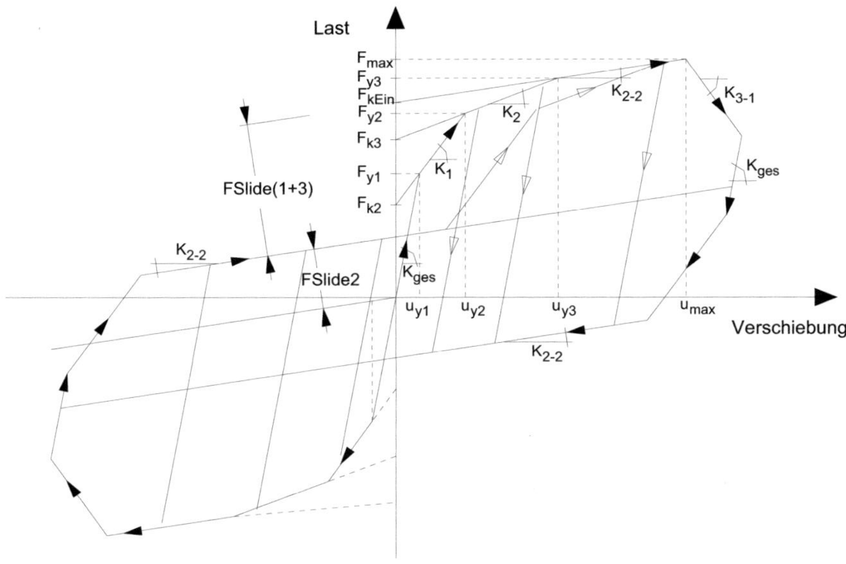

Bild 5-9   Hysteretisches Verhalten des Federpaketes nach Bild 5-7

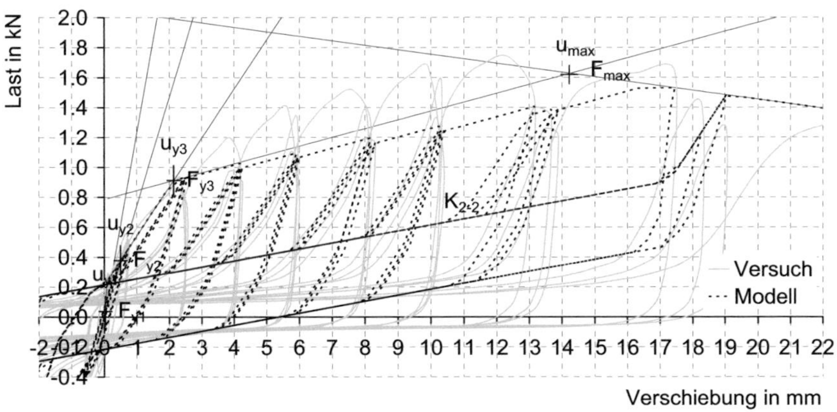

Bild 5-10   Kalibrierblatt für die Federelemente

Bild 5-11 a) zeigt die Überlagerung eines Verbindungsmittelversuches nach Abschnitt 4.3.1 mit der numerischen Simulation. Obwohl die numerische Simulation im Bereich der ersten Fließverschiebung unter den Versuchswerten, im Bereich der zweiten Fließverschiebung jedoch über den Versuchswerten liegt, stimmt die kumulierte Energiedissipation gut überein (Bild 5-11 b)).

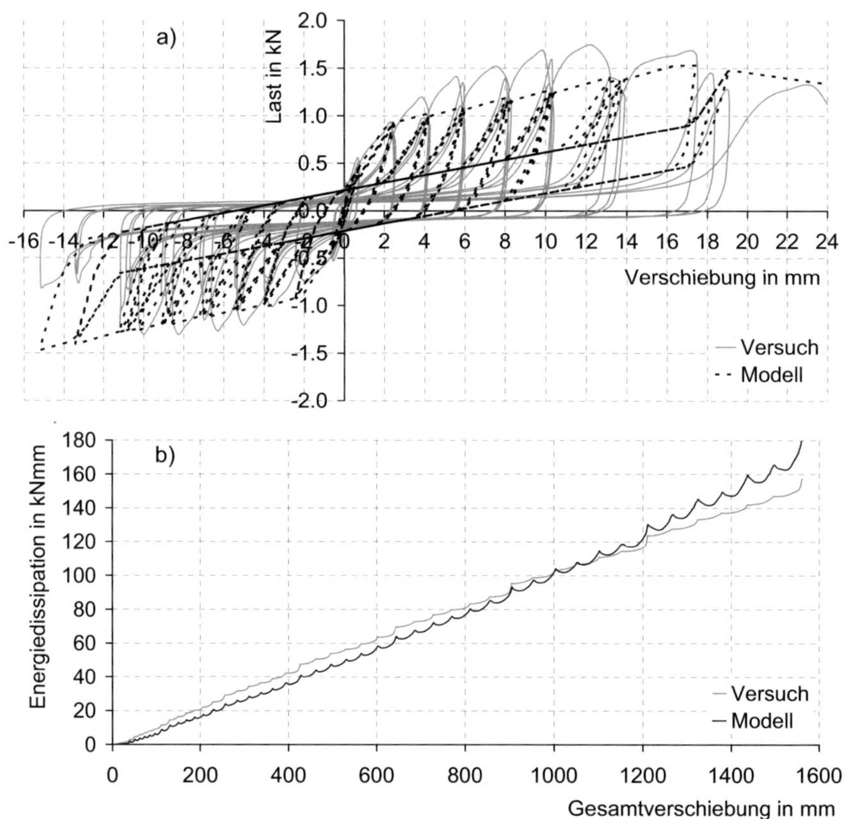

Bild 5-11   a) Versuch und numerische Simulation mit Federelement nach Bild 5-7, b) Vergleich der kumulierten Energiedissipation

Bild 5-12 zeigt auch im Vergleich der einzelnen Zyklen gute Übereinstimmung zwischen Versuch und Simulation. Bei kleinen Zyklen verhält sich das Modell linear-elastisch, während im Versuch bereits plastische Verformung stattfindet. Die Abweichung der Energiedissipation über die einzelnen Schleifendurchläufe ist daher bei kleinen Zyklen recht hoch, deren Beitrag zur Gesamtenergiedissipation einer Verbindung jedoch vernachlässigbar (Bild 5-13). Die Abweichung beträgt bei den Zyklen höherer Verschiebungsstufen meist nur wenige Prozent (Bild 5-14).

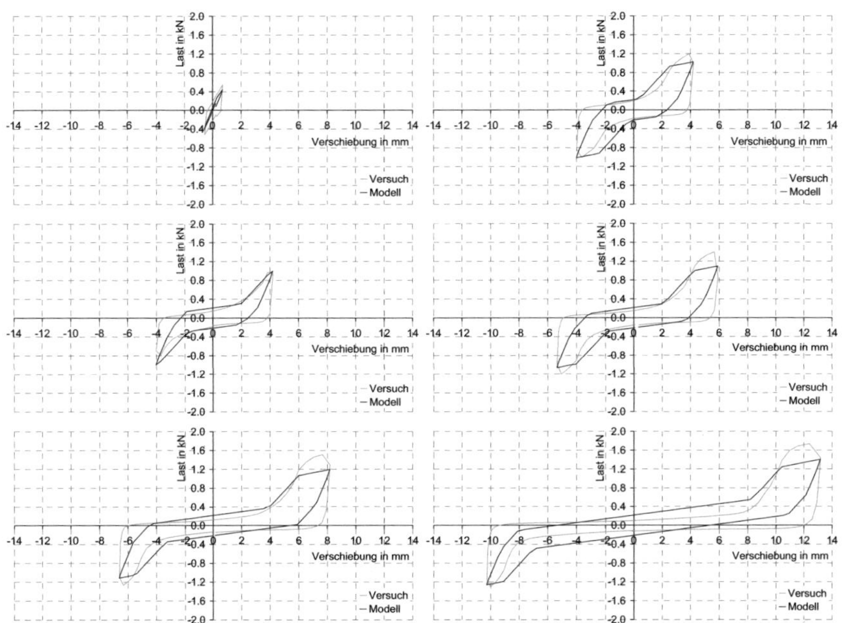

Bild 5-12   Überlagerung ausgewählter Zyklen

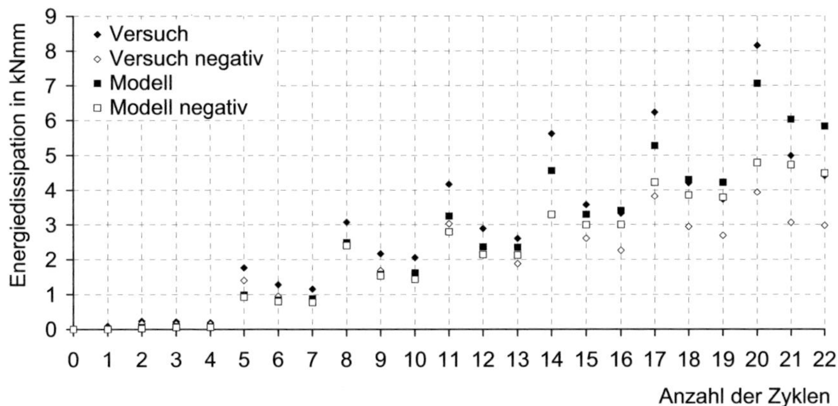

Bild 5-13   Vergleich der Energiedissipation über die Zyklen

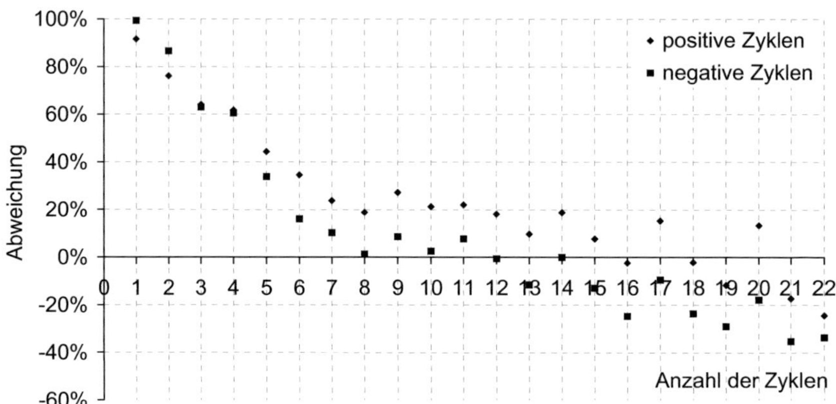

Bild 5-14   Vergleich der prozentualen Abweichung der Energiedissipation bei Verbindungsmitteln

5.2.2.2   Zuganker

Für die Darstellung der Zuganker wird ebenfalls das Federpaket nach Bild 5-7 verwendet. Die Form der Hysteresekurve bei Versuchen mit Zugankern und Versuchen mit Verbindungsmitteln zeigt keine wesentlichen Unterschiede, weshalb die Verwendung des gleichen hysteretischen Modells naheliegt.

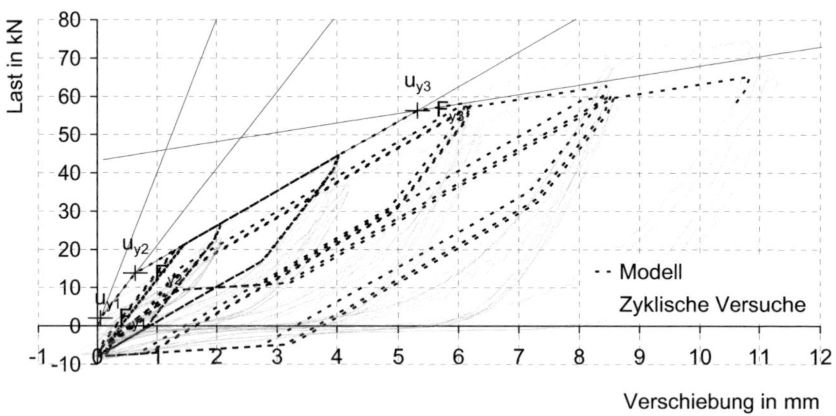

Bild 5-15   Kalibrierblatt für Zuganker

Das Federmodell kann wiederum mit Hilfe eines Kalibrierblattes einfach an die Eigenschaften der Zuganker angeglichen werden. Monotone und zyklische Versuche sind in Bild 5-15 mit den Ergebnissen des Federpakets nach Bild 5-7 überlagert. Der Übersichtlichkeit wegen wurde in Bild 5-15 auf die Darstellung des abfallenden Astes verzichtet. Vereinfachend wird das Modell für die Zuganker bei der Modellierung von Wandscheiben unter monotonen als auch unter zyklischen Lasten eingesetzt.

5.3 Modellierung von Wandscheiben in Massivholz-Paneelbauweise

Alle Finite-Elemente-Modelle der Wandscheiben werden als räumliche (3D-) Modelle erstellt. Die vergleichsweise aufwändige Modellierung berücksichtigt Einflüsse aus Exzentrizitäten, die sich aus dem unsymmetrischen Aufbau der Wandscheiben (Stoßbretter, Aufbau der Paneele bzw. unterschiedliche Steifigkeiten der einzelnen Brettlagen) und damit der unsymmetrischen Lage der Verbindungsmittel ergeben.

Die Geometriedaten für alle Modelle können parametrisiert in die Eingabedateien eingegeben werden, so lässt sich die Länge der Wand, die Auflast, Anzahl und Kalibrierung der Verbindungsmittel etc. anpassen.

Bild 5-16 zeigt einen Querschnitt der Massivholz-Paneelbauweise. Die miteinander verklebten Bretter werden für die Modellierung als „Starr" angenommen, der aufgelöste Querschnitt aufgrund der Eigenschaften von Holzverbindungen (Abschnitt 3.1) und der Beobachtungen bei den Versuchen (Abschnitt 4.3.1) nicht gesondert modelliert. Der aufgelöste Querschnitt wurde für die Modellierung in einen Quader gleicher Querschnittsfläche überführt. Ein Wandelement mit den Außenabmessungen von 625 mm x 90 mm wird als monolithischer Quader mit einer Dicke von 69 mm modelliert. Unter Verwendung dieser Dicke ergibt sich die gleiche Querschnittsfläche für Versuchskörper und Modell bei der Elementbreite b = 625 mm.

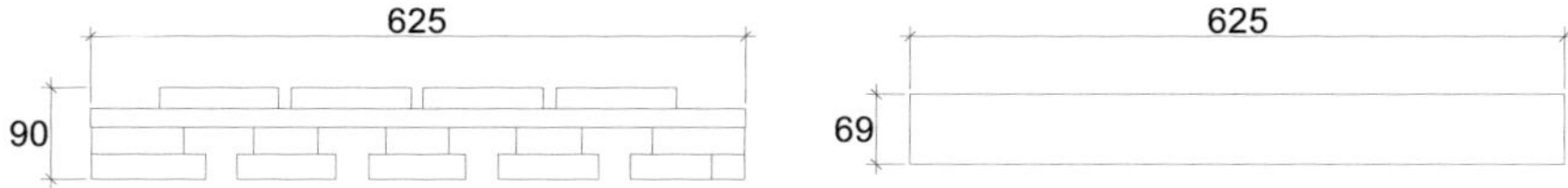

Bild 5-16   Überführung des Querschnitts für Finite-Elemente-Modell

Die bei der Modellierung verwendeten Materialeigenschaften von Schwelle, Wandelementen und Rähm entsprechen Nadelholz C24 nach DIN 1052:2008-1.

Entsprechend der Anordnung der Bauteile werden die E-Moduln der Faserrichtung der Hölzer angepasst. Die Koppelbretter bestehen aus Sperrholz BFU 100, die mechanischen Eigenschaften entsprechen Sperrholz der Klasse F40/30 E60/40 und sind ebenfalls DIN 1052:2008-1 entnommen (Tabelle 5-1).

Tabelle 5-1   Steifigkeitskennwerte nach DIN 1052:2008-1

Nadelholz C24		
	Parallel zur Faserrichtung	Rechtwinklig zur Faserrichtung
Elastizitätsmodul E_{mean}	11000	370
Schubmodul G_{mean}	690	
Baufurniersperrholz (BFU 100)		
	Parallel zur Faserrichtung der Deckfurniere	Rechtwinklig zur Faserrichtung der Deckfurniere
Elastizitätsmodul E_{mean}	4400	4700
Schubmodul G_{mean}	600	

Für die Modellierung der Volumenkörper wurden quaderförmige 8-Knoten-Elemente des Typs SOLID185 verwendet. Dieser Elementtyp kann für orthotrope Materialeigenschaften verwendet werden. Es werden keine Ansatzfunktionen höherer Ordnung verwendet, da die exakten Spannungsverläufe für die untersuchten Fragestellungen nicht relevant sind. Die Netzfeinheit wird in erster Linie vom Abstand der Verbindungsmittel und der Lage der Zuganker bestimmt (Bild 5-17). Die im Rahmen dieses Abschnitts vorgestellten Modelle haben eine Netzweite von 50 mm. Als Folge der Kopplung von Kontinuumselementen mit einzelnen, an den Knotenpunkten angebrachten Federelementen mit nichtlinearen Kennlinien (punktweise Beanspruchung eines Kontinuums) ergeben sich Netzabhängigkeiten für die Ergebnisse. Da die Daten des Rechenmodells an die gewählte Netzgröße angepasst sind, gelten die Ergebnisse weiterer Analysen auch nur für diese Netzgröße. Sollten feinere oder gröbere Netze gewählt werden, wäre eine Anpassung der Eingabedaten an die neue Netzfeinheit erforderlich.

Die Modelle haben je nach Anzahl der modellierten Paneele und je nach den eingebauten Verbindungsmitteln (nichtlineare Feder oder Federpaket) zwischen ca. 6000 und 22000 Elemente. Die Rechenzeiten betragen wiederum je nach Anzahl der Paneele und Verbindungsmittel zwischen 15 Minuten und 18 Stunden auf einem Prozessor. Konvergenz konnte in jedem Fall nach ca. 3-6 Iterationen im monotonen Fall und nach maximal 16 Iterationen im zyklischen Fall erreicht werden.

Zu verbindende Teile der Wandscheibe müssen an den Positionen der Verbindungsmittel koinzidente Knoten aufweisen. An jeder Stelle, an der im Versuch ein

Verbindungsmittel eingebracht ist, werden im Finite-Elemente-Modell entweder eine COMBIN39-Feder für die Berechnung der Versuche unter monotonen Lasten oder je ein Federpaket nach Abschnitt 5.2.2 für die x- und die y-Richtung eingebaut. In Dickenrichtung (z-Koordinate) wird bei Einbau des Federpaketes ein steifes Federelement eingebracht, das die Ablösung des Koppelbrettes verhindert.

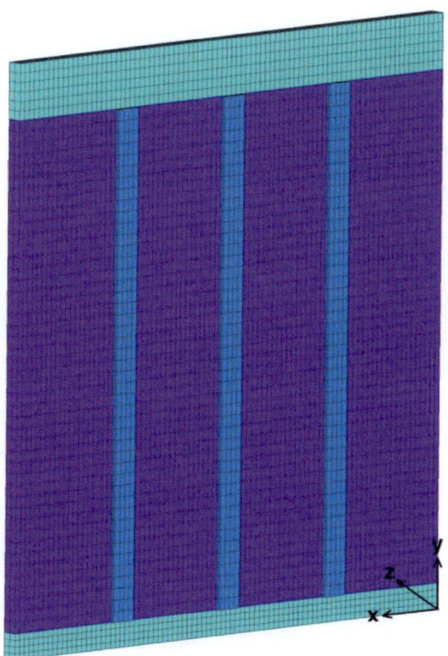

Bild 5-17   Finite-Elemente-Modell der Wand mit globalem Koordinatensystem

Bei gleichbleibender Elementlänge von 50 mm an Koppelbrett und Rähm wird an jedem Knoten in vertikaler Richtung ein Verbindungsmittel angeordnet. Bei kleinerem Abstand der Verbindungsmittel müssen die Traglasten und die Steifigkeiten linear hochgerechnet werden und der entsprechenden Feder bzw. dem entsprechenden Federpaket zugewiesen werden. Bei größerem Abstand der Verbindungsmittel kann z.B. nur jeder zweite Knoten verbunden werden.

Das Abheben der Wand wird durch Zuganker verhindert, welche im Modell ebenfalls durch Federn dargestellt werden. Sowohl für monotone als auch für zyklische Belastung wird das Federpaket nach Abschnitt 5.2.2 verwendet. Dieses kann die reine Zugbelastung bei monotonen Versuchen ebenso abbilden wie das hysteretische Verhalten unter zyklischer Belastung. Das Federpaket wird anhand der

Versuche in Abschnitt 4.2 kalibriert. Bild 5-18 zeigt schematisch die Position der Zuganker, wobei gestrichelte Linien andeuten, dass sich die Feder auf der Rückseite der Wand befindet. Da einseitig angebrachte Federn aufgrund der resultierenden Exzentrizität teilweise zu Konvergenzproblemen führten, wurden im Modell beidseitig Federn angebracht. Die Lasten der Kalibrierkurve werden bei Verwendung nur eines Zugankers dementsprechend halbiert.

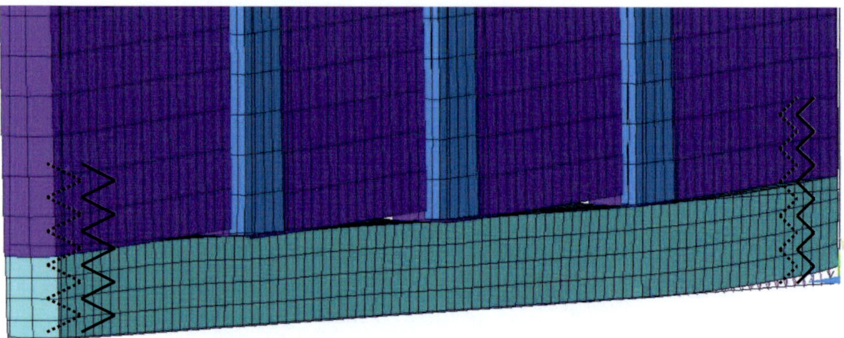

Bild 5-18   Verformung Schwellenbereich. Rechts (Zug): Abheben Schwelle, Links (Druck) Querdruckverformung; Federn deuten Zuganker an

An der Unterseite der Schwelle sind Federn angeordnet, die das Eindringen in den Boden verhindern, die Ablösung jedoch zulassen. Um die Verschiebung der Schwelle in Längsrichtung zu unterbinden, wurden beim Versuch Gegenhaltewinkel verwendet. So wird auch die Schwelle im Modell in Belastungsrichtung gehalten. Die vergleichsweise aufwändige Modellierung des unteren Bereichs der Wand ist zur exakten Wiedergabe der Verformung der Wand (Abheben, Querdruck Schwelle, Lasten auf Zuganker) notwendig.

Um gegenseitiges Durchdringen der Oberflächen zu verhindern, werden an den horizontalen Fugen zwischen Schwelle und Paneelen bzw. zwischen Paneelen und Rähm Kontaktelemente angeordnet. Hierfür werden „Surface-to-Surface"-Elemente des Typs TARGE170 und CONTA173 verwendet. Zwischen dem Koppelbrett und den Paneelen werden keine Reibungskräfte berücksichtigt, da diese durch die Kalibrierung der Verbindungsmittel anhand der Versuche bereits berücksichtigt sind. Als Reibungskoeffizient wird $\mu = 0,3$ angenommen. Die Variation von μ zeigte, dass der Einfluss auf das Gesamtverhalten der Wand vernachlässigbar ist. Tabelle 5-2 zeigt in kurzer Form alle durchgeführten Modellierungen.

Tabelle 5-2 Übersicht über durchgeführte Modellierungen

Beschreibung	Monoton, nichtlineare Feder C39, ohne Auflast	Monoton, nichtlineare Feder C39, Auflast 10 kN/m	Zyklisch Federpaket, ohne Auflast	Zyklisch Federpaket, Auflast 10 kN/m
Fux4S 4 Paneele VM Nägel		X		X
Fux4S 4 Paneele VM Klammern	X	X	X	X
Fux6S 2 Paneele VM Klammern	X		X	
Fux6S 3 Paneele VM Klammern		X		X
Fux6S 4 Paneele VM Klammern		X		X
Fux6S 5 Paneele VM Klammern		X		X
Fux6S 4 Paneele Klammern 90mm		X		X
Insgesamt 16 Modelle				

Allgemeine Grundlagen dieser Modellierung wurden in einer am Lehrstuhl für Ingenieurholzbau und Baukonstruktionen angefertigten Diplomarbeit (Höhl (2010)) geschaffen.

5.3.1 Modellierung unter monotonen Lasten

Die numerische Untersuchung von Wandscheiben unter monotonen Lasten erfolgt mit den in Tabelle 5-2 aufgeführten Modellen. Vorrangiges Ziel ist die Berechnung der Last-Verschiebungskurve. Die Kalibrierwerte für das nichtlineare Federelement COMBIN39 nach Abschnitt 5.2.1 enthält Tabelle 5-3. Für die Zuganker wird generell das Modell nach Abschnitt 5.2.2.2 verwendet, die entsprechenden Kalibrierwerte enthält Tabelle 5-4.

Tabelle 5-3   Kalibrierung Verbindungsmittel für monotone Wandscheibenversuche

Kalibrierung a) Klammer 64 mm einschnittig		Kalibrierung b) Nagel 65 mm einschnittig		Kalibrierung c) Klammer 64 mm zweischnittig		Kalibrierung d) Klammer 90 mm vierschnittig	
u in mm	F in N	u in mm	F in N	u in mm	F in N	u in mm	F in N
0	0	0	0	0	0	0	0
0.2	300	0.2	250	0.2	400	0.2	400
1	600	1	500	1	700	1	1500
3	1000	3	800	3	1100	3	2200
7	1400	7	1200	7	1500	6	3000
15	1500	15	1600	15	1700	7	3000
16	1400	16	1550	16	1600	8	2700
24	100	24	100	24	100	12	400
26	100	26	100	26	100	13	400
40	400	40	400	40	400	40	400

Tabelle 5-4   Kalibrierwerte Zuganker für Wandscheibenversuche

	Typ A	Typ B	Typ C
K_1_1_HD	5.0	20.0	12.0
Fslide_1_HD	28.0	40.0	38.0
K_1_2_HD	1.0	1.0	1.6
Gap_1_HD	0.001	0.001	0.001
K_2_1_HD	2.0	11.0	11.0
Fslide_2_HD	3.0	3.0	7.0
K_2_2_HD	1.0	1.0	1.0
Gap_2_HD	0.0	0.0	0.0
K_3_1_HD	12.0	20.0	20.0
Fslide_3_HD	90.0	110.0	84.0
K_ab_HD	-4.0	-6.0	-3.0
K_4_1_HD	10.0	20.0	20.0
Fslide_4_HD	2.0	1.0	1.0
Zusatz HD = Hold Down			

Tabelle 5-5 — Eingangswerte bei der Modellierung der monotonen Versuche

Modell Nr.	Modell in Abschnitt	Zu Grunde liegende Versuche (Tabelle 4-7, Tabelle 4-8, Tabelle 4-10, Tabelle 4-11)		Kalibrierung der Verbindungsmittel (Tabelle 5-3) Anzahl nach Bild 4-18 bzw. Bild 4-20	Element und Zuganker (Bild 4-5 bzw.Tabelle 5-4)
		Nr.	Bezeichnung		
1	5.3.1.1	2	LIG_PO_0_1	SR 4.0 x 50 Kalibrierung a) $a_1 = 100$ mm 12 VM an S+R	Fux4S 1 x Typ A
		28	LIG_ZYK_0_3	KL 1.53 x 55 Kalibrierung a) $a_1 = 40$ mm 20 VM an S+R	Fux4S 2 x Typ A
		29	LIG_ZYK_0_4	KL 1.53 x 55 Kalibrierung a) $a_1 = 50$ mm 20 VM an S+R	
2	5.3.1.2	4	LIG_PO_10_2	KL 1.83 x 64 Kalibrierung b) $a_1 = 50$ mm 20 VM an S+R	Fux4S 1 x Typ B
		18	LIG_ZYK_10_6		Fux4S 2 x Typ B
		20	LIG_ZYK_10_8		
		21	LIG_ZYK_10_12		
3	5.3.1.3	6	LIG_PO_10_3	RiNä 2.8 x 65 Kalibrierung b) $a_1 = 50$ mm 120 VM an S+R	Fux4S 2 x Typ B
		22	LIG_ZYK_10_9		
		23	LIG_ZYK_10_10		
		24	LIG_ZYK_10_11		
4	5.3.1.4	38	L_N_Z_8	KL 1.83 x 64 Kalibrierung c) $a_1 = 50$ mm 36 VM an S+R	Fux6S 2 x Typ C 2 Paneele
		39	L_N_Z_9		
5	5.3.1.5	40	L_N_Z_10	KL 1.83 x 64 Kalibrierung c) $a_1 = 50$ mm 36 VM an S+R	Fux6S 2 x Typ C 3 Paneele
		41	L_N_Z_11		
6	5.3.1.6	7	L_N_M_1	KL 1.83 x 64 Kalibrierung v) $a_1 = 50$ mm 36 VM an S+R	Fux6S 2 x Typ C 4 Paneele
		8	L_N_M_2		
		9	L_N_M_3		
		10	L_N_M_4		
7	5.3.1.7	36	L_N_Z_6	KL 1.83 x 64 Kalibrierung c) $a_1 = 50$ mm 36 VM an S+R	Fux6S 2 x Typ C 5 Paneele
		37	L_N_Z_7		
8	5.3.1.8	11	L_N_M_5	Kl 2.0 x 90 mm Kalibrierung d) $a_1 = 50$ mm 95 VM an S+R	Fux6S 2 x Typ C 90er Klammern
		35	L_N_Z_5		
VM = Verbindungsmittel, S+R = Schwelle und Rähm					

Die Modellierung der monotonen Versuche und die jeweilige Versuchsgrundlage, die verwendeten Verbindungsmittel bzw. Zuganker sowie deren Kalibrierung ist in Tabelle 5-5 zusammengefasst.

Die weitgehende Übereinstimmung der Last-Verschiebungskurven monotoner Versuche mit der Einhüllenden aus zyklischen Versuchen ist in Abschnitt 3.1.3 und 4.3.1.3 (Bild 4-15) erläutert. Da monotone Versuche teilweise nur in geringem Umfang vorhanden sind, werden in einigen Fällen die Einhüllenden entsprechender zyklischer Versuche zusätzlich zur Gegenüberstellung verwendet.

5.3.1.1   Fux4S, Verbindungsmittel Klammern, ohne Auflast

Für die Konfiguration ohne Auflast ist nur ein monotoner Versuch vorhanden. Bei diesem Versuch (L_PO_0_1) wurden Schrauben als Verbindungsmittel sowie ein Zuganker des Typs A verwendet.

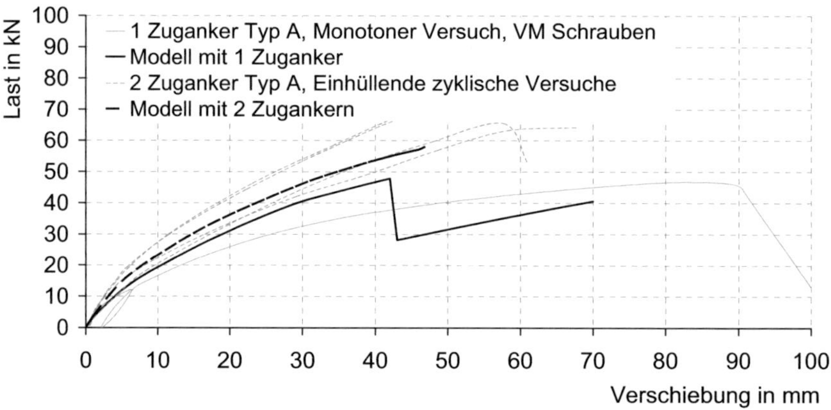

Bild 5-19   Konfiguration Fux4S mit Klammern, ohne Auflast

Das Modell mit der Kalibrierung für die Verbindungsmittel Klammern berechnet höhere Steifigkeit (Bild 5-19) und somit höhere Traglast für diese Konfiguration als im Versuch. Bei der Verschiebung u = 42 mm ist Lastabfall infolge des Versagens der Zuganker zu erkennen. Da das Federpaket auch nach dem Versagen aller Reibdämpfer eine durchgehende Feder besitzt, steigt die Last jedoch wieder an. Wegen der unterschiedlichen Verbindungsmittel hat dieser Vergleich nur geringe Aussagekraft, diese Konfiguration wurde daher nicht weiter untersucht. Bild 5-19 zeigt weiterhin den Vergleich der Einhüllenden der Versuche LIG_ZYK_0_3 und _4 (Konfiguration Klammern und 2 Zuganker des Typs A) mit den Ergebnissen des

Modells. Beim Vergleich mit dem Modell in der Konfiguration mit 2 Zugankern ist gute Übereinstimmung mit den Einhüllenden der Hysterese zu erkennen.

5.3.1.2 Fux4S, Verbindungsmittel Klammern, Auflast 10 kN/m

Beim monotonen Versuch LIG_PO_10_2 (Tabelle 4-7), der vor allem zur Bestimmung der Verschiebungsstufen des zyklischen Lastprotokolls durchgeführt wurde, kam analog zum Versuch ohne Auflast (Abschnitt 5.3.1.1) nur ein Zuganker zur Anwendung. In dieser Konfiguration wird die Steifigkeit der Wandscheibe vom Modell wiederum zu hoch berechnet. Da lediglich ein monotoner Versuch mit einem Zuganker vorhanden ist, wird dieser Sachverhalt auch hier nicht näher untersucht.

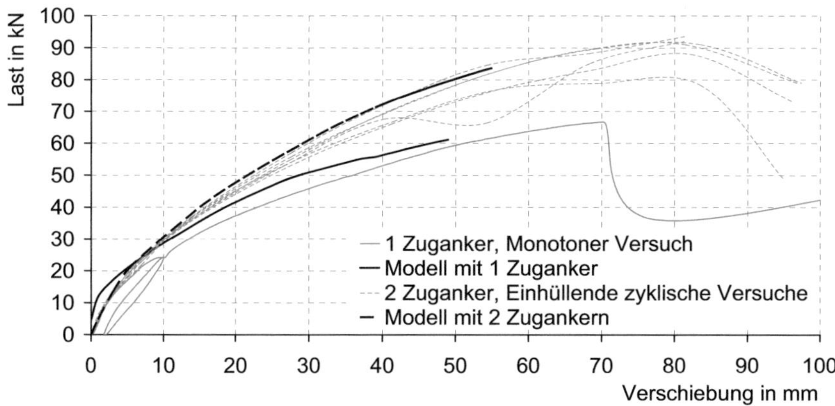

Bild 5-20   Konfiguration Fux4S mit Klammern, Auflast 10 kN/m

Bild 5-20 zeigt erneut gute Übereinstimmung der Einhüllenden aus den zyklischen Versuchen mit den Ergebnissen des Modells für die Konfiguration mit 2 Zugankern. Wiederum werden mit dem Modell die Einhüllenden zutreffend berechnet.

5.3.1.3 Fux4S, Verbindungsmittel Nägel, Auflast 10 kN/m

Die gute Übereinstimmung des monotonen Versuches mit der Einhüllenden aus den zyklischen Versuchen, weiterhin die sehr gute Übereinstimmung von Berechnung mit den Versuchsergebnissen zeigt Bild 5-21. Nägel versagen unter zyklischen Lasten früh durch Ermüdung. Da die Federn für die Verbindungsmittel an monotonen Versuchen kalibriert sind, kann das Modell größere Verschiebungen abbilden als die Einhüllenden der zyklischen Versuche erwarten lassen.

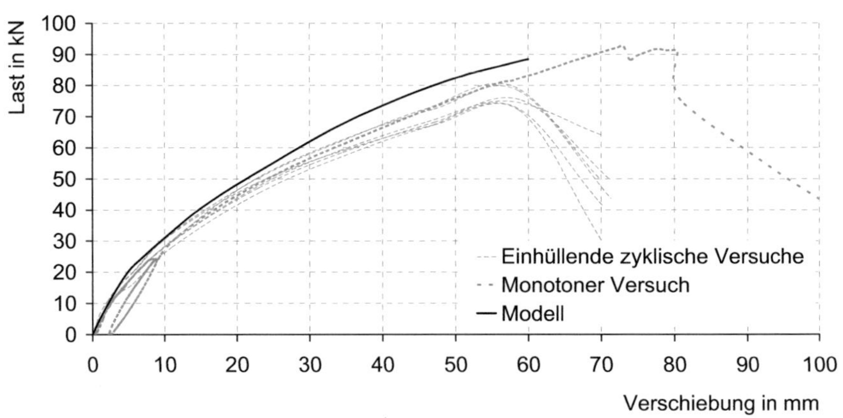

Bild 5-21   Konfiguration Fux4S mit Nägeln, Auflast 10 kN/m

5.3.1.4   Fux6S 2 Paneele, Verbindungsmittel Klammern, ohne Auflast

Aufgrund der geringen Wandlänge bei der Verwendung von zwei Paneelen wurde dieser Versuch ohne zusätzliche Auflast durchgeführt, da durch die entstehenden Kräfte die Gefahr des Verbiegens des Lastverteilers und der Beschädigung der Maschine gegeben war. Bild 5-22 zeigt, dass das Modell die Steifigkeit und die Höchstlast auch ohne Auflast und bei kurzen Wandscheiben zutreffend berechnet.

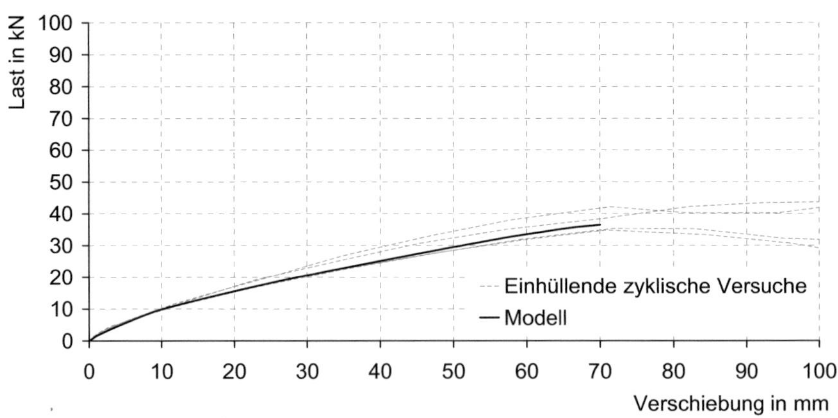

Bild 5-22   Konfiguration Fux6S 2 Paneele mit Klammern, ohne Auflast

5.3.1.5   Fux6S 3 Paneele, Verbindungsmittel Klammern, Auflast 10 kN/m

Der Versuch mit 3 Paneelen wurde wiederum mit Auflast durchgeführt. Es ist zu erkennen, dass die Steifigkeit und die Traglast geringfügig zu hoch berechnet werden (Bild 5-23). Speziell bei Verschiebungen bis ca. 8 mm ist hierbei deutlich höhere Steifigkeit zu erkennen, der Verlauf der Kurve ab ca. 8 mm ist dem der Versuche sehr ähnlich.

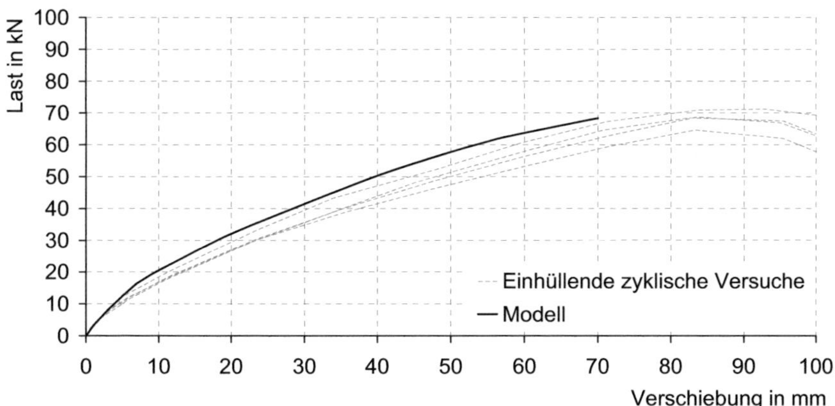

Bild 5-23   Konfiguration Fux6S 3 Paneele mit Klammern, Auflast 10 kN/m

5.3.1.6   Fux6S 4 Paneele, Verbindungsmittel Klammern, Auflast 10 kN/m

Bei der Konfiguration von Fux6S mit 4 Paneelen und der Auflast 10 kN/m werden die Berechnungsergebnisse wiederum mit den Ergebnissen monotoner Versuche verglichen (Bild 5-24). Es ist zu erkennen, dass die Steifigkeit und damit die Traglast bei der Maximalverschiebung zu gering berechnet werden, der Verlauf der Kurve jedoch über den Versuch betrachtet gut wiedergegeben wird.

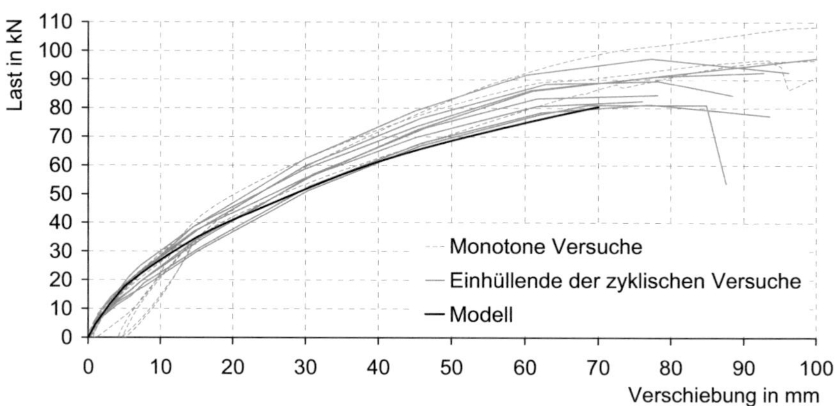

Bild 5-24   Konfiguration Fux6S 4 Paneele mit Klammern, Auflast 10 kN/m

5.3.1.7   Fux6S 5 Paneele, Verbindungsmittel Klammern, Auflast 10 kN/m

In der Konfiguration mit der längsten Wand in der Versuchsreihe (Bild 5-25) ist zu erkennen, dass die Steifigkeit gut wiedergegeben wird. Die resultierende Höchstlast wird vom Modell hingegen geringfügig höher berechnet als bei den Versuchen zu beobachten.

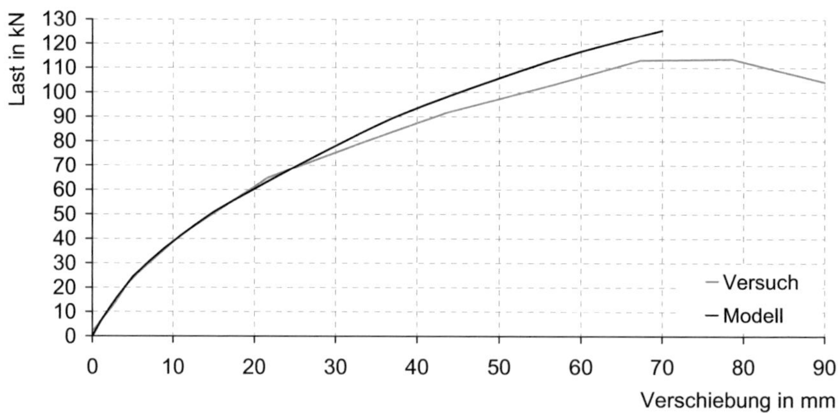

Bild 5-25   Konfiguration Fux6S 5 Paneele mit Klammern, Auflast 10 kN/m

5.3.1.8   Fux6S 4 Paneele, Klammern 90 mm, Auflast 10 kN/m

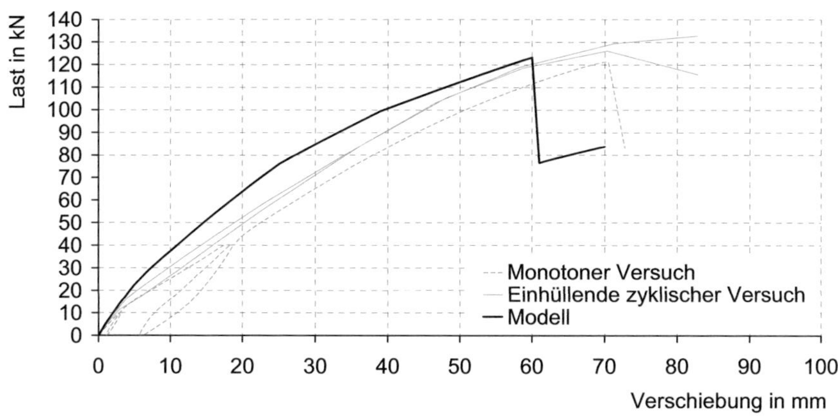

Bild 5-26   Konfiguration Fux6S 4 Paneele mit Klammern 90 mm,
                 Auflast 10 kN/m

Bei der gewählten Konfiguration Fux6S mit 4 Paneelen sind lediglich die Klammern
für die Verbindung der Stoßbretter mit den Paneelen 90 mm lang. Bei der Verbindung der Paneele mit Schwelle bzw. Rähm kommen weiterhin Klammern der Länge
63 mm zum Einsatz, wodurch sich für das Modell zwei unterschiedliche Kalibrier-
sätze für die Verbindungsmittel ergeben. Bild 5-26 zeigt auch für diesen Fall die
gute Übereinstimmung von Modell und Versuchsdaten.

5.3.2   Modellierung unter zyklischen Lasten

Eine Übersicht über die Modellierung der zyklischen Versuche und deren jeweilige Versuchsgrundlage, die verwendeten Verbindungsmittel bzw. Zuganker sowie deren Kalibrierung ist in Tabelle 5-6 gezeigt. Alle Modelle wurden mit dem Federpaket nach Abschnitt 5.2.2 erstellt, die jeweiligen Kalibrierwerte sind in Tabelle 5-7 aufgeführt. Für die Zuganker wurde wiederum das Modell nach Abschnitt 5.2.2.2 verwendet wobei die Kalibrierwerte in Tabelle 5-4 aufgelistet sind.

Tabelle 5-6   Eingangswerte bei der Modellierung der zyklischen Versuche

Modell Nr.	Modell in Abschnitt	Zu Grunde liegende Versuche		Kalibrierung der Verbindungsmittel (Tabelle 5-7) Anzahl nach Bild 4-18 bzw. Bild 4-20	Element und Zuganker (Bild 4-5 bzw. Tabelle 5-4)
		Nr.	Bezeichnung (Tabelle 4-8, Tabelle 4-10, Tabelle 4-11)		
9	5.3.2.1	25	LIG_ZYK_0_1	SR 4.0 x 50 mm Kalibrierung a) $a_1 = 100$ mm 12 VM an S+R	Fux4S 2 x Typ A
10	5.3.2.2	18	LIG_ZYK_10_6	KL 1.83 x 64 mm Kalibrierung a) $a_1 = 50$ mm 20 VM an S+R	Fux4S 2 x Typ B
		20	LIG_ZYK_10_8		
		21	LIG_ZYK_10_12		
11	5.3.2.3	22	LIG_ZYK_10_9	RiNä 2.8 x 65 mm Kalibrierung b) $a_1 = 50$ mm 20 VM an S+R	Fux4S 2 x Typ B
		23	LIG_ZYK_10_10		
		24	LIG_ZYK_10_11		
12	5.3.2.4	38	L_N_Z_8	KL 1.83 x 64 mm Kalibrierung c) $a_1 = 50$ mm 36 VM an S+R	Fux6S 2 x Typ C 2 Paneele
		39	L_N_Z_9		
13	5.3.2.5	40	L_N_Z_10	KL 1.83 x 64 mm Kalibrierung c) $a_1 = 50$ mm 36 VM an S+R	Fux6S 2 x Typ C 3 Paneele
		41	L_N_Z_11		
14	5.3.2.6	31	L_N_Z_1	KL 1.83 x 64 mm Kalibrierung c) $a_1 = 50$ mm 36 VM an S+R	Fux6S 2 x Typ C 4 Paneele
		32	L_N_Z_2		
		33	L_N_Z_3		
		34	L_N_Z_4		
15	5.3.2.7	36	L_N_Z_6	KL 1.83 x 64 mm Kalibrierung c) $a_1 = 50$ mm 36 VM an S+R	Fux6S 2 x Typ C 5 Paneele
		37	L_N_Z_7		
16	5.3.2.8	11	L_N_M_5	Kl 2.0 x 90 mm Kalibrierung d) $a_1 = 50$ mm 95 VM an S+R	Fux6S 2 x Typ C 90er Klammern
		35	L_N_Z_5		
VM = Verbindungsmittel, S+R = Schwelle und Rähm					

Wesentliches Ziel bei der Modellierung der Wandscheiben unter zyklischen Lasten ist die Übereinstimmung der kumulierten Energiedissipation sowie die möglichst exakte Wiedergabe der Einhüllenden der Last-Verschiebungskurve.

Bei Verwendung des Federpakets nach Abschnitt 5.2.2 ergibt sich gute Übereinstimmung der Berechnungsergebnisse des Modells mit den Versuchsergebnissen für die Wandscheiben. Damit ist auf Grundlage der numerisch ermittelten Hysteresekurven die Modellierung ganzer Gebäude bzw. von Rahmenstrukturen wie in Abschnitt 6 gezeigt möglich. Die Übereinstimmung der kumulierten Energiedissipation als Hauptkriterium für die erfolgreiche Berechnung ist in den meisten Fällen so gut, dass die numerisch ermittelten Kurven als alleinige Grundlage dienen können.

Tabelle 5-7   Kalibrierung Verbindungsmittel für zyklische Wandscheibenversuche

	Kalibrierung a) Klammer 64 mm einschnittig	Kalibrierung b) Nagel 65 mm einschnittig	Kalibrierung c) Klammer 64 mm zweischnittig	Kalibrierung d) Klammer 90 mm vierschnittig
K_1_1	1.000	1.000	0.500	0.340
Fslide_1	0.600	0.330	0.460	0.820
K_1_2	0.020	0.020	0.030	0.020
Gap_1	0.001	0.001	0.001	0.001
K_2_1	0.400	0.400	0.800	1.000
Fslide_2	0.200	0.160	0.200	0.440
K_2_2	0.040	0.060	0.040	0.040
Gap_2	0.000	0.000	0.000	0.000
K_3_1	0.400	0.400	0.500	0.340
Fslide_3	1.840	1.060	1.600	1.700
K_ab	-0.070	-0.080	-0.080	-0.080
K_4_1	0.500	0.500	1.000	1.000
Fslide_4	0.015	0.015	0.020	0.140

5.3.2.1   Fux4S, Verbindungsmittel Klammern, ohne Auflast

Mit dem Element Fux4S und der Konfiguration ohne Auflast steht lediglich ein Vergleichsversuch zur Verfügung. Hierbei wurden als Verbindungsmittel Schrauben verwendet (analog zum monotonen Versuch in Abschnitt 5.3.1.1), für die jedoch keine Verbindungsmittelversuche durchgeführt wurden.

Das Modell mit der Kalibrierung für die Verbindungsmittel Klammern berechnet gleiche Steifigkeit (Bild 5-27) aber höhere Traglast für diese Konfiguration. Dieser

Vergleich hat wegen der unterschiedlichen Verbindungsmittel nur geringe Aussagekraft. Weitere numerische Untersuchungen wurden an dieser Geometrie daher nicht
durchgeführt.

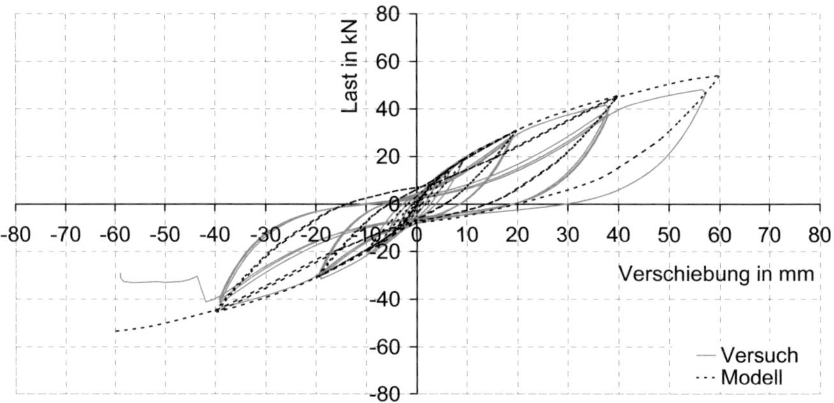

Bild 5-27   Konfiguration Fux4S mit Klammern, ohne Auflast

5.3.2.2   Fux4S, Verbindungsmittel Klammern, Auflast 10 kN/m

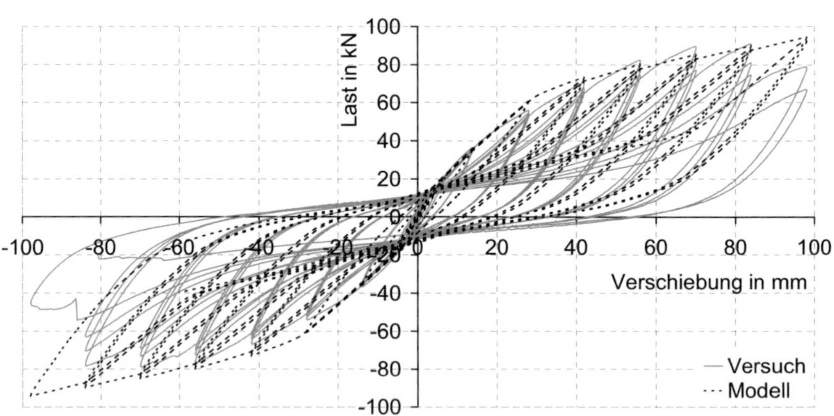

Bild 5-28   Konfiguration Fux4S mit Klammern, Auflast 10 kN/m

Den Vergleich zwischen Berechnung und Versuch für die Geometrie Fux4S und
Auflast 10 kN/m zeigt Bild 5-28. Sowohl der Verlauf der Einhüllenden als auch die

Form der Hysterese sowie die Höchstlast stimmen gut überein. Das Modell zeigt nach Überschreiten der Höchstlast im Versuch jedoch nicht den Abfall der Hysteresekurve, der als Ziel der Modellierung mit dem Federpaket angestrebt war. Ursache hierfür ist das Versagen der Verbindung von Element zu Rähm (Bild 4-22 e) und i)). Dieses Versagen ist begleitet von Querzugversagen der Nut am Rähm, was vom numerischen Modell nicht erfasst werden kann.

5.3.2.3 Fux4S, Verbindungsmittel Nägel, Auflast 10 kN/m

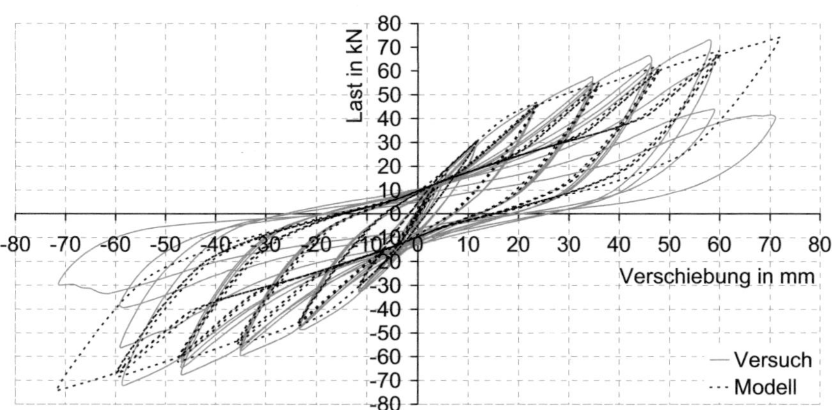

Bild 5-29   Konfiguration Fux4S mit Nägeln, Auflast 10 kN/m

Bild 5-29 zeigt die Ergebnisse von Berechnung und Versuch für die Geometrie Fux4S, Auflast 10 kN/m und Rillennägeln als Verbindungsmittel. Wiederum stimmen der Verlauf der Einhüllenden und die Form der Hysterese bis zum Erreichen der Höchstlast bzw. der Maximalverschiebung gut überein. Auch hier kann der Abfall der Hysteresekurve nicht dargestellt werden, mögliche Ursache ist hier wiederum Ermüdungsversagen der Nägel sowie das Aufspalten der Brettüberstände rechtwinklig zur Faserrichtung (vgl. Bild 4-22 j)). Das Aufspalten der Brettüberstände wird bei der Versuchsdurchführung sowie bei der Kalibrierung nicht berücksichtigt.

5.3.2.4 Fux6S 2 Paneele, Verbindungsmittel Klammern, ohne Auflast

Aufgrund der Länge des Prüfkörpers wurde der Versuch mit zwei Elementen ohne Auflast durchgeführt. In Bild 5-30 fällt auf, dass die Einschnürung („Pinching") der Hysterese beim Versuch ausgeprägt vorhanden ist. Die schmale Zone des Pinching wird durch das numerische Modell nicht exakt abgebildet, ähnliches kann beim Versuch mit Fux4S-Elementen ohne Auflast (Bild 5-27) beobachtet werden. Der Lastabfall im Modell bei u = 80 mm ist auf das Versagen der Zuganker zurückzuführen. Da die Feder K_{2-2} beim Modell des Zugankers durchgehend ist, ist auch nach dem Lastabfall eine Restfestigkeit vorhanden.

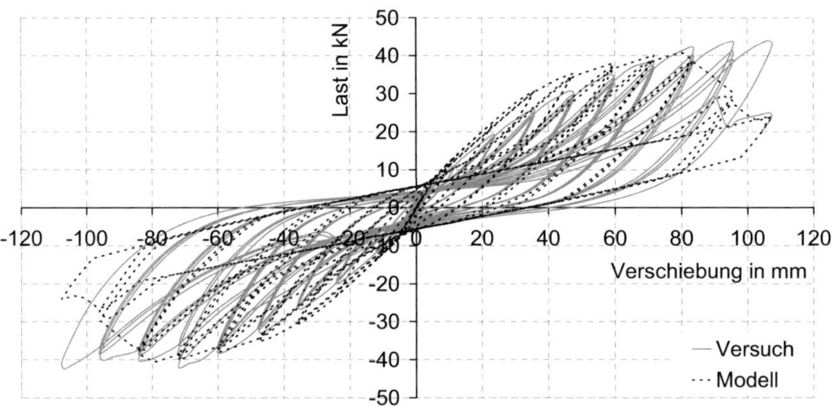

Bild 5-30   Konfiguration Fux6S 2 Paneele mit Klammern, ohne Auflast

5.3.2.5   Fux6S 3 Paneele, Verbindungsmittel Klammern, Auflast 10 kN/m

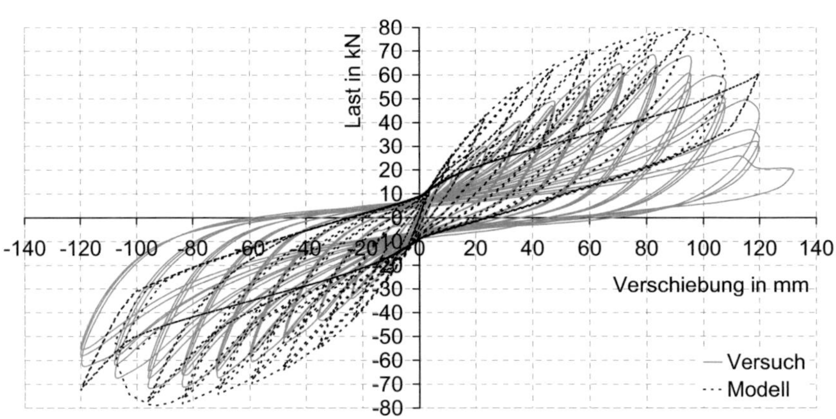

Bild 5-31   Konfiguration Fux6S 3 Paneele mit Klammern, Auflast 10 kN/m

Bild 5-31 zeigt, dass die Steifigkeit und die Traglast beim Modell mit 3 Paneelen deutlich überschätzt werden. Beim Versuch mit 3 Paneelen trat das Versagen durch die Ablösung der Elemente vom Rähm ein (vgl. Bild 4-22 e) und i)). Dieser Mechanismus kann vom Modell wiederum nicht erfasst werden.

5.3.2.6 Fux6S 4 Paneele, Verbindungsmittel Klammern, Auflast 10 kN/m

Die gute Übereinstimmung der Versuchsergebnisse mit der numerischen Modellierung konnte anhand der Ausführungen über die in den vorherigen Abschnitten beschriebenen Wandscheiben gezeigt werden. Ein ausführlicher Vergleich soll hier anhand der kumulierten Energiedissipation analog zu den Verbindungsmitteln in Abschnitt 5.2.2.1 durchgeführt werden.

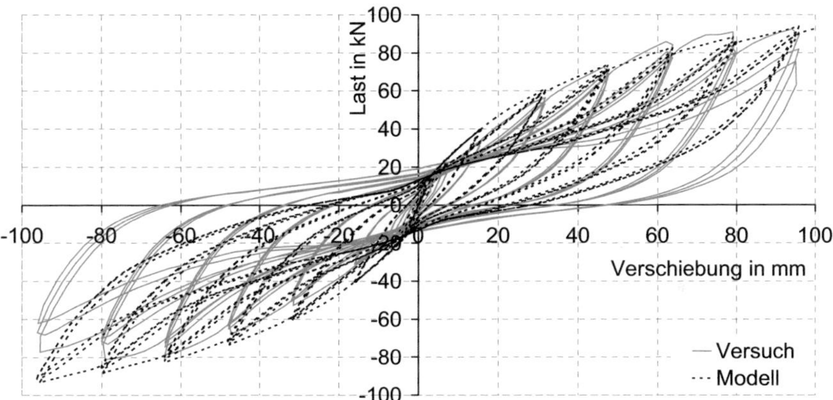

Bild 5-32   Konfiguration Fux6S 4 Paneele mit Klammern, Auflast 10 kN/m

Bild 5-32 zeigt die Überlagerung der Hysteresekurve von Versuch und Modell in der üblichen Form. Bis zur Verschiebungsstufe 96 mm ist gute Übereinstimmung zu erkennen, wobei der Verlauf der numerisch berechneten Hysteresekurve im ersten und dritten Quadranten hinsichtlich der Steifigkeit über den Versuchsergebnissen liegt. Diese Unterschiede rühren daher, dass das Verbindungsmittel im Modell für die x- und die y-Richtung durch zwei getrennte Federn dargestellt wird. Bei einer Verschiebung in 45°-Richtung werden somit beide Federn angesprochen, die Steifigkeit wird zu hoch berechnet.

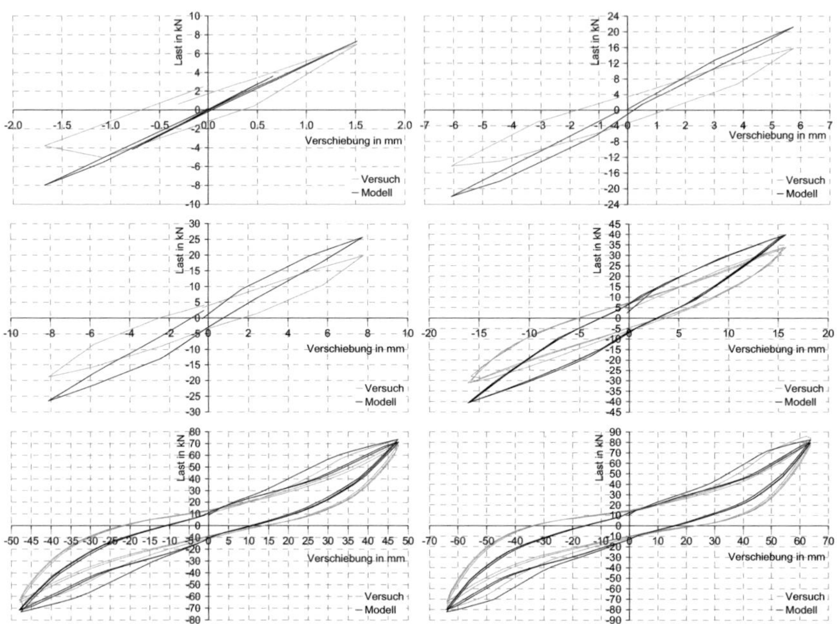

Bild 5-33   Vergleich ausgewählter Zyklen

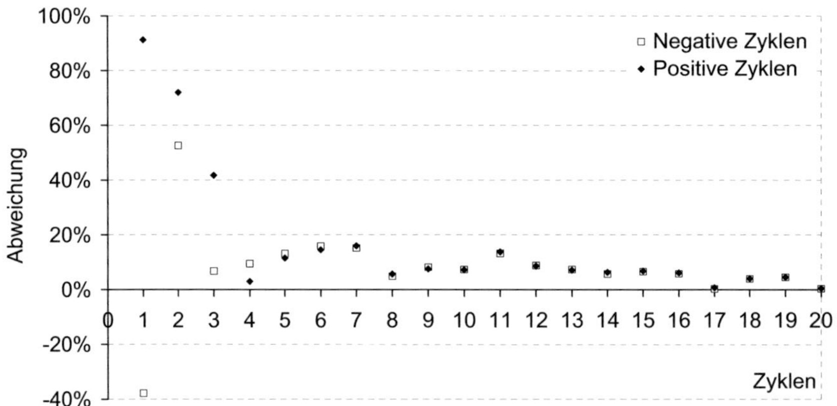

Bild 5-34   Vergleich der prozentualen Abweichung bei einer Wandscheibe

Den Vergleich ausgewählter Zyklen zeigt Bild 5-33. Die vergleichsweise hohe Abweichung der Energiedissipation bei den kleineren Zyklen (Bild 5-34) ist in der

Linearität des Modells begründet. Während im Versuch schon bei kleinen Verschiebungsstufen plastische Verformungen auftreten, kann das Modell diese nicht abbilden. Beim Großteil der Zyklen beträgt die Abweichung weniger als 20 %, was für eine Aussage über das Erdbebenverhalten der Bauweise ausreichend ist. Die kleinen Zyklen sind für das Gesamtverhalten vernachlässigbar.

In Bild 5-34 bedeuten positive Werte, dass der Versuch größere Werte für die Energiedissipation (größere Flächeninhalte) aufweist als die Ergebnisse des Modells. Negative Werte bedeuten somit, dass das Modell größere Flächeninhalte berechnet, als diese im Versuch auftreten.

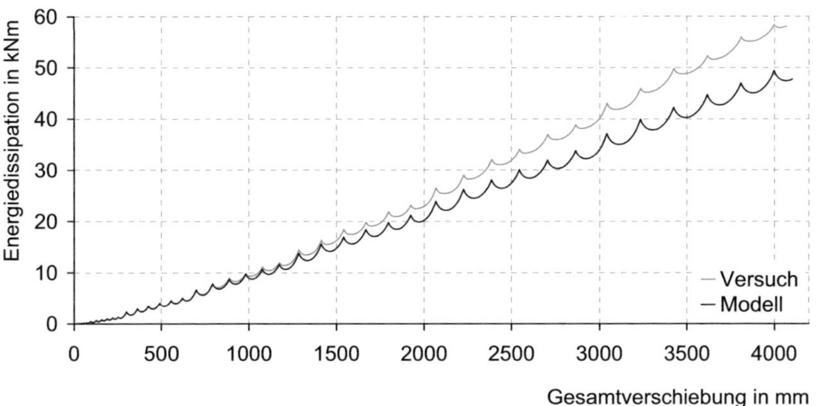

Bild 5-35   Vergleich der kumulierten Energiedissipation

Der Vergleich der kumulierten Energiedissipation über den gesamten Versuch ist in Bild 5-35 dargestellt. Die Übereinstimmung der kumulierten Energiedissipation ist anfänglich sehr gut, erst bei größeren Verschiebungen beginnen die Ergebnisse voneinander abzuweichen.

5.3.2.7   Fux6S 5 Paneele, Verbindungsmittel Klammern, Auflast 10 kN/m

Erneut gute Übereinstimmung ist in Bild 5-36 zu erkennen. Die Versuchsergebnisse werden hinsichtlich der Steifigkeit vom Modell geringfügig zu hoch berechnet, bis in hohe Verschiebungsstufen ist jedoch eine zutreffende Aussage über die grundlegende Form der Hysteresekurve möglich.

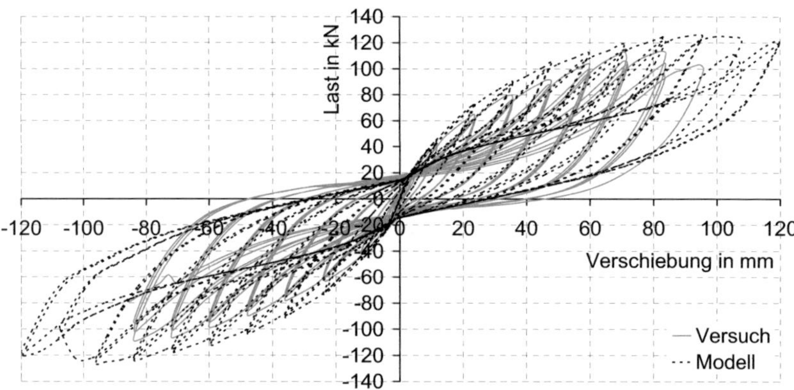

Bild 5-36   Konfiguration Fux6S 5 Paneele mit Klammern, Auflast 10 kN/m

5.3.2.8   Fux6S 4 Paneele, Klammern 90 mm, Auflast 10 kN/m

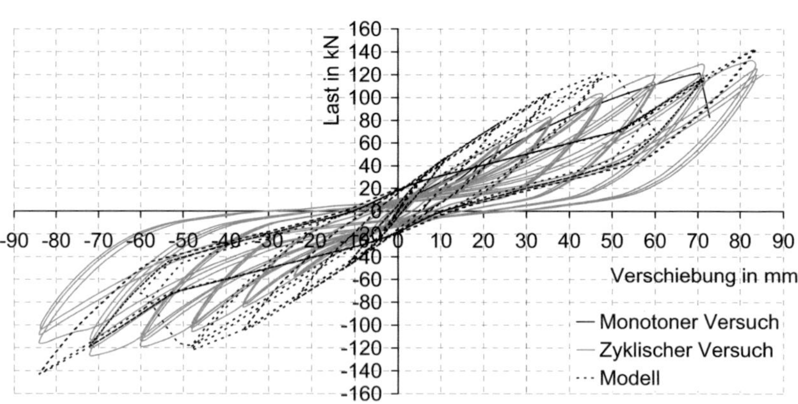

Bild 5-37   Konfiguration Fux6S 4 Paneele mit Klammern 90 mm,
                   Auflast 10 kN/m

Bei Verwendung des Modells mit den zweischnittigen 90 mm-Klammern werden Steifigkeit und Traglast überschätzt. Der Abfall in der Hysteresekurve bei der Verschiebung ± 50 mm beschreibt das Überschreiten der Höchstlast der Zuganker. Die Ursachen für die schlechte Übereinstimmung von Versuch und Modell sind zum einen in der Kalibrierung der 90 mm Klammer zu vermuten, da mit dieser Geometrie lediglich zwei zyklische Versuche durchgeführt wurden, auf denen das Modell beruht. Zum anderen konnte beim Wandscheibenversuch das seitliche Verrutschen der Schwelle beobachtet werden, da der Prüfkörper nur mit den Zugankern auf der Schwelle befestigt war. Hierdurch ergeben sich geringere Horizontallasten als bei seitlich gehaltener Schwelle.

5.4   Modellierung von Wandscheiben in Holztafelbauweise

Die Finite-Elemente-Modelle für die Modellierung der Wandscheiben in Holztafelbauweise werden wiederum als räumliche (3D-) Modelle erstellt. Wie bei der Massivholz-Paneelbauweise sind auch bei diesen Modellen Exzentrizitäten aus einseitiger Beplankung und der einseitigen Anbringung der Zuganker zu erwarten.

Die Geometriedaten für die Modelle können ebenfalls parametrisiert in die Eingabedateien eingegeben werden, die wesentlichen Geometriedaten sowie die Auflast, und die Anzahl und Kalibrierung der Verbindungsmittel lässt sich einfach anpassen.

Tabelle 5-8   Steifigkeitskennwerte nach DIN 1052:2008-1

Nadelholz C24		
	Parallel zur Faserrichtung	Rechtwinklig zur Faserrichtung
Elastizitätsmodul E_{mean}	11000	370
Schubmodul G_{mean}	690	
OSB3-Platten		
	Parallel zur Spanrichtung der Deckschicht	Rechtwinklig zur Spanrichtung der Deckschicht
Plattenbeanspruchung		
Elastizitätsmodul E_{mean}	4930	1980
Schubmodul G_{mean}	50	
Scheibenbeanspruchung		
Elastizitätsmodul E_{mean}	3800	3000
Schubmodul G_{mean}	1080	

Die Materialeigenschaften von Schwelle, Rähm und Rippen entsprechen Nadelholz C24 nach DIN 1052:2008-1, wobei die Materialeigenschaften entsprechend der

Faserrichtung der Hölzer angepasst wurden. Die Beplankung besteht aus OSB-Platten der technischen Klasse OSB/3 der Dicke $t = 15$ mm, die mechanischen Eigenschaften sind wiederum DIN 1052:2008-1 entnommen (Tabelle 5-8).

Die Modellierung der Volumenkörper von Schwelle, Rähm und Rippen erfolgt mit quaderförmigen 8-Knoten-Elementen des Typs SOLID185 analog zur Modellierung der Massivholz-Paneelbauweise. Die Modellierung der Beplankung erfolgt mit dem zweidimensionalen Schalenelement des Typs SHELL181. Dieses 4-Knoten-Element besitzt 6 Freiheitsgrade an jedem Knoten und kann für die Modellierung von dünnen bis mitteldicken Schalenstrukturen eingesetzt werden.

Erneut müssen zu verbindende Teile der Wandscheibe an den Positionen der Verbindungsmittel koinzidente Knoten aufweisen. Analog zur Modellierung bei der Massivholz-Paneelbauweise wird an jeder Stelle, an der im Versuch ein Verbindungsmittel eingebracht ist, im Finite-Elemente-Modell entweder eine COMBIN39-Feder für die Berechnung der Versuche unter monotonen Lasten oder je ein Federpaket nach Abschnitt 5.2.2 für die x- und die y-Richtung eingebaut. In Dickenrichtung (z-Koordinate) wird bei Einbau des Federpaketes erneut ein steifes Federelement eingebracht, welches die Ablösung des Koppelbrettes verhindert. Die Netzfeinheit des Modells wurde dem Abstand der Verbindungsmittel angepasst, woraus analog zur Modellierung der Massivholz-Paneelbauweise die Abhängigkeit von der Netzweite resultiert. Die Ergebnisse im Rahmen dieses Abschnittes sind nur mit der gewählten Netzweite gültig.

Die Zuganker der Wandscheiben werden wiederum durch Federn dargestellt, wobei für monotone und für zyklische Belastung analog zur Modellierung der Holztafelbauweise das Federpaket nach Abschnitt 5.2.2.2 verwendet wird. Die Kalibrierung des Federpaketes erfolgt anhand der Versuche in Abschnitt 4.2. Diese Kalibrierung ist faktisch nicht zutreffend, da die zu Grunde liegenden Versuche an Zugankern ohne Beplankungslage durchgeführt wurden. Die isolierte Versuchsdurchführung an Zugankern mit Beplankungslage wäre durch die (reinen) Zugkräfte im Stiel, jedoch durch kombinierte Zug- und Momentenbeanspruchung aus Verdrehung der Beplankung (vgl. Bild 5-5) nicht aussagekräftig. Im Rahmen der Modellierung wurden die Federn zur Darstellung der Zuganker an die Schalenelemente der Beplankung angeschlossen, da davon ausgegangen wird, dass in der Realität der Großteil der Zugkräfte direkt in die Beplankung eingeleitet wird. Durch die großen Verformungen beim Abheben der Stiele sowie durch den Abriss der Beplankung bei höheren Verschiebungsstufen ist diese Annahme gerechtfertigt.

An der Unterseite der Schwelle sind wiederum Federn angeordnet, um deren Eindringen in den Boden zu verhindern (vgl. Abschnitt 5.3). Um die Verschiebung der Schwelle in Längsrichtung zu unterbinden, wird die Schwelle im Modell in Belastungsrichtung gehalten. Weiterhin wurden die bei den Versuchen mit der Holztafelbauweise verwendeten Bolzen durch die Schwelle ins Fundament (Bild 4-30) durch bilineare Federn abgebildet.

Bild 5-38   Verformungsfigur des Finite-Elemente-Modells einer Holztafelbauwand; Federn deuten Zuganker an

An den horizontalen Fugen zwischen Schwelle und Stielen bzw. zwischen Stielen und Rähm wurden Kontaktelemente zur Verhinderung des gegenseitigen Durchdringens der Oberflächen angeordnet. Wiederum wurden „Surface-to-Surface"-Elemente des Typs TARGE170 und CONTA173 verwendet, wobei als Reibungskoeffizient $\mu = 0{,}3$ angenommen wird. Grundlagen der Modellierung wurden durch Rettinger (2009) geschaffen. Tabelle 5-9 zeigt in kurzer Form die im Rahmen dieser Arbeit durchgeführten Modellierungen für die Holztafelbauweise.

Tabelle 5-9   Übersicht über Modellierungen mit der Holztafelbauweise

Beschreibung	Monoton, nichtlineare Feder C39, ohne Auflast	Monoton, nichtlineare Feder C39, Auflast 10 kN/m	Zyklisch Federpaket, ohne Auflast	Zyklisch Federpaket, Auflast 10 kN/m
Holztafelbauweise, einseitig beplankt		X		X
Holztafelbauweise, beidseitig beplankt	X	X	X	X
Insgesamt 6 Modelle				

5.4.1   Modellierung unter monotonen Lasten

Ziel der numerischen Untersuchung von Wandscheiben in Holztafelbauweise unter monotonen Lasten ist wiederum die Berechnung der Last-Verschiebungskurve. Die Kalibrierwerte für das nichtlineare Federelement COMBIN39 nach Abschnitt 5.2.1 enthält Tabelle 5-10, wobei Kalibrierung b) für einschnittige Klammern der Abmessungen 1.53 x 64 mm verwendet wird. Mit Klammern dieser Abmessungen wurden im Rahmen dieser Arbeit keine Versuche durchgeführt. Daher wird das Tragverhalten durch die vorliegenden Versuche mit Klammern der Abmessungen 1.83 x 64 mm sowie durch Versuche der VHT Darmstadt an Klammern der Abmessungen 1.53 x 50 mm (PB-664/07/Rä (2007)) eingegrenzt (Tabelle 5-10, Bild 5-39).

Tabelle 5-10   Kalibrierung Verbindungsmittel monotone Wandscheibenversuche

Kalibrierung Klammer 1.53 x 50 mm einschnittig	
u in mm	F in N
0	0
0.2	200
1	500
3	800
7	1100
15	1200
16	1100
24	100
26	200
40	400

Für die Zuganker wird wiederum das Modell nach Abschnitt 5.2.2.2 verwendet, die entsprechenden Kalibrierwerte können Tabelle 5-4 entnommen werden. In allen

Modellierungen kommen entsprechend der Versuche Zuganker des Typs A zur Verwendung.

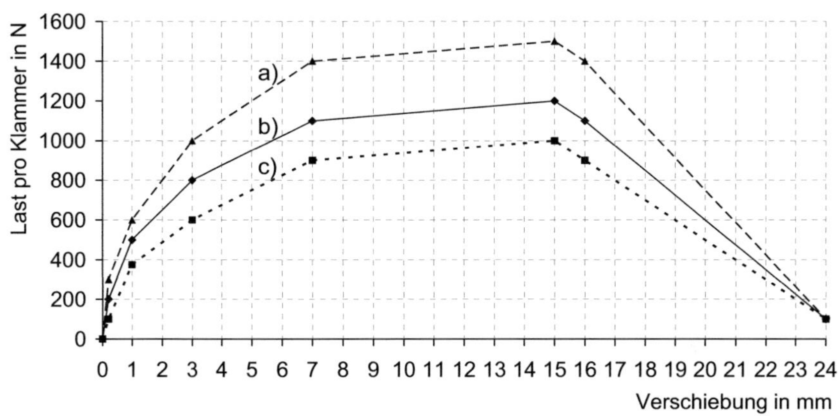

Bild 5-39   Last-Verschiebungskurven von Klammerverbindungen
                   a) Klammer 1.83 x 64 mm (Versuch Karlsruhe),
                   b) Klammer 1.53 x 64 mm (ohne Versuch),
                   c) Klammer 1.53 x 50 mm (Versuch Darmstadt)

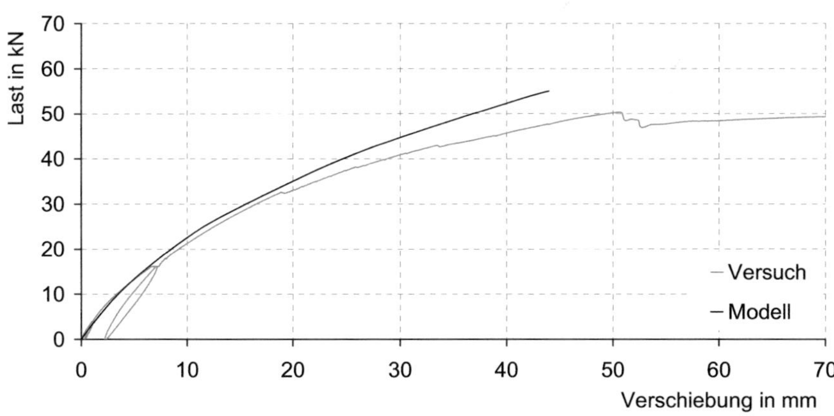

Bild 5-40   Holztafelbauweise, einseitig beplankt, Auflast 10 kN/m

Die Ergebnisse der Modellierung unter monotonen Lasten sind in Bild 5-40, Bild 5-42 und Bild 5-41 gezeigt. In allen Last-Verschiebungsdiagrammen ist die anfänglich gute Übereinstimmung zwischen Versuch und Modell zu erkennen. Bei höheren

Verschiebungsstufen wird die Traglast vom Modell in allen Fällen zu hoch berechnet.

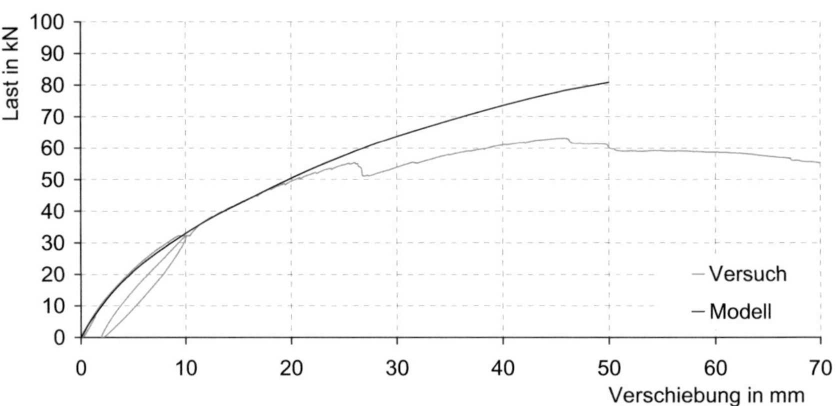

Bild 5-41   Holztafelbauweise, beidseitig beplankt, Auflast 10 kN/m

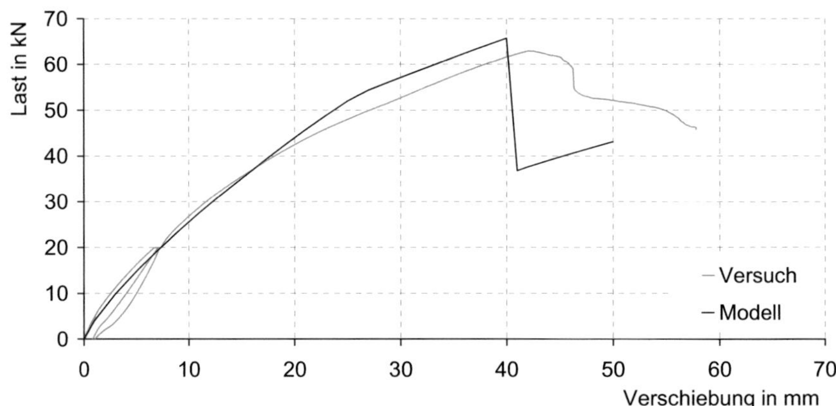

Bild 5-42   Holztafelbauweise, beidseitig beplankt, ohne zusätzliche Auflast

Das Versagen des einseitig beplankten Prüfkörpers mit Auflast 10 kN/m sowie das Versagen des beidseitig beplankten Prüfkörpers mit Auflast 10 kN/m trat jeweils durch den Abriss der Beplankung ein. Dieser Versagensmechanismus kann vom numerischen Modell nicht erfasst werden, da davon ausgegangen wird, dass die Verbindungsmittel oder die Zuganker versagen. In Bild 5-40 und Bild 5-41 zeigt der ruckartige Verlauf der Versuchskurve jeweils den Abriss der Beplankung an. Gute

Übereinstimmung ist hingegen in Bild 5-42 zu erkennen. Beim Versuch mit beidseitiger Beplankung ohne zusätzliche Auflast wurde ein verlängerter Zuganker
verwendet und so das Abreißen der Beplankung verhindert. Sowohl in Höchstlast
als auch bei der Maximalverschiebung sind nur geringe Unterschiede zu erkennen.

5.4.2   Modellierung unter zyklischen Lasten

Die Ergebnisse der Modellierung von Holztafelbauwänden unter zyklischer Belastung sind in Bild 5-43, Bild 5-44 und Bild 5-45 gezeigt. Hierbei ist vergleichbar der
Modellierung der monotonen Versuche anfänglich gute Übereinstimmung der Last-
Verschiebungskurven zu erkennen, bei höheren Verschiebungsstufen jedoch
grundsätzlich die Überschätzung der Traglasten durch das numerische Modell. Wie
bei den monotonen Versuchen ist auch hier der Abriss der Beplankung die Ursache,
dies wird vom Modell nicht erfasst. Beim Modell für die einseitig beplankte Holztafelbauwand (Bild 5-43) traten bei Erreichen der Verschiebungsstufe -40 mm
Konvergenzprobleme infolge der exzentrischen Belastung der Zuganker auf. Da das
Versagen durch den Abriss der Beplankung jedoch nicht durch das Modell dargestellt werden kann und somit in keine exakte Modellierung des Versuches erfolgen
kann, wurde dieser Sachverhalt nicht weitergehend untersucht.

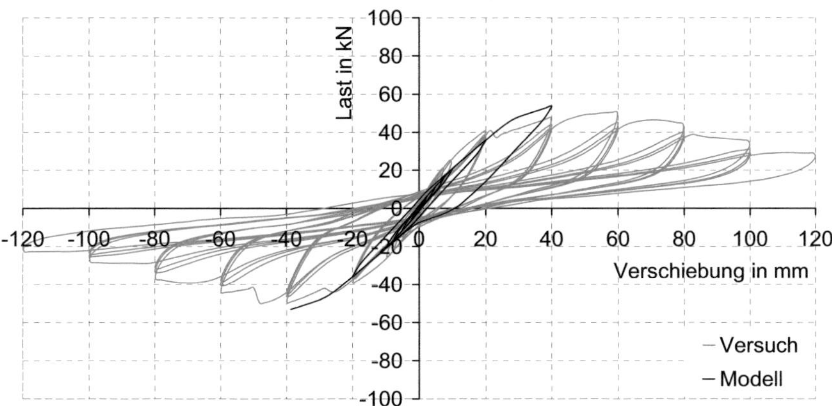

Bild 5-43   Holztafelbauweise, einseitig beplankt, Auflast 10 kN/m

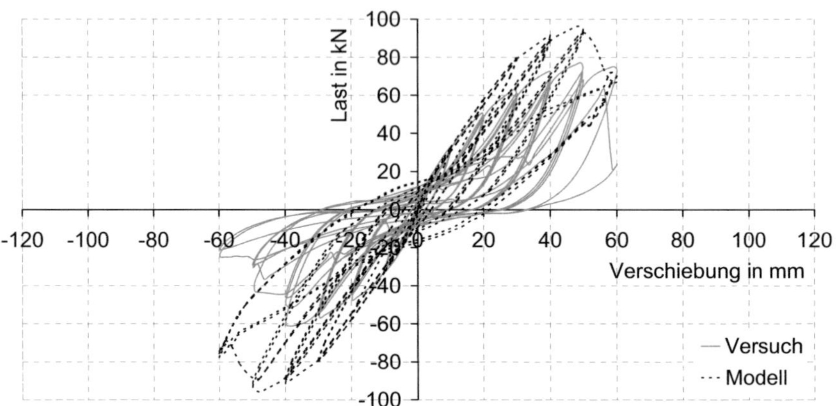

Bild 5-44   Holztafelbauweise, beidseitig beplankt, ohne zusätzliche Auflast

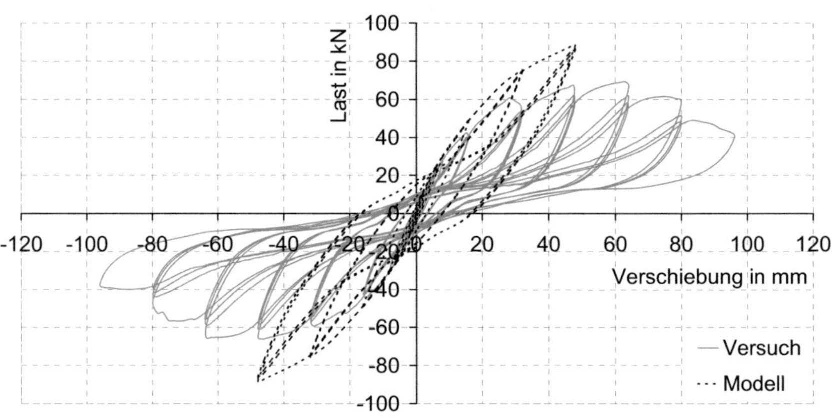

Bild 5-45   Holztafelbauweise, beidseitig beplankt, Auflast 10 kN/m

6 Innovative Wandbauweisen unter Erdbebenlasten

6.1 Beispielgebäude

In diesem Abschnitt soll das Erdbebenverhalten der untersuchten Systeme bewertet und verglichen werden. Eine realitätsnahe Grundlage soll das Beispielgebäude nach Bild 6-1 und Bild 6-2 darstellen. Anhand dieses Wohngebäudes werden im weiteren Verlauf des Abschnittes die Lastannahmen getroffen und die vergleichenden Berechnungen durchgeführt.

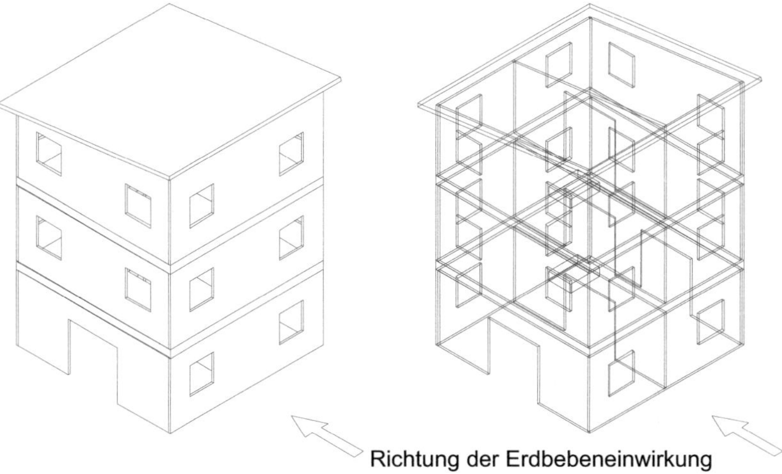

Bild 6-1   Ansicht des Beispielgebäudes

Die nahezu gleichbleibende Steifigkeit des Beispielgebäudes und die übereinander stehenden Schubwände sorgen dafür, dass das Versagen immer im Erdgeschoß eintritt, was durch die Auslenkung der untersten Masse bei der Modalanalyse bestätigt wird. Dies stellt bei den verschiebungsbasierten Verfahren eine erhebliche Vereinfachung dar, da das Kapazitätsspektrum des Bauwerks direkt aus der Last-Verschiebungskurve des Erdgeschosses gewonnen werden kann. Daher brauchen auch keine differenzierten Überlegungen zur Art der Lastaufbringung (Push-Over Kurve) getroffen werden. Ein Gebäude gleicher Geometrie in Brettsperrholzbauweise wurde von Ceccotti (2008) untersucht.

Die Einwirkungskombination für die Bemessungssituation infolge Erdbeben wurde in Anlehnung an DIN 1055-100 (2001) gewählt zu:

$$E_{dAE} = E\left\{ \sum_{j\geq 1} G_{k,j} \oplus \sum_{i\geq 1} \psi_{2,i} \cdot Q_{k,i} \right\} \tag{6-1}$$

wobei

$G_{k,j}$ Unabhängige ständige Einwirkung, hier Eigenlast

$\oplus$ in Kombination mit

$\psi_{2,i}$ jeweiliger Kombinationsbeiwert, hier $\psi_{2,i} = 0.3$

$Q_{k,i}$ Unabhängige veränderliche Einwirkung, hier Verkehrslast

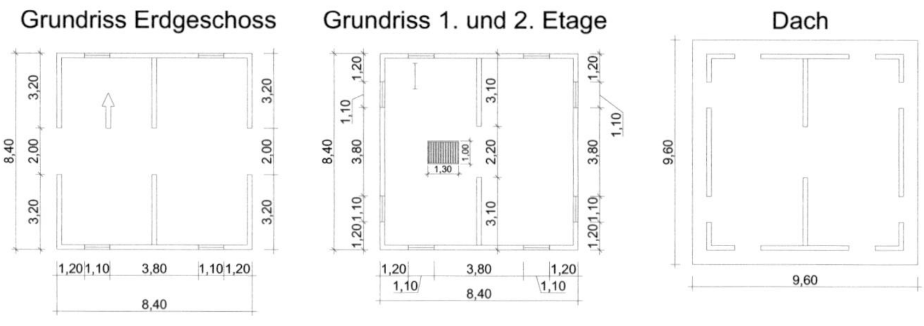

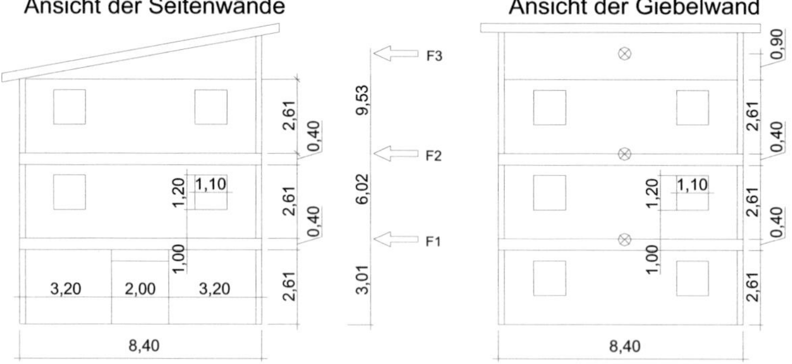

Bild 6-2   Grundriss und Ansichten des gewählten Gebäudes. Die Stockwerkshöhen werden entsprechend der Bauweisen gewählt

Mit der angegebenen Einwirkungskombination ergeben sich für die gewählte Geometrie in den verschiedenen Bauweisen die in Tabelle 6-1 angegebenen Massenkräfte für den Lastfall Erdbeben (Eigenlasten + 30 % Verkehrslasten). Bei allen drei Bauweisen wurde eine Holzbalkendecke mit einer Verkehrslast von $2,0 \text{ kN/m}^2$ angenommen. Bei der Massivholz-Paneelbauweise wurde für die Ermittlung der Eigenlasten nicht zwischen den Elementtypen Fux4S und Fux6S unterschieden. Die Eigenlasten von Massivholz-Paneelbauweise und Einzelelement-Bauweise sind nahezu identisch. Die Holztafelbauweise weist aufgrund des geringen Massivholzanteils bzw. des Rippenabstandes ein niedrigeres Eigengewicht auf.

Tabelle 6-1   Massenkräfte für das Mustergebäude in den untersuchten Bauweisen

Lasten	Massivholz-Paneelbauweise		Einzelelement-Bauweise		Holztafelbauweise	
	Eigenlast	Eigenlast +30 % Verkehrslast	Eigenlast	Eigenlast +30 % Verkehrslast	Eigenlast	Eigenlast +30 % Verkehrslast
2. OG	285 kN	299 kN	282 kN	296 kN	264 kN	278 kN
1. OG	279 kN	322 kN	276 kN	319 kN	262 kN	304 kN
EG	279 kN	322 kN	276 kN	319 kN	262 kN	304 kN
Summe	844 kN	942 kN	835 kN	934 kN	787 kN	886 kN

6.2   Vereinfachte Ermittlung des Verhaltensbeiwertes q

Die Bestimmung der Verhaltensbeiwerte für die untersuchten Bauweisen wird in diesem Abschnitt mittels einer vereinfachten numerischen Simulation durchgeführt. Die wesentlichen Eigenschaften der Bauweise (Duktilität, Energiedissipation) werden mit dem Modell abgebildet, wobei die Energiedissipation der untersuchten Bauteile explizit berücksichtigt wird. Dies ermöglicht eine wesentlich genauere Aussage über den Verhaltensbeiwert als lediglich die Einordnung in eine Duktilitätsklasse (vgl. Abschnitt 3.4). Das verwendete numerische Modell wird anhand von Hysteresekurven der jeweiligen Bauweise kalibriert. Hierzu können Kurven aus Bauteilversuchen ebenso verwendet werden wie numerisch berechnete Kurven (Abschnitt 5).

Zur Ermittlung des Verhaltensfaktors wird das Beispielgebäude aus Abschnitt 6.1 für eine Bemessungs-Bodenbeschleunigung mit Hilfe von statischen Ersatzlasten bemessen. Das auf einen zweidimensionalen Rahmen reduzierte Gebäude wird dann mit zehn realen und zehn synthetischen Beschleunigungs-Zeit-Verläufen angeregt und die Systemantwort berechnet. Aus dem Verhältnis von Bemessungs-

Bodenbeschleunigung zu skalierter Bodenbeschleunigung wird der Verhaltensbeiwert q bestimmt.

Diese vereinfachte Vorgehensweise ist angelehnt an Ceccotti (2008) und soll in der nachfolgenden Übersicht kurz beschrieben werden.

Schritt 1: Ermittlung der statischen Ersatzlasten für normativ anzusetzende Bodenbeschleunigung (PGAu,code).

Annahme: Linear-elastisches Bauteilverhalten (q = 1).

Schritt 2: Bemessung der Struktur mit den Ersatzlasten aus *Schritt 1*.

Ermittlung der für Lastabtrag jeweils benötigten Wandlänge.

Schritt 3: Modellierung des hysteretischen Verhaltens der aussteifenden Wände mittels geeignetem Hysteresemodell.

Kontrolle: Energiedissipation von Modell und Eingangsdaten stimmen überein.

Schritt 4: Erstellung eines 2D oder 3D Gebäudemodells mit Hilfe in *Schritt 3* kalibrierter Wandscheiben.

Festlegung eines „near nollapse"-Status.

Schritt 5: Aufbringen von Beschleunigungs-Zeit-Verläufen als Fußpunkterregung.

Skalierung so, dass bei einer bestimmten, skalierten Bodenbeschleunigung $PGA_{u,eff}$ der „near collapse"-Status erreicht wird. Dort: Abbruch der Berechung.

Schritt 6: Bestimmung von q.

$$q = \frac{PGA_{u,eff}}{PGA_{u,code}}$$

Ähnliche Vorgehensweisen für die Bestimmung des Verhaltensbeiwertes wurden in Ceccotti (2008), Ceccotti und Sandhaas (2010) Heiduschke (2004) und Ballio et al. (1988) vorgestellt. Die Vorgehensweise im Falle der Einzelelement-Bauweise wurde bereits in Blaß (2009) und Blaß und Schädle (2011a) betrachtet, für die Massivholz-Paneelbauweise siehe Blaß (2010), einen Vergleich von Massivholz-Paneelbauweise und Einzelelement-Bauweise enthält Blaß und Schädle (2010).

6.2.1 Statische Ersatzlasten für den Lastfall Erdbeben

Nach Eurocode 8 (2006) sowie nach DIN 4149 (2005) errechnet sich die auf ein Gebäude anzusetzende Gesamterdbebenkraft zu:

$$F_b = S_d(T_1) \cdot m \cdot \lambda \qquad (6\text{-}2)$$

wobei

F_b — Gesamterdbebenkraft in jeder Richtung, in der das Bauwerk rechnerisch untersucht wird

$S_d(T_1)$ — Ordinate des Bemessungsspektrums bei der Periode T_1

T_1 — Eigenschwingdauer des Bauwerks für horizontale Bewegungen in der betrachteten Richtung

m — Gesamtmasse des Bauwerks oberhalb der Gründung

λ — 0.85 Korrekturbeiwert, wenn $T_1 < 2\,T_C$ und das Bauwerk mehr als zwei Stockwerke hat

Für die Horizontalkomponenten der Erdbebeneinwirkung ist das Bemessungsspektrum $S_d(T)$ nach Eurocode 8 (2006) durch folgende Ausdrücke definiert:

$$0 \le T \le T_B: \qquad S_d(T) = a_g \cdot S \cdot \left[\frac{2}{3} + \frac{T}{T_B} \cdot \left(\frac{2.5}{q} - \frac{2}{3} \right) \right] \qquad (6\text{-}3)$$

$$T_B \le T \le T_C: \qquad S_d(T) = a_g \cdot S \cdot \frac{2.5}{q} \qquad (6\text{-}4)$$

$$T_C \le T \le T_D: \qquad S_d(T) = a_g \cdot S \cdot \frac{2.5}{q} \cdot \left[\frac{T_C}{T} \right] \qquad (6\text{-}5)$$

$$T_D \leq T \ (\text{bzw.} \leq 4\,\text{s}): \quad S_d(T) = \quad a_g \cdot S \cdot \frac{2.5}{q} \cdot \left[\frac{T_C T_D}{T} \right] \tag{6-6}$$

wobei

$S_d(T)$ Ordinate des elastischen Antwortspektrums

T Schwingungsdauer eines linearen Einmassenschwingers

a_g Bemessungs-Bodenbeschleunigung für Baugrundklasse A
($a_g = \gamma_1 \cdot a_{gR}$ mit γ_1 = Bedeutungsbeiwert des Bauwerks und
a_{gR} = Referenz-Spitzenwert der Bodenbeschleunigung für Baugrundklasse A)

T_B Untere Grenze des Bereichs konstanter Spektralbeschleunigung

T_C Obere Grenze des Bereichs konstanter Spektralbeschleunigung

T_D Wert, der den Beginn des Bereichs konstanter Verschiebungen des Spektrums definiert

S Bodenparameter

In DIN 4149 (2005) wird bei obigen Gleichungen zusätzlich ein Bedeutungsbeiwert je nach Gebäudekategorie eingeführt. Hier soll ein Wohngebäude mit einem Bedeutungsbeiwert von $\gamma_1 = 1{,}0$ untersucht werden, obige Gleichungen sind daher auch für eine Berechnung nach DIN 4149 zutreffend.

Die verwendeten Eingangswerte sind:

a_g = $3.5 \ \text{m/s}^2$

S =   1.0 (für Baugrundklasse A (Fels)) nach Eurocode 8

q =   1 (für lineare Bemessung)

Die normativ anzusetzende Bodenbeschleunigung a_g wird im weiteren Verlauf als „Peak Ground Acceleration Code" ($PGA_{u,code}$) bezeichnet. Im Rahmen dieses Beispiels wurde mit $a_g = PGA_{u,code} = 3.5 \ \text{m/s}^2$ der Höchstwert der Bodenbeschleunigung für Südeuropa (Italien) gewählt. Für die gewählten Untergrundverhältnisse ist $T_B = 0.15$ s, $T_C = 0.4$ s und $T_D = 2.0$ s.

Die mittels Modalanalyse ermittelten Eigenschwingzeiten des Gebäudes für die berechneten Bauweisen (Tabelle 6-3) liegen nahe bei T_C, also im Bereich konstanter Spektralbeschleunigung. Für die Horizontalkomponente der Erdbebeneinwirkung wird daher der höchste Wert der Ordinate des Bemessungsspektrums angenommen:

$$T_B \leq T \leq T_C: \qquad S_e(T) = \quad 3.5\frac{m}{s^2} \cdot 1.0 \cdot \frac{2,5}{1} = 8.75\frac{m}{s^2}$$

Das vorgestellte Verfahren soll die vereinfachte Berechnung von q zulassen, weshalb auf eine genaue Ermittlung der Eigenschwingzeiten vorerst verzichtet werden soll. Die ausführlichere Betrachtung der Eigenschwingzeiten folgt in Abschnitt 6.2.2.

Die Annahme linear-elastischen Bauteilverhaltens (q = 1) führt in diesem Schritt naturgemäß zu deutlich höheren Ersatzkräften als die Verwendung eines Verhaltensbeiwertes q > 1, welcher plastisches Bauteilverhalten berücksichtigt.

Mit der Horizontalkomponente $S_d(T_1) = S_e(T)$ und den in Tabelle 6-1 ermittelten Massen für die Bauweisen

M_{MP} $\qquad$ = $\qquad$ 942 kN

M_{EEB} $\qquad$ = $\qquad$ 934 kN

M_{HTB} $\qquad$ = $\qquad$ 886 kN

λ $\qquad$ = $\qquad$ 0,85 Korrekturbeiwert, da $T_1 < 2\,T_C$ und das Bauwerk mehr als zwei Stockwerke hat

errechnen sich die jeweils auf das Gebäude anzusetzenden Gesamterdbebenkräfte zu:

$$F_{b,MP} = 8.75\frac{m}{s^2} \cdot 94.2\,to \cdot 0.85 = 701\,kN \qquad\qquad (6\text{-}7)$$

$$F_{b,EEB} = 8.75\frac{m}{s^2} \cdot 93.4\,to \cdot 0.85 = 694\,kN \qquad\qquad (6\text{-}8)$$

$$F_{b,HTB} = 8.75\frac{m}{s^2} \cdot 88.6\,to \cdot 0.85 = 659\,kN \qquad\qquad (6\text{-}9)$$

Hierbei bedeuten die Indizes MP: Massivholz-Paneelbauweise, EEB: Einzelelement-Bauweise sowie HTB: Holztafelbauweise. Es wurde die Umrechnung 1 kN = 0.1 to benutzt, also g = 10 m/s^2 gesetzt.

Die Grundeigenform soll durch mit der Höhe linear zunehmende Horizontalverschiebungen angenähert werden. Die Aufteilung der Gesamterdbebenkraft F_b auf die einzelnen Stockwerke erfolgt z.B. mit:

$$F_i = F_b \cdot \frac{z_i \cdot m_i}{\sum z_j \cdot m_j} \qquad (6\text{-}10)$$

wobei

F_i im Stockwerk i angreifende Horizontalkraft

F_b Gesamterdbebenkraft

m_i, m_j Stockwerksmassen

z_i, z_j Höhe der Massen m_i, m_j über der Ebene, in der die Erdbeben-einwirkung angreift (Hier: Fundamentoberkante)

Die resultierenden Horizontalkräfte und Schubkräfte werden nun auf das Modell angesetzt. Der Lastangriffspunkt für die statischen Ersatzlasten wurde jeweils zur Oberkante der Geschossdecke angenommen. Für die Dachebene wurde der Lastangriffspunkt in der Mitte der Giebelwand angenommen. Um den Einfluss der Höhe des Lastangriffspunktes nicht mit der Höhe der Wand zu verschmieren, wurde die Wand in ihrer im Versuch geprüften Höhe ins Modell übernommen und die jeweilige Decke darüber liegend als steife Scheibe modelliert.

Tabelle 6-2   Aufteilung der Gesamterdbebenkraft nach Gleichung (6-10) für die untersuchten Bauweisen

	Höhe der Lasteinwirkung in m			Last in den Stockwerken in kN			Schubkraft in den Stockwerken in kN		
	z_1	z_2	z_3	F_1	F_2	F_3	T_1	T_2	T_3
Massivholz-Paneel-bauweise	3.01	6.02	9.43	119	237	345	701	582	345
Einzelelement-Bauweise	2.97	5.94	9.41	117	234	344	694	578	344
Holztafel-bauweise	3.01	6.02	9.43	112	225	322	659	547	322

Bei dem hier beschriebenen Verfahren handelt es sich um ein vereinfachtes, zweidimensionales Verfahren. Mit dessen Hilfe sollen allgemeine Aussagen über das Erdbebenverhalten einer Bauweise getroffen werden. Torsionswirkungen oder weitergehende, konstruktionsbedingte Einflüsse sollen nicht berücksichtigt werden.

6.2.2 Eigenschwingzeit des Gebäudes

Eurocode 8 (2006) (Abschnitt 4.3.3.2.2, Gleichung 4.6 bzw. Gleichung 4.9) schlägt zur Abschätzung der Eigenschwingdauer folgende Gleichung vor

$$(T_1) = C_t \cdot H^{3/4} \tag{6-11}$$

wobei

C_t 0.050 („…für alle anderen Tragwerke", Hier: Holzbauten)

H Bauwerkshöhe in m ab Fundamentoberkante

Gleichung (6-11) ergibt für das Mustergebäude eine Eigenschwingzeit von

$$(T_1) = 0.050 \cdot 9.5^{3/4} = 0.27\,s$$

Die zweite Gleichung in Eurocode 8 lautet:

$$(T_1) = 2 \cdot \sqrt{d} \tag{6-12}$$

wobei

d Horizontale elastische Verschiebung der Gebäudespitze in m infolge der in Horizontalrichtung angreifend gedachten Gewichtslasten

Gleichung (6-12) führt mit der horizontalen Verschiebung der Gebäudespitze unter Ansatz der Gewichtslast aus Eigengewicht (ohne Verkehrslasten, vgl. Tabelle 6-1) sowie Ansatz der entsprechenden Federsteifigkeiten zu:

$$(T_{1,MP,Fux4S,Kl}) = 2 \cdot \sqrt{d} = 2 \cdot \sqrt{0.084\,m} = 0.58\,s$$

$$(T_{1,MP,Fux4S,Nä}) = 2 \cdot \sqrt{d} = 2 \cdot \sqrt{0.087\,m} = 0.59\,s$$

$$(T_{1,MP,Fux6S,Kl}) = 2 \cdot \sqrt{d} = 2 \cdot \sqrt{0.105\,m} = 0.65\,s$$

$$(T_{1,EEB}) = 2 \cdot \sqrt{d} = 2 \cdot \sqrt{0.059\,m} = 0.49\,s$$

$$(T_{1,HTB}) = 2 \cdot \sqrt{d} = 2 \cdot \sqrt{0.062\,m} = 0.50\,s$$

Mit einer Modalanalyse (vgl. auch Abschnitt 3.2.3.3) mit Hilfe des Programms DRAIN (Prakash et al. (1993)) können die Eigenschwingzeiten für die verschiedenen Federsteifigkeiten des Mustergebäudes ermittelt werden. Deren Ergebnisse sind in Tabelle 6-3 dargestellt.

Tabelle 6-3   Eigenschwingzeiten aus Modalanalyse

Bauweise	Eigenschwingzeit T
Massivholz-Paneelbauweise Fux4S, VM Klammern	0.399 s
Massivholz-Paneelbauweise Fux4S, VM Nägel	0.404 s
Massivholz-Paneelbauweise Fux6S, VM Klammern	0.445 s
Einzelelement-Bauweise	0.328 s
Holztafelbauweise	0.325 s

Die Eigenschwingzeiten aus der Modalanalyse liegen im Bereich von ca. 0.3 s bis 0.4 s und stimmen somit gut überein, was für ein Holzgebäude gleicher Geometrie auch zu erwarten ist. Die Eigenschwingzeit nach Gleichung (6-11) stimmt zwar gut mit den Werten in Tabelle 6-3 überein, verglichen mit den Werten aus Gleichung (6-12) ist allerdings wenig Übereinstimmung zu erkennen. Die vergleichsweise „weichen" Holzbauten weisen große Verschiebungen an der Gebäudespitze auf, was zu hohen Eigenschwingzeiten führt. Dies bestätigt, dass die Abschätzformeln in den gängigen Normenwerken nicht auf Holzbauten zugeschnitten sind und daher mit Vorsicht zu verwenden sind (Filiatrault und Folz (2002)).

Für das in diesem Abschnitt beschriebene vereinfachte Verfahren wird daher (auf der sicheren Seite liegend) die Eigenschwingzeit immer zwischen den normativ vorgegebenen Randperioden T_B und T_C angenommen (vgl. Abschnitt 6.2.1). Somit wird der Höchstwert der Ordinate des Bemessungsspektrums (Bereich konstanter Spektralbeschleunigung) für die anzunehmende Beschleunigung und für die Berechnung der Erdbebenersatzkräfte maßgebend.

6.2.3   Grundlagen und Annahmen bei der Modellierung

Die Modellierung der Wandscheiben und Kalibrierung der Hystereseschleifen erfolgt mit einem einfachen Rahmen, der seine plastischen Eigenschaften durch die in den Ecken angebrachten nichtlinearen Drehfedern erhält. Sowohl die Stützen als auch die Riegel werden als starr angenommen.

Die nichtlinearen Federn in den Ecken des Rahmens sind Rotationselemente. Die Last und Verschiebung aus den Versuchen muss zur Kalibrierung der Federn in Moment und Rotation umgerechnet werden.

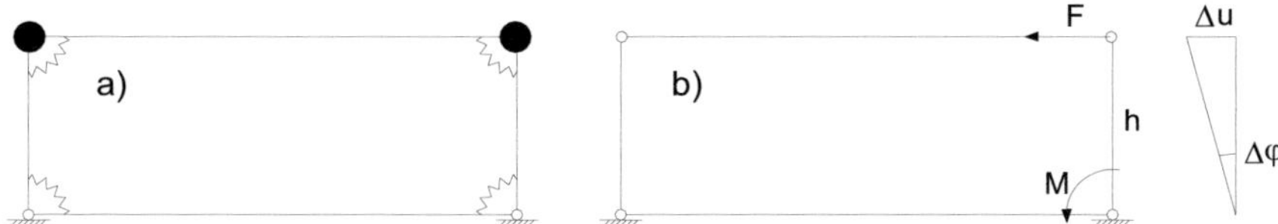

Bild 6-3 a) Modell der Wandscheibe, b) Umrechnung von Kraft und Verschiebung in Moment und Rotation

$$\operatorname{tg}\Delta\varphi \approx \Delta\varphi \Rightarrow \Delta\varphi = \frac{\Delta u}{h} \tag{6-13}$$

Für vier Federelemente folgt:

$$M = \frac{F \cdot h}{4} \tag{6-14}$$

Die Verformungsfigur des Modells entspricht einem Parallelogramm. Voraussetzung für die Modellierung ist daher eine parallelogrammartige Verformung der Versuchswände. Die gewählten Randbedingungen und die beobachteten Versagensformen bestätigen diese Annahme.

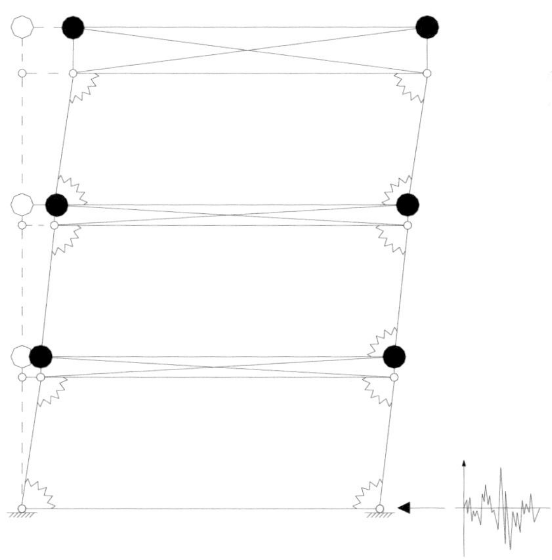

Bild 6-4 Rahmenmodell

Das Gebäude nach Abschnitt 6.1 wird auf ein zweidimensionales Modell reduziert, welches in Bild 6-4 dargestellt ist. Die Verteilung der ermittelten Massenkräfte erfolgt unter Annahme einer tragenden Innenwand. Ohne Berücksichtigung der Durchlaufwirkung werden die Massenkräfte auf drei Wände, die mit jeweils zwei Massenpunkten modelliert sind, angesetzt.

Die für die Modellierung erforderlichen Federsteifigkeiten der einzelnen Stockwerke ergeben sich durch die einwirkenden Schubkräfte. Die Ersatzfedersteifigkeiten, die sich unter Annahme einer linearen Steifigkeitsverteilung ergeben, sind in Abschnitt 9.6 (Tabelle 9-28 bis Tabelle 9-32) aufgeführt. Dort sind auch die für die Modellierung angenommenen horizontalen Traglasten der Versuche angegeben.

Das hysteretische Verhalten der nichtlinearen Federn wird durch das *„University of Florence model"* (Ceccotti und Vignoli (1989)), Bild 5-2 d) und Bild 6-5) beschrieben.

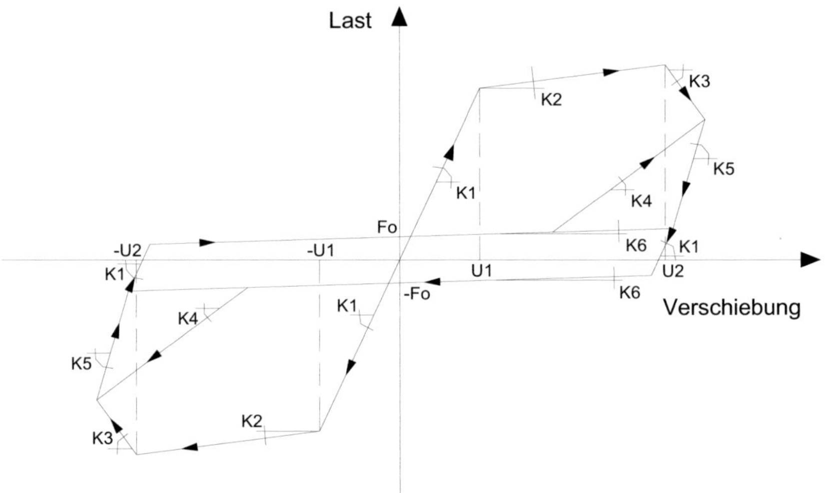

Bild 6-5   Hysteresemodell mit 6 Steigungen und linearer Entlastung (*„University of Florence model"*, Ceccotti und Vignoli (1989)

Die Überlagerung der Modellierung mit den Hysteresen der verwendeten Versuche ist in Bild 6-6 dargestellt.

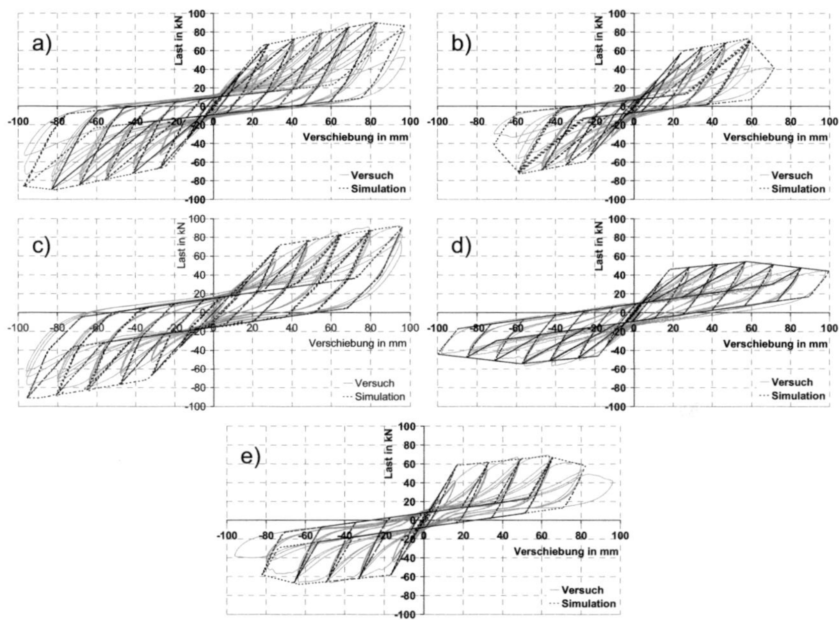

Bild 6-6   Überlagerung Versuch-Simulation: a) Massivholz-Paneelbauweise
                  Fux4S mit Klammern, b) Massivholz-Paneelbauweise Fux4S mit
                  Nägeln, c) Massivholz-Paneelbauweise Fux6S mit Klammern,
                  d) Einzelelement-Bauweise, e) Holztafelbauweise

6.2.3.1   Vergleich der Energiedissipation

Bild 6-6 zeigt, dass bei der Überlagerung der Simulation mit den Versuchsdaten
keine optisch exakte Übereinstimmung der Kurven erreicht werden kann. Dass die
Kurven dennoch das tatsächliche Verhalten der Wandscheiben wiedergeben, lässt
sich durch den Vergleich der Energiedissipation von Versuch und Modell zeigen.

Die Energiedissipation eines Schleifendurchlaufs kann ausgedrückt werden als:

$$E_d = \int_\Omega F(u)\,du \tag{6-15}$$

wobei

E_d während eines Halbzyklus dissipierte Energie

F(u)   Verlauf der Hysterese im Last-Verschiebungsdiagramm

Ω Von der Last-Verschiebungskurve eingeschlossene Fläche

Die gesamte Energiedissipation eines Bauteils kann als kumulierte Energiedissipation über eine Anzahl von Schleifendurchläufen aufgefasst werden:

$$E_{d,K} = \sum_{i=1}^{n} E_{D,i} \qquad\qquad (6\text{-}16)$$

wobei

$E_{d,K}$ Kumulierte Energiedissipation

n   Anzahl der Schleifendurchläufe

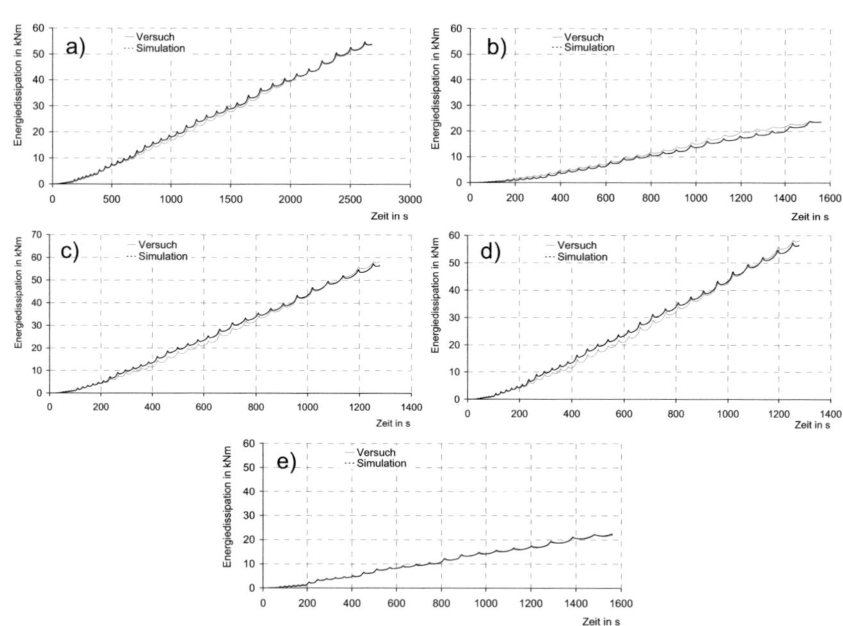

Bild 6-7   Vergleich der Energiedissipation über die Versuchsdauer:
          a) Massivholz-Paneelbauweise Fux4S mit Klammern, b) Massiv-
          holz-Paneelbauweise Fux4S mit Nägeln, c) Massivholz-
          Paneelbauweise Fux6S mit Klammern, d) Einzelelement-
          Bauweise, e) Holztafelbauweise

Die Energiedissipation über die Versuchsdauer im Verglich von Versuch und Modell zeigt Bild 6-7, Tabelle 6-4 enthält den Vergleich der kumulierten Energiedissipation. Die kumulierte Energiedissipation des jeweiligen Versuches und der Simulation stimmen damit gut überein.

Tabelle 6-4   Vergleich kumulierte Energiedissipation und DRAIN-Kalibrierung

	Versuch	Simulation	Differenz
Massivholz-Paneele Fux4S mit Klammern	53.92 kNm	53.72 kNm	-0.36 %
Massivholz-Paneele Fux4S mit Nägeln	23.61 kNm	23.69 kNm	0.36 %
Massivholz-Paneele Fux6S mit Klammern	56.56 kNm	58.04 kNm	2.55 %
Einzelelement-Bauweise	40.15 kNm	39.00 kNm	-2.94 %
Holztafelbauweise	21.95 kNm	22.05 kNm	0.45 %

6.2.3.2   Beschleunigungs-Zeit-Verläufe von Erdbeben

Um eine Aussage über das Verhalten der Struktur unter verschiedenen Anregungen treffen zu können und damit eine breite Grundlage für die Angabe des Verhaltensbeiwertes q zu schaffen, wurde das Mustergebäude mit 10 natürlichen und 10 synthetischen Beschleunigungs-Zeit-Verläufen belastet (Tabelle 6-5). Die synthetischen Verläufe für das Antwortspektrum nach Eurocode 8 wurden mit Hilfe des Programms SYNTH (Meskouris et al. (2007)) generiert.

Tabelle 6-5   Für die Modellierung verwendete Erdbeben

Ort des Erdbebens	Datum	Station	Kompo-nente	Quelle	Dauer in s
Roermond	13.04.1992	Bergheim	N/S	Meskouris et al. (2007)	45
L'Aquila	06.04.2009	FA030	E/W	www.reluis.it	30
L'Aquila	06.04.2009	FA030	N/S	www.reluis.it	30
L'Aquila	06.04.2009	GX066	E/W	www.reluis.it	30
L'Aquila	06.04.2009	GX066	N/S	www.reluis.it	30
L'Aquila	06.04.2009	AM043	E/W	www.reluis.it	30
L'Aquila	06.04.2009	AM043	N/S	www.reluis.it	30
Friaul	06.05.1976	Feltre	N/S	peer.berkeley.edu	33
Friaul	06.05.1976	Feltre	E/W	peer.berkeley.edu	23
Lazio	07.05.1984	Atina	N/S	peer.berkeley.edu	23
Synthetische Beben für das Ziel-Antwortspektrum nach Eurocode 8 ($a_g = 3.5$ m/s^2)					
SYNTH_1					15
...					15
SYNTH_10					15

Die linearen Antwortspektren der Beben sind in Abschnitt 9.6 (bis Bild 9-37) zu finden. Die natürlichen Beben wurden zur Erstellung der Antwortspektren auf den Maximalwert der Bodenbeschleunigung „1" normiert, da es sich um Beben mit stark unterschiedlichen Bodenbeschleunigungen handelt. Die normierten Beben wurden zum Vergleich einem Bemessungs-Antwortspektrum gegenübergestellt, dessen Form der in Eurocode 8 (2006) angegebenen entspricht. Die synthetischen Beben wurden dem Ziel-Antwortspektrum nach Eurocode 8 (2006) gegenüber gestellt. Die Bodenbeschleunigungs-Zeit-Verläufe und die nichtlinearen Antwortspektren der Beben sind in Abschnitt 9.6 (Bild 9-38 bis Bild 9-57) zu finden.

6.2.3.3　　　　　Abbruchkriterium („near collapse" Status)

Als Kriterium für das Ende der Berechnung wird die maximal tolerierbare Verschiebung am Wandkopf eines Stockwerkes festgelegt.

Für die Standsicherheit eines Gebäudes wird in Eurocode 8 (2006) definiert: „Das Tragwerk muss so bemessen und ausgebildet sein, dass es ohne örtliches und oder globales Versagen dem Bemessungserdbeben […] widersteht, ohne dabei seinen inneren Zusammenhalt und eine Resttragfähigkeit nach dem Erdbeben zu verlieren. Die Bemessungs-Erdbebeneinwirkung wird definiert mit Hilfe der […] Referenz-Überschreitungswahrscheinlichkeit P_{NCR} in 50 Jahren oder einer Referenz-Wiederkehrperiode T_{NCR} […]. Die empfohlenen Werte sind P_{NCR} = 10 % und T_{NCR} = 475 Jahre." In Eurocode 8-3 (2004) wird für diese Überschreitungswahrscheinlichkeit der Grenzzustand der wesentlichen Schädigung (SD, Significant Damage) definiert als: „Das Bauwerk ist in wesentlichen Teilen beschädigt. Es besitzt eine gewisse horizontale Restfestigkeit und -steifigkeit, und die vertikalen Tragglieder sind dazu imstande, Vertikallasten aufzunehmen. Nichttragende Bauteile sind beschädigt, obwohl es kein Versagen von Trennwänden und Ausfachungen senkrecht zu ihrer Ebene gegeben hat. Es sind geringe bleibende gegenseitige Stockwerksverschiebungen vorhanden. Das Bauwerk kann Nachbeben geringer Intensität aushalten. Eine Sanierung des Bauwerks ist wahrscheinlich unwirtschaftlich."

Eurocode 8 (2006) legt in Abhängigkeit der von den Folgen eines Einsturzes für menschliches Leben insgesamt 4 Bedeutungskategorien fest. In Bedeutungskategorie III werden Bauwerke eingeordnet, „...deren Widerstand gegen Erdbeben wichtig ist im Hinblick auf die mit einem Einsturz verbundenen Folgen, z.B. Schulen, Versammlungsräume, kulturelle Einrichtungen usw." Diese Definition ist vergleichbar derer des US-Amerikanischen „National Institute of Building Science" FEMA 450 (2003) für Gebäude der „Seismic Use Group II". In dieser Kategorie ist die maximale

Stockwerksverschiebung $u_{max} = 0.020 \cdot h_{sx} = 0.020 \cdot 2615\,mm \cong 52\,mm$ vorgesehen, wobei h_{sx} die Stockwerkshöhe ist.

Diese Wandkopfverschiebung konnte in allen zyklischen Versuchen mit allen Bauweisen erreicht werden, ohne dass der innere Zusammenhalt der Wände verloren gegangen wäre. Schäden konnten bei dieser Wandkopfverschiebung sehr wohl beobachtet werden. Aus den beschriebenen Überlegungen wird daher der „near collapse" Status für die Bauweisen festgelegt zu $u_{max} = 52\,mm$.

Eurocode 8 (2006) beschränkt die maximal zulässige gegenseitige Stockwerksverschiebung „für Hochbauten mit nichttragenden Bauteilen, die derart befestigt sind, dass sie die Verformungen der tragenden Teile nicht stören" ebenfalls auf den Maximalwert von $u_{max} = 0.02 \cdot h$.

Das US-Amerikanische „National Institute of Building Science" FEMA 450 (2003) lässt für Gebäude der „Seismic Use Group I" (vergleichbar der Bedeutungskategorie II aus Eurocode 8 (2006) noch höhere zulässige Stockwerksverschiebungen zu. In „Seismic Use Group I" bzw. Bedeutungskategorie I werden Gebäude erfasst, „die nicht in eine der anderen Kategorien fallen", also z.B. Wohngebäude.

Für diese Strukturen ist die maximale Stockwerksverschiebung vorgesehen zu $u_{max} = 0.025 \cdot h_{sx} = 0.025 \cdot 2615\,mm \cong 65\,mm$, h_{sx} ist wiederum die Stockwerkshöhe. Die Wandkopfverschiebung von 65 mm konnte bei den meisten zyklischen Versuchen mit den jeweiligen Bauweisen erreicht werden. Soll diese höhere Stockwerksverschiebung toleriert werden, kann der „near collapse"- Status auch hier festgelegt werden. Die resultierenden q-Werte sind somit entsprechend höher.

Baudynamische Gesetzmäßigkeiten bedingen, dass die maximale Stockwerksverschiebung bei den gewählten Steifigkeitsverhältnissen vom Erdgeschoß erreicht wird. Wenn der Wandkopf der Erdgeschosswand die vorgegebene Verschiebung erreicht hat, wird das Gebäude als „geschädigt, jedoch mit einer geringen Resttragfähigkeit" definiert und die Berechnung beendet.

6.2.4   Ergebnisse

Im Rahmen dieser Arbeit werden die in Tabelle 6-6 sowie Bild 6-8 angegebenen Verhaltensbeiwerte q vorgeschlagen, welche sich am 5%-Quantilwert der Ergebnisse orientieren. Die Werte sind damit konservativ. Bei genauerer Betrachtung der Versagenswahrscheinlichkeiten könnte ebenso auf den Mittelwert der Ergebnisse übergegangen werden. Es sollte ein einfaches und aussagekräftiges Verfahren angewendet werden, was die schnelle Bewertung neuartiger Bauweisen zulässt. Weitergehende Sicherheitsbetrachtungen wurden daher nicht durchgeführt.

Die auffällig hohen Werte bei den Beben Friaul NS und Friaul EW können mit deren inelastischen Antwortspektren (Abschnitt 9.6 (Bild 9-45 und Bild 9-46)) erklärt werden: Bei Ansatz von Duktilitäten ist ein starker Abfall der Systemantwort gegenüber der elastischen Antwort zu beobachten. Die Antwortspektren der Friaul-Beben weisen bei kleinen Perioden (bis 0.2 s) starke Beschleunigungen auf, während die anderen verwendeten Beben eher zwischen 0.3 und 0.5 s starke Beschleunigungen zeigen. Im Bereich der Eigenschwingzeiten der untersuchten Strukturen (ca. 0.325 bis 0.4 s, Tabelle 6-3) sind dann wiederum deutlich kleinere Beschleunigungen abzulesen als bei anderen Beben.

Tabelle 6-6   Berechnete Verhaltensbeiwerte der Bauweisen

Ort bzw. Bezeichnung des Erdbebens	$PGA_{u,code}$	q-Werte				
		Massivholz-Paneelbauweise Fux4S Klammern	Massivholz-Paneelbauweise Fux4S Nägel	Massivholz-Paneelbauweise Fux6S Klammern	Einzelelement-Bauweise	Holztafelbauweise
Natürliche Erdbeben						
Roermond	0.35	3.9	3.6	3.6	4.5	4.0
L'Aquila FA030x	0.35	5.8	5.7	5.9	5.7	4.7
L'Aquila FA030y	0.35	4.5	4.3	4.1	5.4	5.1
L'Aquila GX066x	0.35	4.9	4.5	4.9	5.3	4.7
L'Aquila GX066y	0.35	4.4	4.2	5.0	4.4	4.2
L'Aquila AM043x	0.35	5.5	5.2	5.0	6.0	4.8
L'Aquila AM043y	0.35	4.6	4.3	4.5	5.0	4.4
Friaul	0.35	10.1	9.9	9.3	10.8	9.7
Friaul	0.35	9.8	9.5	10.2	10.5	9.9
Lazio	0.35	3.2	3.0	3.2	3.7	3.3
Synthetische Erdbeben						
SYNTH_1	0.35	3.8	3.5	4.1	4.1	3.9
SYNTH_2	0.35	4.4	4.3	4.2	4.3	4.0
SYNTH_3	0.35	4.2	3.8	4.2	4.5	3.7
SYNTH_4	0.35	3.5	3.5	4.1	3.7	3.5
SYNTH_5	0.35	3.4	3.1	4.0	4.2	3.0
SYNTH_6	0.35	3.3	3.0	3.7	3.3	2.6
SYNTH_7	0.35	4.3	4.0	4.7	4.5	4.0
SYNTH_8	0.35	3.5	3.3	3.5	4.3	3.7
SYNTH_9	0.35	4.2	4.1	4.2	4.3	3.7
SYNTH_10	0.35	3.5	3.3	3.3	4.3	3.9
Mittelwert		4.7	4.5	4.8	5.1	4.5
5% Quantilwert		3.3	3.0	3.3	3.7	3.0
=> Vorschlag q-Wert		3.0	3.0	3.0	4.0	3.0

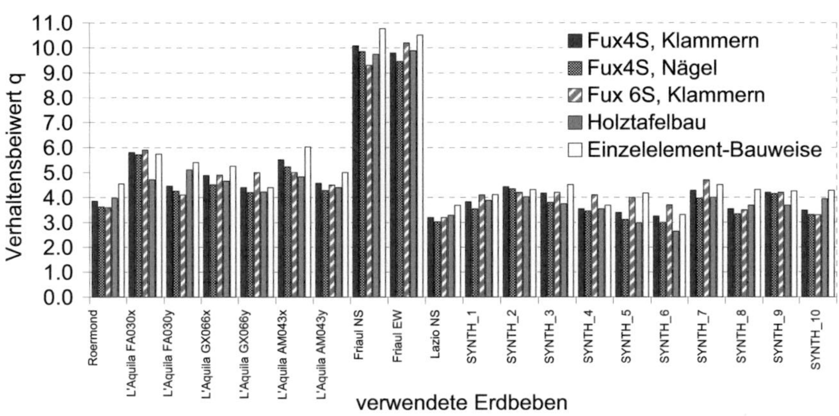

Bild 6-8   q-Werte für die untersuchten Bauweisen

6.3   Verschiebungsbasierte Verfahren

Im Rahmen dieses Abschnittes soll das Beispielgebäude nach Abschnitt 6.1 mittels verschiebungsbasierter Methoden betrachtet werden. Die wesentlichen Eingangsgrößen werden bestimmt und mittels der Kapazitätsspektren-Methode und der Methode des Performance-Based Seismic Design die wichtigsten Berechnungsschritte an der Struktur durchgeführt.

6.3.1   Kapazitätsspektren-Methode

Die Kapazitätsspektren-Methode ist die bekannteste verschiebungsbasierte Methode, welche z.B. in Eurocode 8 (2006) und anderen internationale Normen und Richtlinien berücksichtigt wird. Die Last-Verschiebungskurve des Bauwerks (Kapazitätsspektrum) wird so transformiert, dass sie einem Antwortspektrum gegenüber gestellt werden kann. Hierzu wird die Last-Verschiebungskurve (Push-Over Kurve) in spektrale Beschleunigungen und spektrale Verschiebungen umgerechnet, was der Transformation in einen äquivalenten Einmassenschwinger entspricht (Bild 3-19).

Die Umrechnung erfolgt mittels der Grundeigenform, jeder Punkt der Kapazitätskurve wird durch die Beziehungen

$$S_{a,i} = \frac{F_{b,i}}{M_{Tot,eff} \cdot \alpha_1} \qquad (6\text{-}17)$$

$$S_{d,i} = \frac{\Delta_{Dach,i}}{\beta_1 \cdot \phi_{1,Dach}} \qquad (6\text{-}18)$$

transformiert. Es bedeuten:

$F_{b,i}$ — Fundamentschub im Verformungszustand i

$M_{Tot,eff}$ — Gesamtmasse des Systems

α_1 — $\dfrac{M_{i,eff}}{M_{Tot,eff}}$, Verhältnis effektive Modalmasse zu Gesamtmasse

$\Delta_{Dach,i}$ — Dachverschiebung im Verformungszustand i

β_1 — Anteilsfaktor für die erste Grundeigenform

$\phi_{1,Dach}$ — Ordinate der Grundeigenform auf Höhe des Dachs

Die Gleichungen (6-17) und (6-18) leiten sich direkt aus den Gleichungen (3-55) und (3-56) ab, welche mit der Modalanalyse hergeleitet wurden. Die Überführung des Systems in einen äquivalenten Einmassenschwinger anhand der Grundeigenform wird anhand dieser Beziehungen nochmals besonders deutlich.

Die Erdbebeneinwirkung am gewählten Standort wird in der Regel durch ein elastisches Antwortspektrum dargestellt. Dieses wird mit in ein Spektralbeschleunigungs-Spektralverschiebungsdiagramm wie folgt umgerechnet:

$$S_{d,i} = \frac{T_i^2}{4\pi^2} S_{a,i} \qquad (6\text{-}19)$$

Der Einfluss der Energiedissipation durch die hysteretische Dämpfung ist generell bei größeren Verformungszuständen und speziell im Holzbau von Bedeutung (vgl. Abschnitte 3.1 und 5). Diese Systemdämpfung muss für die spätere Ermittlung des Performance Points durch eine äquivalente viskose Dämpfung ξ_{eq} berücksichtigt werden. Diese kann Gleichung (3-22) oder (3-23) entnommen werden. Die umfassende Datenbasis aus den Versuchen (vgl. Abschnitt 4) erlaubt die direkte Bestimmung der äquivalenten viskosen Dämpfung aus den Versuchen. Wenn keine umfassende Versuchsbasis vorhanden ist, kann mittels verschiedener Ansätze auf die Dämpfung der Bauteile geschlossen werden.

Die gesamte viskose Dämpfung ξ_{eff} einer Struktur setzt sich aus der viskosen Dämpfung ξ_0 und der äquivalenten viskosen Dämpfung ξ_{eq} aus dem hysteretischen Verhalten der Struktur zusammen:

$$\xi_{eff} = \xi_0 + \xi_{eq} \tag{6-20}$$

Die Angabe einer viskosen Dämpfung ξ_0 gestaltet sich im Holzbau schwierig, da für die verschiedenen Bauweisen nicht ausreichend Messwerte an realen Strukturen zur Verfügung stehen. Foliente (1995) schlägt für die viskose Dämpfung ξ_0 Werte zwischen 0.01 und 0.05 vor. Im Rahmen dieses Abschnittes soll ein Wert von $\xi_0 = 5\,\%$ angenommen werden.

Da zu jeder Spektralverschiebung eine andere Dämpfung gehört, ist eine iterative Bestimmung des Performance Points notwendig. Die Angleichung des Kapazitätsspektrums für die verschiedenen Dämpfungswerte lässt sich relativ einfach und mit ausreichender Genauigkeit nach der in ATC 40 (1996) beschriebenen Prozedur A durchführen. Hierbei wird das Kapazitätsspektrum ausgehend vom ersten Ausgangspunkt ($S_{a,pi}$, $S_{d,pi}$) in eine bilineare Darstellung überführt (Bild 6-9) und der Schnittpunkt der beiden Geraden ($S_{a,y}$, $S_{d,y}$) ermittelt. Für die Werte $S_{a,pi}$, $S_{d,pi}$, $S_{a,y}$ und $S_{d,y}$ kann nun ein Dämpfungskorrekturfaktor κ ermittelt werden, mit dem die hysteretische Dämpfung abgemindert wird.

$$\xi_{eff} = \xi_0 + \kappa \cdot \xi_{eq} \tag{6-21}$$

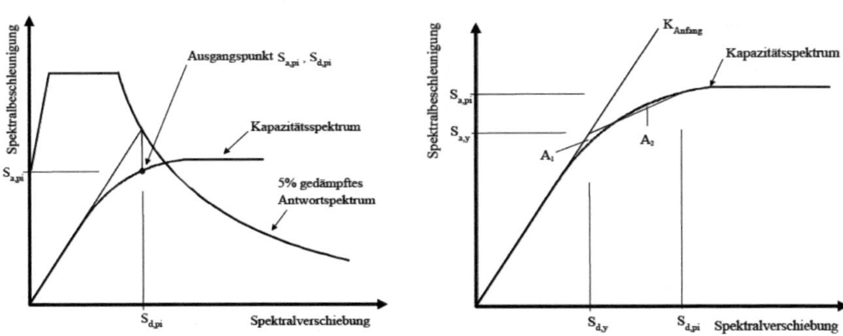

Bild 6-9   Iteration durch bilineare Annäherung des Kapazitätsspektrums (aus Meskouris et al. (2007)

Der Dämpfungskorrekturfaktor κ nimmt in ATC 40 (1996) je nach Form der Hystereseschleifen unterschiedliche Werte an. Kategorie A beinhaltet Hystereseschleifen mit stabiler Form und hoher Energiedissipation wie diese z.B. bei plastischer Verformung im Stahlbau zu finden sind. Typ B kennzeichnet relativ gering eingeschnürte Hystereseschleifen, Typ C wird für stark eingeschnürte Hystereseschleifen verwendet. Hystereseschleifen im Holzbau bzw. der betrachteten Bauweisen weisen zwar eingeschnürte Form auf, können aber wegen der großen aufnehmbaren Verformungen und des sukzessiven Versagens der Verbindungsmittel als stabil bezeichnet werden. Durch die große Anzahl der Verbindungsmittel weisen die Bauweisen weiterhin durchgehend hohe Energiedissipation auf. Trotzdem muss das Hystereseverhalten im Rahmen dieses Abschnittes nach Typ C angenommen werden, da die Herleitung der äquivalenten viskosen Dämpfung auf dem bilinearen Ansatz nach Gleichung (3-67) bzw. Bild 3-20 beruht. Die eingeschnürte Form der Hystereseschleifen im Holzbau erlaubt keine Approximation mit der bilinearen Form nach Bild 3-20. Es sei erwähnt, dass es sich bei ATC 40 (1996) um eine Richtlinie für die seismische Beurteilung und die Sanierung von Betonbauten handelt, weiterhin die Beurteilung der Beiwerte für den Dämpfungskorrekturfaktor κ (Tabelle 6-7) "obwohl frei gewählt, die einhellige Meinung der Arbeitsgruppe darstellen" (ATC 40 (1996)). Auf den Holzbau abgestimmte Gleichungen existieren nach Kenntnis des Verfassers nicht.

Tabelle 6-7   Werte für den Dämpfungskorrekturfaktor κ

Hystereseverhalten	ξ_{eq} in %	Dämpfungskorrekturfaktor κ
Typ A: stabile Hystereseschleifen mit fülliger Form, hohe Energiedissipation	$\leq 16.25\ \%$	1.0
	$> 16.25\ \%$	$1.13 - 0.51\dfrac{S_{a,y} \cdot S_{d,pi} - S_{d,y} \cdot S_{d,pi}}{S_{a,pi} \cdot S_{d,pi}}$
Typ B: Hystereseschleifen mit geringer Flächenreduktion gegenüber Typ A	$\leq 25\ \%$	0.67
	$> 25\ \%$	$0.845 - 0.446\dfrac{S_{a,y} \cdot S_{d,pi} - S_{d,y} \cdot S_{d,pi}}{S_{a,pi} \cdot S_{d,pi}}$
Typ C: schlechtes Hystereseverhalten mit stark eingeschnürter Form		0.33

Wenn sich die Spektralverschiebung, bei der sich Bemessungs- und Kapazitätsspektrum schneiden, innerhalb einer vorgegebenen Toleranz von

$$0.95 \cdot S_{d,pi} \leq S_{d,i} \leq 1.05 \cdot S_{d,pi} \tag{6-22}$$

befindet, so ist der Performance Point gefunden, ansonsten muss weiter iteriert werden.

6.3.1.1 Ermittlung des Kapazitätsspektrums

Das Mustergebäude nach Abschnitt 6.2 soll beispielhaft in Massivholz-Paneelbauweise mit dem Elementtyp Fux6S ausgeführt werden. Es ist im Aufriss regelmäßig, die lastabtragenden Schubwände sind vom untersten bis ins oberste Geschoss durchgängig. Wie in den vorangegangenen Abschnitten sollen die Deckenscheiben „steif" sein, wodurch davon ausgegangen werden kann, dass das Versagen der Struktur im Erdgeschoss eintritt. Das Verfahren mittels der Kapazitätsspektren-Methode vereinfacht sich unter dieser Annahme maßgeblich, da nicht das Kapazitätsspektrum des gesamten Gebäudes mittels einer nichtlinearen Push-Over-Analyse ermittelt werden muss, sondern die Last-Verschiebungskurve des Erdgeschosses ausreichend ist (Meskouris et al. (2007)). Diese kann für alle untersuchten Bauweisen entweder direkt aus den Versuchen entnommen werden oder für die Massivholz-Paneelbauweise und die Holztafelbauweise mit den in Abschnitt 5 vorgestellten numerischen Modellen berechnet werden.

Beim Mustergebäude wird von einer linearen Steifigkeitsverteilung im Stockwerk ausgegangen, d.h. die Steifigkeit einer Wandscheibe pro Längeneinheit wird mit der vorhandenen Wandlänge multipliziert, um die Stockwerkssteifigkeit zu erhalten. Für die gewählten Bauweisen mit den Randbedingungen nach Abschnitt 4.1.3 ist diese Annahme gerechtfertigt, für eine steifere Bauweise (z.B. „reine" Brettsperrholzbauweise) müssten andere Annahmen getroffen werden.

Die Transformation der Last-Verschiebungskurve des Erdgeschosses erfolgt mit Hilfe der Gleichungen (6-17) und (6-18), wobei folgende Größen verwendet werden:

$F_{b,i}$ Fundamentschub im Verformungszustand i, hier: im Versuch gemessene Last pro Wandscheibe in kN/m multipliziert mit der gesamten Wandlänge im Erdgeschoss (ℓ_{ges} = 6 x 3.2 = 19.2m)

$M_{Tot,eff}$ Gesamtmasse des Systems 94.2 to (Tabelle 6-1)

α_1 $= \dfrac{M_{i,eff}}{M_{Tot,eff}} = \dfrac{86.0}{94.2} = 0.913$

$\Delta_{Wandkopf}$ Verschiebung des Wandkopfes im Versuch

β_1 Anteilsfaktor für die erste Grundeigenform, $\beta_1 = 1.228$

$\phi_{1,Wandkopf}$ Ordinate Grundeigenform in Höhe Wandkopf $\phi_{1,Wandkopf} = 0.442$

Die Werte für $M_{i,eff}$, β_1 sowie $\phi_{1,Wandkopf}$ wurden mittels modaler Analyse an einem linearen Dreimassenschwinger mit den Massenkräften nach Tabelle 6-1, den Stockwerkshöhen nach Bild 6-2 und der Wandscheibensteifigkeit $K = 2682$ N/mm nach Tabelle 4-16 ermittelt.

6.3.1.2   Definition der Einwirkung

Um die Schäden an Bauwerken zu limitieren, kann die verschiebungsbasierte Bemessung von Anfang an auf bestimmte Erdbebenstärken bzw. Auftretenswahrscheinlichkeiten und die Begrenzung der dann auftretenden maximalen Bauwerksauslenkungen ausgelegt werden.

Die Referenz-Wiederkehrperiode für die Erdbebengefährdungskarte von Deutschland (Bild 3-11 b)) beträgt 475 Jahre; dem entspricht eine Wahrscheinlichkeit des Auftretens oder Überschreitens von 10 % innerhalb von 50 Jahren. Dieser Referenz-Wiederkehrperiode wird ein Bedeutungsbeiwert $\gamma_1 = 1.0$ zugeordnet, welcher für gewöhnliche Bauten, also z.B. Wohngebäude gilt.

Die Einwirkung im Rahmen dieses Beispiels soll analog zu Abschnitt 6.2, also nach Eurocode 8 (2006) definiert werden. Für die oben beschriebene Überschreitenswahrscheinlichkeit wird die maximale Stockwerksauslenkung auf 2 % (für die untersuchten Bauweisen ca. 51-52 mm) festgelegt.

Das Antwortspektrum dieser Einwirkung ist somit charakterisiert durch:

a_g =   3.5 m/s^2

S =   1.0 (für Baugrundklasse A (Fels))

T_B =   0.15 s

T_C =   0.40 s

T_D =   2.0 s

Damit folgt der Maximalwert der Spektralbeschleunigung (q=1) zu:

$$S_d(T) = \quad = \quad a_g \cdot S \cdot \frac{2.5}{q} = 8.75 \, \frac{m}{s^2}$$

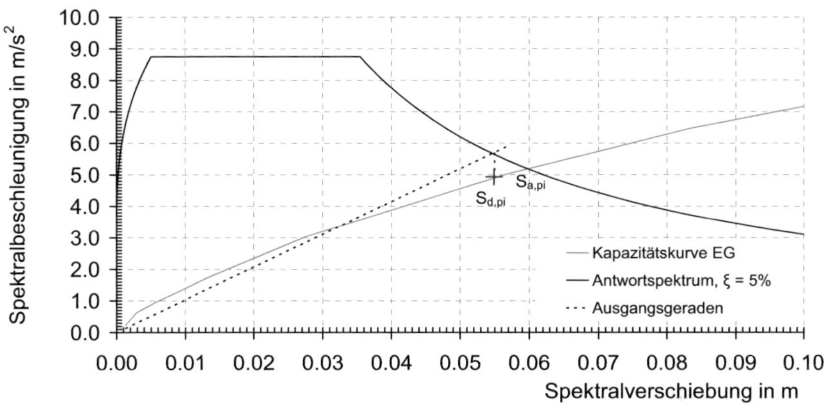

Bild 6-10   Überlagerung von Kapazitäts- und Antwortspektrum

Die Umrechnung der Spektralbeschleunigung erfolgt mit Gleichung (6-19), so dass sich die in Bild 6-10 dargestellte Überlagerung von Kapazitäts- und Antwortspektrum ergibt. Die Hysteresekurve für die Anwendung der Kapazitätsspektren-Methode in diesem Abschnitt ist Versuch L_N_Z_4 (Tabelle 4-8 und Bild 9-19 bzw. Tabelle 9-14) entnommen. Es wurde die erste Einhüllende aus dem Versuch übernommen, da dem Verfahren üblicherweise eine monotone Last-Verschiebungskurve zu Grunde gelegt wird.

Zu Beginn der Kapazitätskurve ist kein eindeutig linearer Verlauf zu erkennen, die Steigung der Kurve wird daher (wie im Holzbau üblich) auf der Ordinate durch den Punkt $0.4 \cdot F_{max}$ festgelegt. Um die spätere Bestimmung der Eigenkreisfrequenz des Systems zu ermöglichen wird der Beginn der Steigungsgerade in den Ursprung gelegt (vgl. Bild 3-19). Vom Schnittpunkt der Ausgangsgerade mit dem Antwortspektrum wird lotrecht der Schnittpunkt mit dem Kapazitätsspektrum $(S_{a,pi}, S_{d,pi})$ ermittelt. Die Zahlenwerte betragen $S_{a,p1} = 4.85$ m/s² sowie $S_{d,p1} = 0.054$ m.

Die Flächeninhalte A_1 und A_2 nach Bild 6-9 werden nun grafisch gleich gesetzt, der sich ergebende Schnittpunkt mit der Ausgangsgeraden wird als $(S_{a,y1}, S_{d,y1})$ bezeichnet. Im vorliegenden Fall ist der Abschnitt des Kapazitätsspektrums zwischen den beiden Punkten näherungsweise linear, die Flächeninhalte A_1 und A_2 daher sehr klein.

6.3.1.3   Iterative Ermittlung des Performance Points

Die viskose Dämpfung wird zu $\xi_0 = 5\,\%$ angenommen. Für die hysteretische Dämpfung der Wände mit dem Elementtyp Fux6S kann nach Bild 4-26 für zunehmende Verschiebungsstufen ein Dämpfungsmaß von $\xi_{eq} \cong 10\,\%$ im dritten Schleifendurchlauf angenommen werden. Für Hysteresekurven des Typs C muss unabhängig von der äquivalenten hysteretischen Dämpfung der Korrekturfaktor $\kappa = 0.33$ gesetzt werden. Die Ermittlung der Werte $S_{a,pi}$, $S_{d,pi}$, $S_{a,y1}$ und $S_{d,y1}$ nach Bild 6-11 war also für die Berechnung des Dämpfungskorrekturfaktors κ nicht notwendig und erfolgte rein Anschaulich. Für die effektive Gesamtdämpfung ergibt sich:

$$\xi_{eff} = \xi_0 + \kappa \cdot \xi_{eq} = 0.05 + 0.33 \cdot 0.1\,\% = 0.083 = 8.3\,\%$$

Somit wird das Antwortspektrum im ersten Schritt für eine effektive Dämpfung von $\xi_{eff} = 8.3\,\%$ gezeichnet und wiederum der Schnittpunkt mit dem Kapazitätsspektrum ermittelt (Bild 6-11).

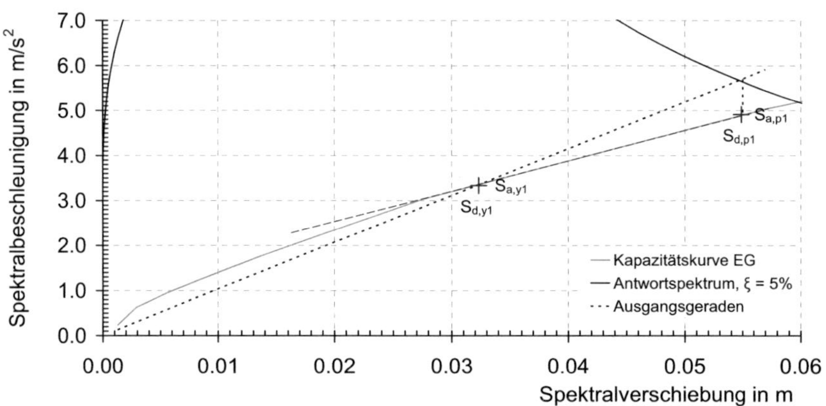

Bild 6-11   1. Iteration (bilineare Näherung für das Kapazitätsspektrum)

Die Zahlenwerte für den Schnittpunkt $(S_{a,1}, S_{d,1})$ betragen $S_{a,1} = 4.6\,\text{m/s}^2$ und $S_{d,1} = 0.051\,\text{m}$. Die Toleranzkontrolle liefert:

$$0.95 \cdot S_{d,p1} = 0.95 \cdot 0.054 = 0.051 \le 0.051 \le 0.057 = 1.05 \cdot 0.054 = 1.05 \cdot S_{d,p1}$$

Der resultierende Schnittpunkt $(S_{a,1}, S_{d,1})$ erfüllt also schon nach der ersten Abminderung des Antwortspektrums die Toleranzbedingungen, womit der Performance Point gefunden ist. Dies besagt nun, dass bei der gewählten Einwirkung (dem

Bemessungsbeben nach EC8) eine spektrale Verschiebung von $S_{d,i}$ = 0.051 m für den äquivalenten Einmassenschwinger zu erwarten ist. Für die gewählte Einwirkung nach Eurocode 8 (2006) analog zu Abschnitt 6.2 stimmt somit die maximale Stockwerksauslenkung von 2% (je nach Bauweise ca. 51-52 mm) optimal überein.

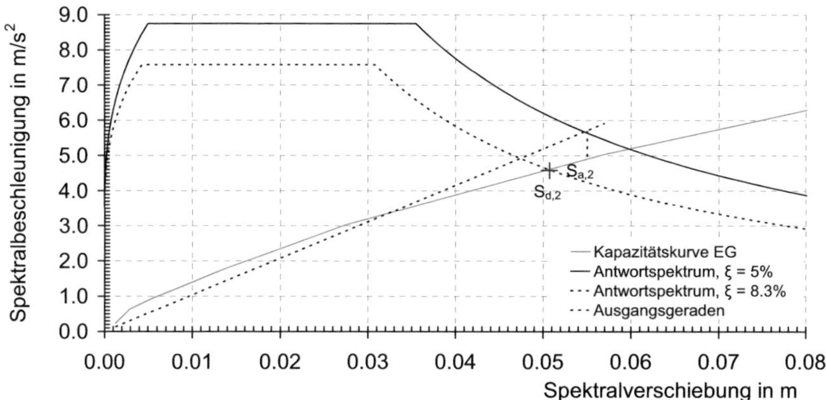

Bild 6-12   Perfomance Point

6.3.2   Performance-Based Seismic Design

Die Vorgehensweise bei der Bemessung des Mustergebäudes orientiert sich in diesem Abschnitt an der von Filiatrault und Folz (2002) vorgeschlagenen Methode. Die Schritte sind im Flussdiagramm nach Bild 6-13 übersichtlich dargestellt.

6.3.2.1   Zielverschiebung und Verschiebungs-Antwortspektrum

Für eine Wiederkehrperiode von 475 Jahren soll die Erdbebeneinwirkung nach FEMA 356 (2000) (Tabelle 3-4) keine Gefahr für Leib und Leben darstellen, die Maximale Stockwerksauslenkung 2 % (ca. 51 - 52 mm bei den verwendeten Bauweisen) betragen. In Übereinstimmung mit den vorhergehenden Abschnitten wird daher der Grenzzustand „Life Safety" für das vergleichende Beispiel in diesem Abschnitt verwendet.

Die äquivalente hysteretische Dämpfung bei der festgelegten Zielverschiebung von 51 mm beträgt nach Bild 4-26 für Wände mit dem Elementtyp Fux6S wie im vorherigen Abschnitt $\xi_{eq} \cong 10\,\%$. Die viskose Dämpfung wird erneut zu $\xi_0 = 5\,\%$

angenommen. Somit beträgt die effektive Dämpfung bei der Zielverschiebung (analog zu Gleichung (6-20)) $\xi_{eff} = 15\%$.

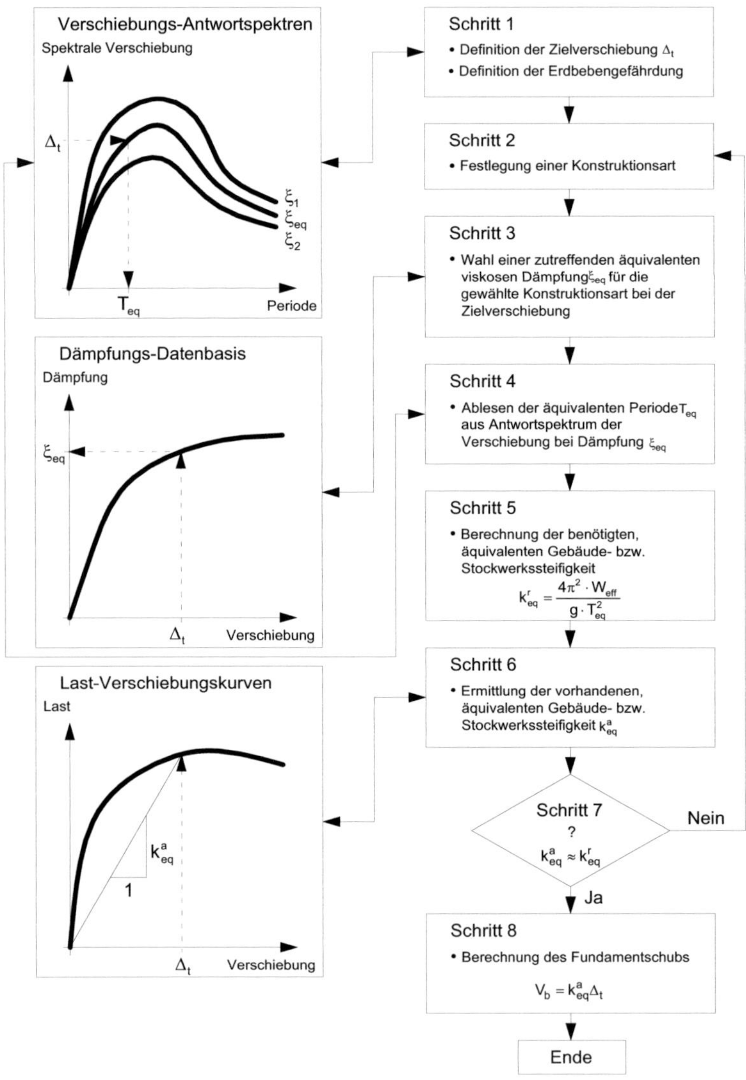

Bild 6-13　　Flussdiagramm für Performance-Based Seismic Design (nach Filiatrault und Folz (2002))

Die spektrale Beschleunigung wird bei der verhaltensbasierten Erdbebenbemessung nach Gleichung (6-19) in die spektrale Verschiebung umgerechnet, während auf der Ordinate die Eigenperiode des Bauwerks aufgetragen wird. In Bild 6-14 sind verschieden gedämpfte Antwortspektren der spektralen Verschiebung gegenüber gestellt. Mit der Zielverschiebung u_t =51 mm für das Erdgeschoß ergibt sich für den äquivalenten Einmassenschwinger in der ersten Eigenform die Periode T_{eq} = 0.82 s.

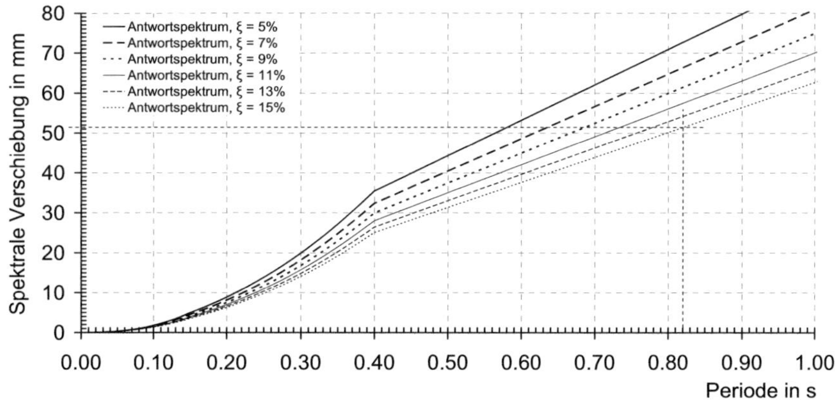

Bild 6-14   Antwortspektrum der Verschiebung mit verschiedener Dämpfung

6.3.2.2   Äquivalenter Einmassenschwinger

Die Ersatzfedersteifigkeit k_{eq}^r, die ein Einmassenschwinger bei der Periode T_{eq} = 0.82 s aufweisen muss, beträgt:

$$k_{eq}^r = \frac{4\pi^2 \cdot M_{tot,eff}}{g \cdot T_{eq}^2} = \frac{4\pi^2 \cdot 94.2}{9.81 \cdot 0.82^2} = 553\,\text{N}\big/\text{mm} \qquad (6-23)$$

Hierbei sind:

$M_{Tot,eff}$ =   Gesamtmasse des Systems 94.2 to (Abschnitt 6.2.1)

g =   Erdbeschleunigung, 9.81 m/s^2

Die Ersatzfedersteifigkeit k_{eq}^r muss nun mit der aktuellen lateralen Steifigkeit k_{eq}^a des Bauwerks verglichen werden. Hierzu wird meist eine statische Push-Over Analyse durchgeführt. Da im vorliegenden Beispiel wiederum davon ausgegangen wird, dass das Versagen im Erdgeschoß auftritt, wird die Kapazitätskurve des

Erdgeschosses verwendet. Da die Wandscheibensteifigkeit (wie bei solchen Systemen allgemein üblich) linear hochgerechnet wird, kann auch direkt die Last-Verschiebungskurve der Wandscheibe aus dem Versuch oder der numerischen Modellierung betrachtet werden. Dass bei allen Vorgehensweisen ähnliche Ergebnisse erreicht werden, zeigt der Vergleich einer nichtlinearen, statischen Push-Over Analyse am Modell nach Abschnitt 6.2 (Bild 6-15) und der Kapazitätskurve der Einzelwand nach Bild 6-16.

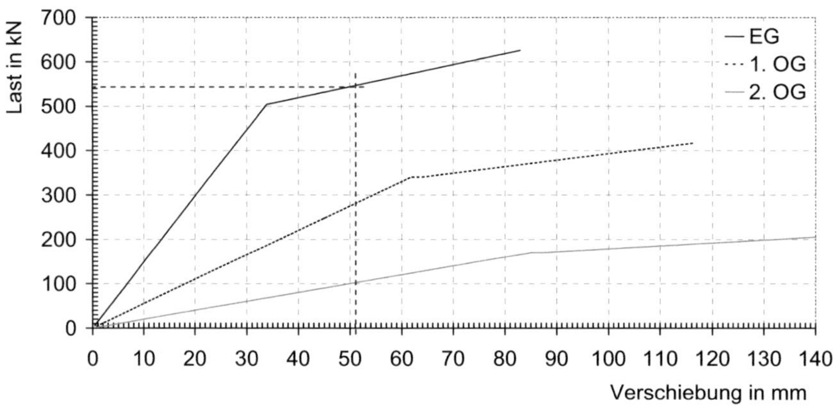

Bild 6-15   Ergebnisse der Push-Over Analyse am Modell nach Abschnitt 6.2

In Bild 6-15 wird bei einer Zielverschiebung von 51 mm eine Stockwerkslast $F_1 = 545$ kN für das Erdgeschoß abgelesen. Mit Hilfe der Wandlänge $\ell = 19.2$ m folgt die Ersatzfedersteifigkeit für das Erdgeschoß zu:

$$k_{eq}^a = \frac{545 \cdot 10^3}{51 \cdot 19.2} = 557\,^N\!/_{mm} \qquad (6\text{-}24)$$

In Bild 6-16 wird bei einer Zielverschiebung von 51 mm eine Wandscheibenlast $F_W = 31$ kN/m abgelesen. Hieraus folgt direkt die Ersatzfedersteifigkeit zu:

$$k_{eq}^a = \frac{31 \cdot 10^3}{51} = 608\,^N\!/_{mm} \qquad (6\text{-}25)$$

Die gute Übereinstimmung der Ergebnisse zeigt, dass das gewählte System die Anforderungen hinsichtlich der Verschiebungskapazität und der erforderlichen hysteretischen Dämpfung erfüllt. Bei einer größeren Abweichung müsste die Steifigkeit der aussteifenden Wände des Bauwerks z.B. durch Variation der

Verbindungsmittelabstände verändert werden und eine erneute Überprüfung der Dämpfung und der Steifigkeiten durchgeführt werden.

Mit Hilfe der aktuellen Federsteifigkeit können die weiteren Schritte der Bemessung nun durchgeführt werden.

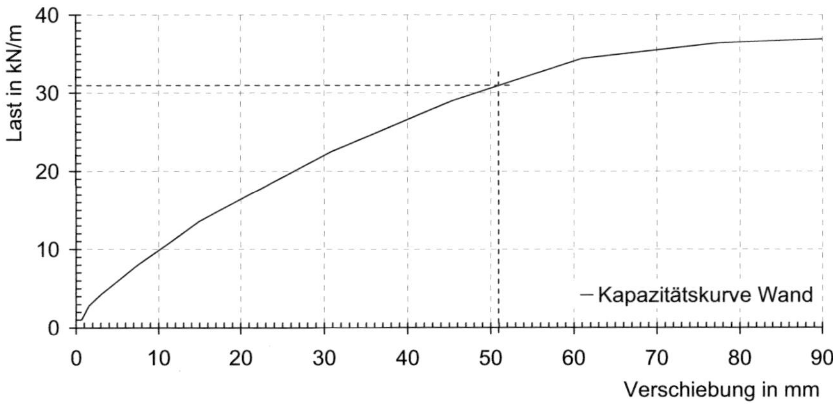

Bild 6-16   Kapazitätskurve der Wand L_N_Z_4

6.4   Diskussion der Vorgehensweisen

Die in Europa „traditionell" verwendeten kraftbasierten Verfahren weisen eine Reihe von Nachteilen auf, die im Folgenden kurz diskutiert werden sollen (Filiatrault und Folz (2002)).

Ein Kritikpunkt an kraftbasierten Verfahren ist, dass die Bemessung mit einer Schätzung der Eigenperiode bzw. -frequenz des Bauwerks beginnt. Die in EC8 angegebenen Schätzformeln für die Eigenperiode der Bauwerke sind jedoch nicht ohne weiteres auf Holzbauten übertragbar (vgl. Abschnitt 6.2.2). Eine falsche Annahme der Eigenperiode führt zu falschen Erdbebenersatzlasten.

Die für Holzbauten angenommenen Verhaltensbeiwerte q sind nach Filiatrault und Folz (2002) grundsätzlich Schätzwerte, die von den Annahmen für das jeweilige Modell abhängig sind. Die Verhaltensbeiwerte werden auf Grundlage von Versuchen an Wandelementen oder Teilen von Strukturen ermittelt. Das Verhalten eines realen Bauwerks wird sich jedoch vom Verhalten der untersuchten Struktur unterscheiden, die Angabe eines Verhaltensbeiwertes für die Gesamtstruktur wird dadurch erschwert.

Eine Verformungsbegrenzung ist sowohl im Grenzzustand der Tragfähigkeit als auch im Grenzzustand der Gebrauchstauglichkeit bei der Erdbebenbemessung mittels kraftbasierten Verfahren nicht vorgesehen. Während die Begrenzung der Verformungen im Grenzzustand der Tragfähigkeit, also bei starken Erdbeben eine untergeordnete Rolle spielt, ist die Verformungsbegrenzung bei leichteren Erdbeben durchaus wichtig. Schäden an Holzbauten nach Erdbebeneinwirkung zeigen, dass selbst bei leichten Erdbeben starke Verformungen stattfinden und die Schäden an Holzbauten vergleichsweise hoch sind.

Bei der Ermittlung von q-Faktoren ist der Übergang vom linear-elastischen ins plastische Materialverhalten von Bedeutung. Die Festlegung einer solchen Fließverschiebung ist für Holzbauten jedoch schwierig und nicht einheitlich geregelt (vgl. Abschnitt 3.1).

Bei kritischem Hinterfragen des gewählten Vorgehens können die genannten Kritikpunkte noch ausgeweitet werden.

Durch die Abbildung (Kalibrierung) der Hystereseschleifen ist auch das gewählte Modell von ingenieurmäßigen Annahmen abhängig. Die gewählten Steifigkeiten und Verschiebungen in der Kalibrierung haben großen Einfluss auf das Verhalten der Struktur. Die Übereinstimmung der kumulierten Energiedissipation (z.B. Bild 6-7) ließe sich theoretisch auch mit einer anderen Form der Hystereseschleife erreichen.

Im Modell ist lediglich das Verhalten der aussteifenden Wandscheiben über deren aufnehmbare Höchstlast berücksichtigt. Die Verankerung der Wände sowie die Decken wurden als „starr" angenommen. Weitergehende geometrische Effekte werden nicht berücksichtigt.

Dem gegenüber stehen die Vorteile des vereinfachten Vorgehens, welche nachfolgend aufgeführt sind:

Mittels der beschriebenen numerischen Modellierung können relativ schnell Basiswerte für den Verhaltensbeiwert q geschaffen werden, die durch die konservative Versuchsdurchführung und konservative Annahmen abgesichert sind.

Auf Grundlage weniger, einfacher Wandscheibenversuche kann eine grundsätzliche Aussage zum Verhalten von Wandbauweisen getroffen werden, aufwändige Versuche (z.B. Shake Table, Pseudodynamik) entfallen.

Durch wenige Bauteilversuche sowie durch die relativ schnelle Modellierung können in kurzer Zeit Planungs- und Entwurfsgrundlagen für den Einsatz neuartiger Bauweisen in erdbebengefährdeten Gebieten geschaffen werden. Dies erhöht die Marktchancen für solche Bauweisen im europäischen Ausland sowie weltweit.

Die ermittelten q-Werte sind keine ingenieurmäßigen Annahmen, sondern mit Hilfe von 20 verwendeten Beschleunigungs-Zeit-Verläufen rechnerisch ermittelte und verifizierte Werte. Durch die ausreichend große Anzahl an Berechnungen ist der Basiswert in jedem Falle abgesichert.

Durch Vergleich der Resultate können die Schwachstellen einzelner Bauweisen unter Erdbebenbelastung besser identifiziert werden. Die Weiterentwicklung z.B. von Verbindungsmitteln und dissipativen Bereichen kann gezielt betrieben werden.

Das Abbruchkriterium für die Berechnung ist die Stockwerksverschiebung. Diese kann durch die Skalierung der verwendeten Erdbeben gesteuert werden und so die Schädigungsintensität festgelegt werden. So können kleinere Stockwerksverschie-bungen für Gebrauchstauglichkeitskriterien gewählt werden, größere können zugelassen werden, wenn lediglich die Standsicherheit des Gebäudes gewahrt bleiben soll.

Das Verfahren ist wesentlich genauer als die Angabe einer statischen Duktilität, da es die Energiedissipation des Bauteils berücksichtigt. Die Angabe der Fließver-schiebung entfällt.

Die Vorgehensweise kann je nach Anforderung erweitert werden. So können zur Untersuchung komplexerer Strukturen dreidimensionale Modelle verwendet werden, weiterhin können zusätzliche Elemente z.B. zur Simulation des asymmetrischen Hystereseverhaltens der Zuganker verwendet werden.

Sollen verschiedene Schädigungslevels berücksichtigt werden, so kann auf die im Rahmen dieses Abschnitts vorgestellten verschiebungsbasierten Verfahren zurückgegriffen werden. Speziell in Gebieten mit höherer Seismizität können durch Anwendung dieser Methoden die Schädigungen einer Struktur genauer prognosti-ziert werden als mit kraftbasierten Methoden.

Eine kontinuierliche Veränderung hinsichtlich statisch-konstruktiver und produktions-technischer Aspekte ist auf dem Gebiet der Holzbauweisen zu beobachten. Für Erdbebengebiete sind die Holzbauweisen aufgrund ihres geringen Eigengewichts sowie ihrer gutmütigen Eigenschaften unter seismischen Lasten gut geeignet. In der vorliegenden Arbeit wurden zwei innovative Bauweisen hinsichtlich ihrer Eigen-schaften unter Erdbebenlasten untersucht. Diese Bauweisen sind aufgrund ihrer Flexibilität und ihres Aufbaus besonders für den Einsatz in Erdbebengebieten geeignet.

Die Vorstellung der untersuchten innovativen Bauweisen sowie die Darstellung der Unterschiede zu bekannten Holzbauweisen erfolgte zu Beginn der Arbeit. Voraus-setzung für das duktile Verhalten einer Bauweise und deren Fähigkeit zur Energie-dissipation sind die verwendeten mechanischen Verbindungsmittel. Duktilität und Energiedissipation als Grundlagen des gutmütigen Verhaltens von Holzbauten unter Erdbebenlasten wurden ebenso dargestellt wie die Hintergründe und Berech-nungsmethoden für den Lastfall Erdbeben und die derzeitige Normung von Holz-bauten unter Erdbebenlasten. Nachdem die existierenden Prüfverfahren sowie deren Hintergründe präsentiert wurden, wurde auf den Karlsruher Wandscheiben-prüfstand eingegangen.

Im ersten Teil der experimentellen Untersuchungen wurden die Eigenschaften der Verbindungen als Grundlage für Duktilität und Energiedissipation untersucht. Es wurden allgemein gebräuchliche Verbindungsmittel für eine Holzbauweise sowie die nahezu immer im Holzbau verwendeten Zuganker unter statisch-monotonen und zyklischen Lasten untersucht. Dabei wurden sowohl Erkenntnisse über das Verhal-ten der Verbindungsmittel unter wiederholten Lasten als auch wichtige Kalibrier-daten für die später erstellten numerischen Modelle gewonnen.

Die experimentellen Untersuchungen wurden auf Wandscheiben in Originalgröße erweitert. Hier wurde ebenfalls mittels statisch-monotonen und zyklischen Versu-chen der Einsatz unter seismischen Lasten nachgestellt und Details der Wand-scheiben entsprechend verbessert. Art und Anzahl der Verbindungsmittel wurden ebenso variiert wie die verwendeten Zuganker.

Mit Hilfe von im Rahmen dieser Arbeit erstellten numerischen Modellen kann das Verhalten von Verbindungsmitteln unter statisch-monotonen sowie zyklischen Lasten berechnet werden. Mit einer Kombination von in kommerziellen Finite-Elemente-Programmen enthaltenen Federn kann das Verhalten der Verbindungs-mittel sowie der Zuganker unter zyklischen Lasten gut nachgestellt werden und die

Hysteresekurve mit ihrer im Holzbau typischen Form berechnet werden. Durch den Einbau der Kombination aus Federn in Finite-Elemente-Modelle ganzer Wandscheiben konnten diese zutreffend numerisch berechnet werden. Veränderungen an mechanischen Verbindungsmitteln oder an Zugankern können nun vorab numerisch untersucht werden, bei zukünftigen Untersuchungen können die notwendigen Versuche auf ein Minimum beschränkt werden. Mit den Modellen ganzer Wandscheiben können zutreffende Aussagen über den Verlauf der Last-Verschiebungskurve und der Form der Hysteresekurve getroffen werden. Somit kann anhand der Ergebnisse auf das Tragverhalten ganzer Gebäude in der Bauweise geschlossen werden.

Mit Hilfe eines zweiten numerischen Modells wurde das Erdbebenverhalten der Bauweisen untersucht. So konnte der für die Tragwerksplanung wichtige Verhaltensbeiwert schlüssig bestimmt werden. Das beschriebene Verfahren berücksichtigt sowohl die Duktilität als auch die Energiedissipation der Bauweisen, was in bisher gebräuchlichen Verfahren nicht der Fall war. Somit kann eine fundierte Aussage zum Verhaltensbeiwert der Bauweisen getroffen werden. Dieser stellt eine wichtige Kenngröße für die Verwendung der Bauweise in erdbebengefährdeten Gebieten dar und ist eine wichtige Grundlage für den weltweiten Export der Bauweise.

Abschließend wurde ein Ausblick auf die Bemessung mit verschiebungs- oder verformungsbasierten Verfahren gegeben. Diese berücksichtigen explizit die im Bauwerk entstehenden Verschiebungen. Anhand vorgegebener Maximalverschiebungen für die Stockwerke eines Gebäudes kann so die erforderliche Steifigkeit bei einer bestimmten Auslenkung (die einer bestimmten Schädigung entspricht) ermittelt werden.

Mit Hilfe der in dieser Arbeit vorgestellten Modelle und Methoden ist eine schnelle Bewertung neuartiger Holzbauweisen hinsichtlich deren Eigenschaften unter seismischen Lasten möglich. Die vorgestellten Federmodelle zur Abbildung des nichtlinearen bzw. hysteretischen Verhaltens von Verbindungsmitteln können in numerische Modelle anderer Holzbauweisen übernommen werden. Dadurch ist die Bestimmung der wesentlichen Eigenschaften unbekannter Holzbauweisen unter statischen und zyklischen Lasten, auch auf Grundlage nur weniger experimenteller Untersuchungen, möglich. Mit Hilfe eines vereinfachten Verfahrens zur Bestimmung des Verhaltensbeiwertes q kann dem Tragwerksplaner schnell die zentrale Hilfsgröße bei der Anwendung von kraftbasierten Bemessungsmethoden zur Verfügung gestellt werden. Die Anwendung der vorgestellten verschiebungsbasierten Verfahren erlaubt die Erdbebenbemessung von Strukturen unter Berücksichtigung des vorgesehenen Schädigungslevels.

8 Literatur, Normen und Hilfsmittel

ATC 40 (1996): Seismic Evaluation and Retrofit of Concrete Buildings. Applied Technology Council, Vol. 1.

Baber T.; Noori M. N. (1985): Random vibration of degrading, pinching systems. Journal for Engineering Mechanics 111 (8), 1010-1026.

Baber T.; Wen Y-K. (1981): Random vibration of hysteretic degrading systems. Journal for Engineering Mechanics 107 (6), 1069-1089.

Bachmann H. (2002): Erdbebensicherung von Bauwerken. Birkhäuser Verlag, Berlin. 2. Auflage.

Ballio G.; Castiglioni C.A.; Perotti F. (1988): On the Assessment of Structural Design Factors for Steel Structures, Paper 8-4-13. Proceedings of Ninth World Conference on Earthquake Engineering, August 2-9, Tokio-Kyoto, Japan.

bgr.bund.de www.bgr.bund.de Homepage der Bundesanstalt für Geowissenschaften und Rohstoffe.

Blasetti A. S. ; Hoffman R. M. ; Dinehart C. W. (2008): Simplified hysteretic Finite-Element model for wood and viscoelastic polymer connections for the dynamic analysis of shear walls. ASCE Journal of Structural Engineering Vol. 134, No. 1, January 1, 2008.

Blaß H.J. (2009): HIB-Holzelement-Bauweise. Numerische Ermittlung des Verhaltensbeiwertes q für die Bemessung bei Erdbebeneinwirkungen. Gutachtliche Stellungnahme, Karlsruhe.

Blaß H.J. (2010): Lignotrend-Bauweise. Numerische Ermittlung des Verhaltensbeiwertes q für die Bemessung bei Erdbebeneinwirkungen. Gutachtliche Stellungnahme, Karlsruhe.

Blaß H.J.; Görlacher R. (2003): Bemessung im Holzbau - Brettsperrholz. Berechnungsgrundlagen, Holzbaukalender 2003.
Bruderverlag, Karlsruhe, S. 580-598.

Blaß H.J.; Schädle P. (2009): Aussteifende Wandscheiben in Einzelelement-Bauweise. Band 13 der Karlsruher Berichte zum Ingenieurholzbau, Universitätsverlag Karlsruhe.

Blaß H.J.; Schädle P. (2010): Earthquake behaviour of modern timber construction systems, Proceedings of the 11th World Conference on Timber Engineering, Riva del Garda, Italy (CD-Rom).

Blaß H.J.; Schädle P. (2011a): Erdbebenverhalten einer neuartigen Holzbauweise, Der Bauingenieur, März 2011, pp. 38-45.

Blaß H.J.; Schädle P. (2011b): Verhalten einer Massivholzbauweise unter Erdbebenlasten. Band 18 der Karlsruher Berichte zum Ingenieurholzbau, KIT Scientific Publishing.

Blaß H.J.; Uibel T. (2007): Tragfähigkeit von stiftförmigen Verbindungsmitteln in Brettsperrholz. Band 8 der Reihe Karlsruher Berichte zum Ingenieurholzbau, Universitätsverlag Karlsruhe.

Blume J. A.; Newmark N. M.; Corning L. H. (1961): Design of multistorey reinforced concrete buildings for earthquake motions. Portland Cement Association Chicago, Illinois.

Bouc R. (1967): Forced vibration of mechanical systems with hysteresis. Abstract, Proceedings of the 4th Conference of Nonlinear Oscillation.

Brucker J. (1998): Holzsysteme im Wohnungsbau. Herausgeber: Wirtschaftsministerium Baden-Württemberg. Schwäbische Druckerei GmbH Stuttgart.

Ceccotti A. (1995): Holzverbindungen unter Erdbebenbeanspruchungen. In: Holzbauwerke STEP 1 - Bemessung und Baustoffe. Herausgeber: Blaß, H.J., Görlacher, R., Steck, G., Fachverlag Holz, Düsseldorf.

Ceccotti A. (2008): New technologies for construction of medium-rise buildings in seismic regions: The XLAM case. In: Structural Engineering International (IABSE), May 2008, pp. 156-165.

Ceccotti A.; Sandhaas C. (2010): A proposal for a standard procedure to establish the seismic behaviour factor q of timber buildings. Proceedings of the 11th World Conference on Timber Engineering, Riva del Garda, Italy (CD-Rom).

Ceccotti A.; Vignoli A. (1989): A hysteretic behavioural model for semi-rigid joints, European Earthquake Engineering, 3.

Chopra A. K. (2001): Dynamics of structures, theory and applications to earthquake engineering. Prentice Hall.

Collins M.; Kasal B.; Paevere P.; Foliente G.C. (2005): Three-dimensional model of light frame wood buildings. Part 1: Model description, Structural Engineering, Vol. 131, No. 4, April 1, 2005.

Dazio A. (2004): Antwortspektren. In: Erdbebenbemessung mit den neuen SIA-Tragwerksnormen. Tagungsband des SGEB-Fortbildungskurs vom 7. Oktober 2004, Zürich.

Dazio A. (2009): Erdbebensicherung von Bauwerken. Vorlesungsunterlagen der ETH Zürich.

DIBt-ETA-05/2011 (2005): Deutsches Institut für Bautechnik: Europäisch Technische Zulassung ETA-05/0211 für Lignotrend-Brettsperrholzelemente.

DIBt-Z-9.1-555 (2008): Deutsches Institut für Bautechnik: Allgemeine bauaufsichtliche Zulassung Z-9.1-555: Lignotrend-Elemente.

DIBt-Z-9.1-677 (2007): Deutsches Institut für Bautechnik: Allgemeine bauaufsichtliche Zulassung Z-9.1-677: HIB-Holzelement-Bauweise.

DIN 4149 (2005): Bauten in deutschen Erdbebengebieten - Lastannahmen, Bemessung und Ausführung üblicher Hochbauten.

DIN 1055-100 (2001): Einwirkungen auf Tragwerke - Teil 100: Grundlagen der Tragwerksplanung, Sicherheitskonzept und Bemessungsregeln.

DIN 1052 (2008): Entwurf, Berechnung und Bemessung von Holzbauwerken - Allgemeine Bemessungsregeln und Bemessungsregeln für den Hochbau.

DIN EN 594 (1996): Holzbauwerke; Prüfverfahren: Wandscheiben-Tragfähigkeit und -Steifigkeit von Wänden in Holztafelbauart.

DIN EN 12512 (2005): Holzbauwerke; Prüfverfahren: Zyklische Prüfungen von Anschlüssen mit mechanischen Verbindungsmitteln.

Dolan J.D. (1989): The dynamic response of timber shear walls, Dissertation, University of British Columbia, Vancouver, Canada.

Dujic B.; Aicher S.; Zarnic R. (2005): Investigations on in-plane loaded wooden elements - influence of loading and boundary conditions. In: Otto-Graf-Journal Vol. 16.

Eurocode 8 (2006): Auslegung von Bauten gegen Erdbeben - Teil 1: Grundlagen, Erdbebeneinwirkungen und Regeln für Hochbauten. Deutsche Fassung EN 1998-1:2006.

Eurocode 8-3 (2004): Auslegung von Bauten gegen Erdbeben - Teil 3: Beurteilung und Ertüchtigung von Gebäuden. Deutsche Fassung EN 1998-3:2005.

FEMA 450 (2003): National Institute of Building Sciences: National earthquake hazards reduction program - Recommended provisions for seismic regulations for new buildings and other structures. Federal Emergency Management Agency, Washington, D.C, 2003.

FEMA 356 (2000): National Institute of Building Sciences: Prestandard and commentary for the seismic rehabilitation of buildings. Federal Emergency Management Agency, Washington, D.C, November 2000.

Filiatrault A.; Folz B. (2002): Performance-Based Seismic Design of Wood Framed Buildings. ASCE Journal of Structural Engineering, Vol. 128, No. 1, January 1, 2002, pp. 39-47.

Foliente G.C. (1995): Hysteresis Modeling of Wood Joints and Structural Systems, Journal of Structural Engineering 121, pp. 1013-1022.

Folz B.; Filiatrault A. (2001): Cyclic analysis of wood shear walls, Journal of Structural Engineering 121, pp. 1013-1022.

gfz-potsdam.de www.gfz-potsdam.de Homepage des Geoforschungszentrums Potsdam.

Heiduschke A. (2004): Seismic behavior of moment-resisting timber frames with densified and textile reinforced connections. Dissertation, Heft 7 der Schriftenreihe Konstruktiver Ingenieurbau Universität Dresden.

Höhl P. (2010): Numerische Untersuchung von Wandscheiben in Massivholzbauweise. Diplomarbeit am Lehrstuhl für Holzbau und Baukonstruktionen des Karlsruher Instituts für Technologie. Unveröffentlicht.

Holtschoppen B. (2009): Beitrag zur Auslegung von Industrieanlagen auf seismische Belastungen. Dissertation am Lehrstuhl für Baustatik und Baudynamik der RWTH Aachen, Deutschland.

Ibarra L.F.; Medina R.A.; Krawinkler H. (2005): Hysteretic models that incorporate strength and stiffness deterioration, Earthquake Engineering and Structural Dynamics, No. 34, pp. 1489-1511.

Informationsdienst Holz (2000): Holzbausysteme. Holzbauhandbuch, Reihe 1, Teil 1, Folge 4; Düsseldorf, Arge Holz e.V.

ISO 16670 (2003): Timber Structures - Joints made with mechanical fasteners - Quasi-Static reversed cyclic test method.

ISO CD 21581 (2007): Timber Structures - Static and Cyclic Lateral Test Method for Shear Walls.

Johansen K. W. (1949): Theory of Timber Connections. International Association of Bridge and Structural Engineering. Publication No. 9:249-262. Bern, Switzerland.

Judd J. P. (2005): Analytical modeling of wood-frame shear walls and diaphragms. Master Thesis, Brigham Young Universitiy, Provo, Utah, USA.

Krawinkler H.; Parisi F.; Ibarra L.; Ayoub A.; Medina R. (2001): Development of a testing protocol for woodframe structures, Consortium of Universities for Research in Earthquake Engineering (CUREE), Publication No. W-02. Richmond, CA. www.curee.org.

Meskouris K.; Hinzen K.-G.; Butenweg C.; Mistler M. (2007): Bauwerke und Erdbeben: Grundlagen - Anwendungen - Beispiele. Vieweg Verlag Wiesbaden, 2. Auflage.

Müller F. P.; Keintzel, E. (1984): Erdbebensicherung von Hochbauten. Ernst und Sohn Verlag für Architektur und technische Wissenschaften, Berlin. 2. Auflage.

Munoz W.; Mohammad M.; Salenikovich A.; Quenneville P. (2008): Need for a Harmonised Approach for Calculations of Ductility of Timber Assemblies, CIB W-18 (Timber Structures), Proceedings of Meeting 41, St. Andrews, Canada.

Pang W. C.; Rosowsky D. V.; Pei S.; van de Lindt J. W. (2007): Evolutionary parameter hysteretic model for wood shear walls. Journal of Structural Engineering, August 2007, pp. 1118-1129.

Pang W.; Rosowsky D. (2007): Direct displacement procedure for performance-based seismic design of multistorey woodframe structures. Download at: www.engr.colostate.edu/NEESWood.

PB-664/07/Rä (2007): Prüfbericht zur Ermittlung der Festigkeitsminderung und des Dämpfungsverhältnisses sowie der Hüllkurven nach DIN EN 12512 von Holzrahmenbauwänden und von zyklischen Scherkörperuntersuchungen. Versuchsanstalt für Holz- und Trockenbau (VHT), Darmstadt, November 2007.

peer.berkeley.edu http://peer.berkeley.edu/nga/earthquakes.html Homepage des Pacific Earthquake Engineering Research Center, NGA Database.

Prakash V.; Powell G. H.; Campbell S. (1993): DRAIN-2DX Base Program Description and User Guide. Version 1.10, University of California, Berkeley, USA.

Priestley M. J. N. (2000): Performance Based Seismic Design. Proceedings of the 12th World Conference on Earthquake Engineering (CD-Rom), Paper No. 2831, Auckland, New Zealand.

Rettinger F. (2009): Finite-Elemente Untersuchung von Holztafelbauwänden und deren Verhalten unter monotoner und zyklischer Belastung. Diplomarbeit am Lehrstuhl für Holzbau und Baukonstruktionen des Karlsruher Instituts für Technologie. Unveröffentlicht.

Stewart W.G. (1987): The seismic design of plywood sheathed shear walls, Dissertation, University of Canterbury, Christchurch, New Zealand.

Studiengemeinschaft Holzleimbau (2010): Bauen mit Brettsperrholz. Tragende Massivholzelemente für Wand, Decke und Dach, Studiengemeinschaft Holzleimbau e.V., Wuppertal. www.brettsprerrholz.org.

www.reluis.it Homepage of "The Laboratories University Network of seismic engineering (ReLuis).

Xu J.; Dolan J.D. (2009): Development of nailed wood joint element in ABAQUS. Journal of Structural Engineering 135 (8), 968-976.

9 Anlagen

9.1 Anlagen zu Abschnitt 3.1.2

In der Bewegungsdifferentialgleichung

$$m\,\ddot{x} + c\,\dot{x} + k\,x = -m\,\ddot{x}_g \tag{9-1}$$

wird die Dämpfungskraft dargestellt durch den Term

$$f_d = c\,\dot{x} = c\,\dot{u} \tag{9-2}$$

Mit $u(t) = u_0 \cdot \cos(\varpi t)$, $\dot{u}(t) = -\varpi u_0 \cdot \sin(\varpi t)$ kann (9-2) geschrieben werden als:

$$
\begin{aligned}
f_d \quad &= \quad \pm c\,u_0\,\varpi \sin(\varpi t)\\[2mm]
&= \quad \pm c\,u_0\,\varpi \sqrt{1 - \cos^2(\varpi t)}\\[2mm]
&= \quad \pm c\,\varpi \sqrt{u_0^2 - u_0^2 \cos^2(\varpi t)}\\[2mm]
&\quad \pm c\,\varpi \sqrt{u_0^2 - u(t)^2}
\end{aligned}
\tag{9-3}
$$

Beidseitiges Quadrieren und Umordnen führt auf die Ellipsengleichung für einen viskosen Dämpfer (Bild 9-1 a)):

$$\left(\frac{f_D}{c\,\varpi u_0}\right) + \left(\frac{u(t)^2}{u_0}\right) = 1 \tag{9-4}$$

Wird nun die gesamte Rückstellkraft des Systems betrachtet

$$
\begin{aligned}
F_{\text{Rück}} \quad &= \quad f_d + f_s = c\,\dot{u} + k\,u\\[2mm]
&= \quad k\,u + c\,\varpi \sqrt{u_0^2 - u(t)^2}
\end{aligned}
\tag{9-5}
$$

so ergibt sich wiederum eine Ellipsengleichung, jedoch mit geneigter Hauptachse (Bild 9-1 b)). Die in der Feder enthaltene Potentielle Energie E_p kann geschrieben werden als:

$$E_p \quad = \quad \frac{1}{2} k\,u_0^2 \tag{9-6}$$

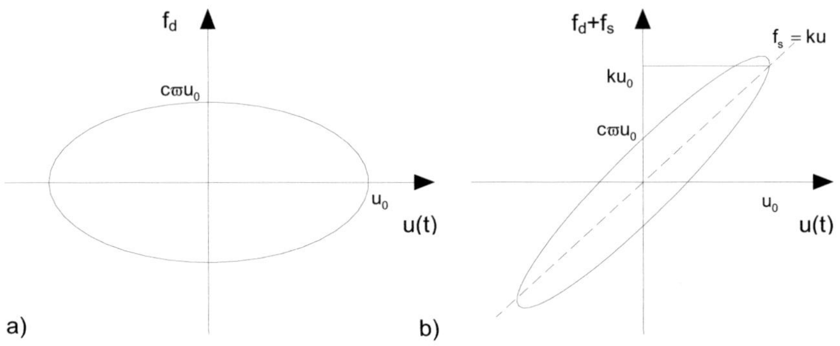

Bild 9-1   a) Hysteresekurve für viskosen Dämpfer b) für viskosen Dämpfer
                  und parallelgeschaltete Feder (vikskoelastischer Dämpfer)

Der Flächeninhalt der Ellipse stellt die pro Zyklus dissipierte Energie dar. Es ist

$$E_d \quad = \quad \pi c \varpi u_0^2 \tag{9-7}$$

mit $c = 2\xi m\varpi$ und $k = \varpi^2 m$ sowie unter Verwendung von (9-6) kann (9-7) als

$$E_d \quad = \quad 2\pi\xi k u_0^2 = 4\pi\xi E_p \tag{9-8}$$

geschrieben werden. Umstellung von (9-8) führt auf das äquivalente hysteretische
Dämpfungsmaß für einen ganzen Schleifendurchlauf:

$$\xi_{eq} = \frac{1}{4\pi} \frac{E_D}{E_{Pot}} \tag{9-9}$$

Da im Holzbau nicht immer symmetrische Hystereseschleifen vorzufinden sind, wird
die Energiedissipation über einen halben Schleifendurchlauf ermittelt. Das Dämpfungsmaß wird im Holzbau als ν bezeichnet. Es folgt:

$$E_{d,Holz} \quad = \quad \frac{1}{2} 2\pi\nu k u_0^2 = 2\pi\nu E_p \tag{9-10}$$

und

$$\nu_{eq} = \frac{1}{2\pi} \frac{E_D}{E_{Pot}} \tag{9-11}$$

9.2 Anlagen zu Abschnitt 4.3.1

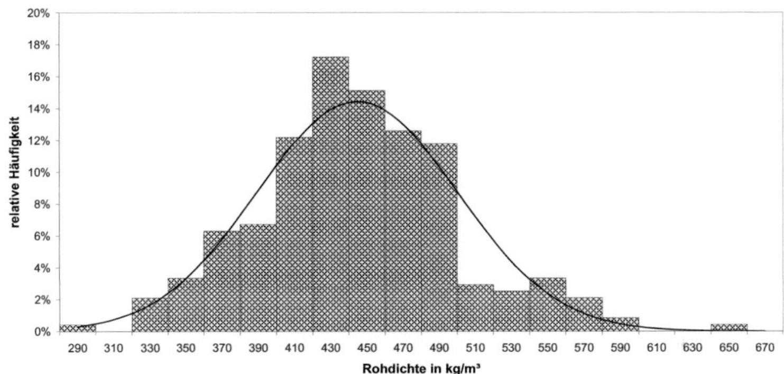

Bild 9-2   Häufigkeitsverteilung Rohdichte, Versuche mit Klammern „Längs", 30 Versuche, 238 Rohdichtewerte

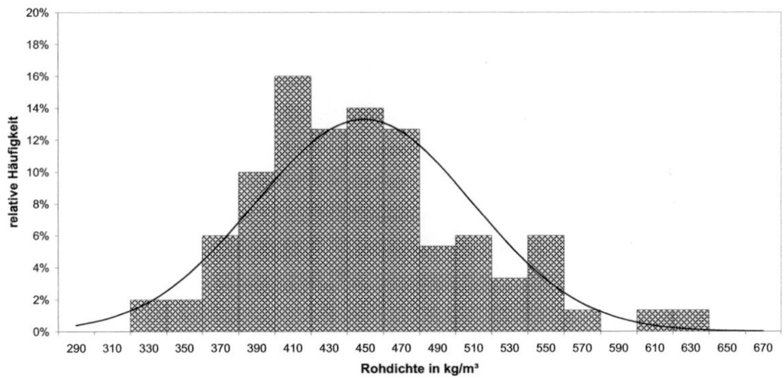

Bild 9-3   Häufigkeitsverteilung Rohdichte, Versuche mit Nägeln „Längs", 15 Versuche, 150 Rohdichtewerte

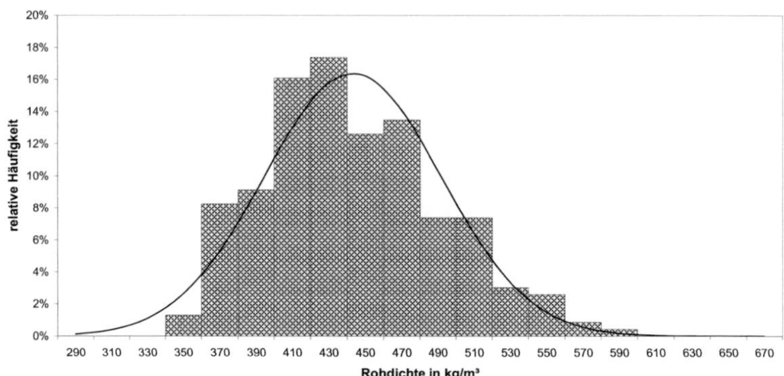

Bild 9-4   Häufigkeitsverteilung Rohdichte, Versuche mit Klammern „Quer", 30 Versuche, 230 Rohdichtewerte

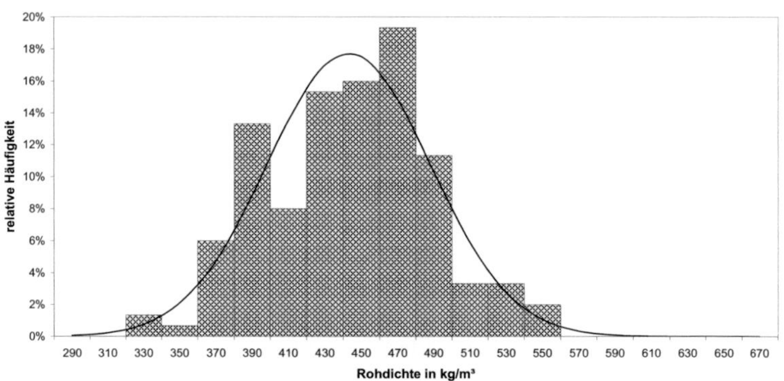

Bild 9-5   Häufigkeitsverteilung Rohdichte, Versuche mit Nägeln „Quer", 15 Versuche, 150 Rohdichtewerte

Tabelle 9-1 Übersicht über die Rohdichtekennwerte

Prüfkörper	Anzahl Werte	Rohdichte in kg/m³			Holzfeuchte in %	
		Mittelwert	Standard-abweichung	5%-Quantil	Mittelwert	Standard-abweichung
Klammern, Längs	238	445	55,3	358	11,0	1,66
Nägel, Längs	150	449	60,0	365	11,3	1,29
Klammern, Quer	230	443	48,7	368	10,2	0,81
Nägel, Quer	150	443	45,0	373	10,3	0,97
Gesamt	768	445	52,5	366	10,7	1,53

9.3   Anlagen zu Abschnitt 4.3.2

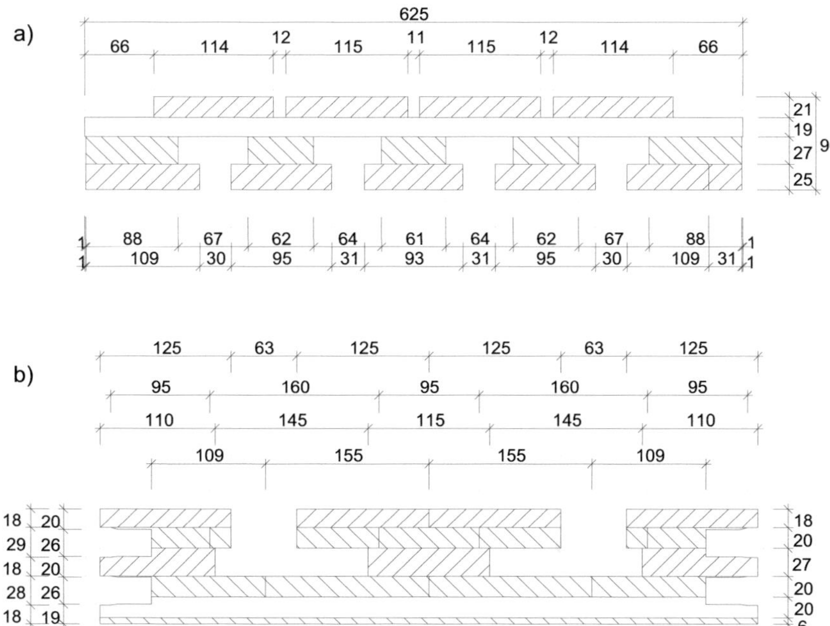

Bild 9-6   Schnitte durch Wandelemente der Typen a) Fux4S, b) Fux6S, Maße in mm

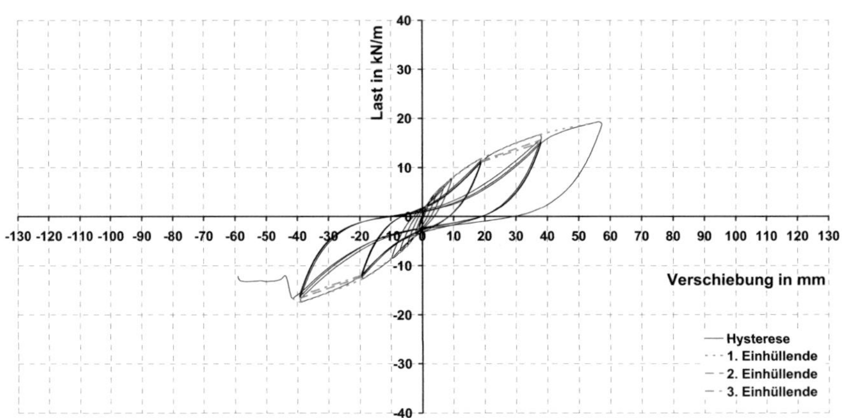

Bild 9-7   Last-Verschiebungsdiagramm ZYK_0_1

Tabelle 9-2   Versuchsergebnisse ZYK_0_1

LIG_ZYK_0_1	Versuchsergebnisse des zyklischen Versuches		
maximale Verschiebung aus monotonem Versuch	u_{max} = 100 mm	Verbindungsmittel	Schrauben 4.0 x 50 mm, a_1 = 100 mm, a_2 = 30 mm in Koppelbrett NH
Verschiebungsgeschwindigkeit für zyklischen Versuch	d_r = 100 mm/min		
Gesamtdauer des Versuches	t_{tot} = 11 min	Zuganker	je 2 x TYP A an den Wandenden
Äquivalente hysteretische Dämpfung	v_{ed} = Ed/(2*pi*Epot)	*) Wandlänge = 2.5 m	Grau unterlegte Felder: F_{max} und u_{max}

	Erste Einhüllende						Zweite Einhüllende						Dritte Einhüllende					
	Positiv			Negativ			Positiv			Negativ			Positiv			Negativ		
% von u_{max}	mm	kN/m *)	v_{ed} in %	mm	kN/m *)	v_{ed} in %	mm	kN/m *)	v_{ed} in %	mm	kN/m *)	v_{ed} in %	mm	kN/m *)	v_{ed} in %	mm	kN/m *)	v_{ed} in %
1.25	1.1	1.78		-1.1	-2.11													
2.50	2.2	3.12		-2.4	-3.81													
5.00	4.2	4.83		-4.6	-5.77													
7.50	6.2	6.12	13.2	-6.7	-7.09	13.6												
10	9.4	7.71	13.1	-9.7	-8.37	12.3												
20	18.4	11.67	15.8	-19.1	-12.61	15.2	18.8	11.35	12.0	-19.5	-12.28	10.8	19.0	11.15	11.5	-19.6	-11.97	10.4
40	37.5	16.65	16.2	-38.8	-17.35	15.2	37.9	15.60	10.6	-39.2	-16.61	9.0	38.0	15.08	9.7	-39.3	-16.09	8.6
60	56.5	19.31	13.6	-41.9	-16.48	8.9												

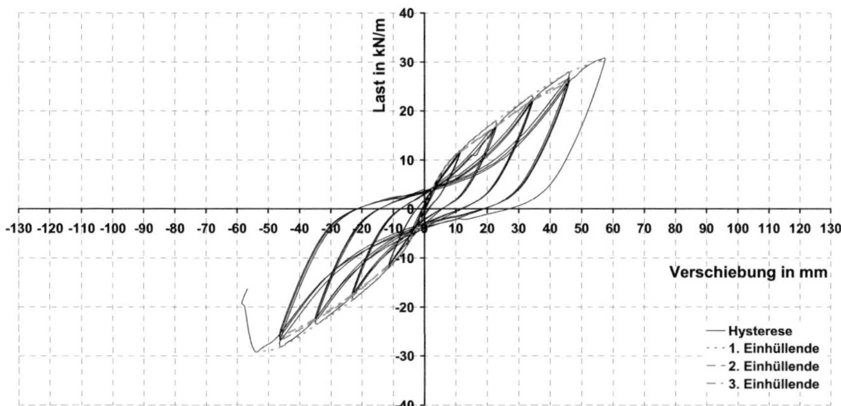

Bild 9-8   Last-Verschiebungsdiagramm ZYK_0_3

Tabelle 9-3   Versuchsergebnisse ZYK_0_3

LIG_ZYK_0_3	Versuchsergebnisse des zyklischen Versuches		
maximale Verschiebung aus monotonem Versuch	u_{max} = 60 mm	Verbindungsmittel	Klammern 1.53 x 55 mm, a_1 = 40 mm, a_2 = 30 mm in Koppelbrett NH (einseitig mit Wandelement verklebt)
Verschiebungsgeschwindigkeit für zyklischen Versuch	d_r = 100 mm/min		
Gesamtdauer des Versuches	t_{tot} = 18 min	Zuganker	je 2 x TYP A an den Wandenden
Äquivalente hysteretische Dämpfung	v_{ed} = Ed/(2*pi*Epot)	*) Wandlänge = 2.5 m	

	Erste Einhüllende						Zweite Einhüllende						Dritte Einhüllende					
	Positiv			Negativ			Positiv			Negativ			Positiv			Negativ		
% von u_{max}	mm	kN/m *)	v_{ed} in %	mm	kN/m *)	v_{ed} in %	mm	kN/m *)	v_{ed} in %	mm	kN/m *)	v_{ed} in %	mm	kN/m *)	v_{ed} in %	mm	kN/m *)	v_{ed} in %
1.25	0.7	1.31		-0.4	-0.19													
2.50	1.4	2.32		-1.1	-1.97													
5.00	2.8	4.54		-2.5	-3.98													
7.50	4.2	6.05	4.5	-4.3	-6.03	4.9												
10	5.6	7.66	4.9	-5.7	-7.44	5.8												
20	11.4	11.88	7.9	-11.5	-12.00	9.0	11.1	11.59	7.0	-11.4	-11.34	7.3	11.5	11.67	6.4	-11.4	-11.62	7.0
40	22.3	17.74	11.3	-23.0	-18.50	12.0	23.0	17.07	9.5	-22.6	-17.48	9.5	22.8	16.92	8.8	-23.3	-17.49	8.6
60	33.7	22.94	11.3	-34.0	-23.30	12.3	34.6	22.31	9.3	-35.0	-22.66	9.6	34.6	22.06	8.7	-35.0	-22.33	8.9
80	46.1	27.85	10.8	-46.1	-28.17	11.9	46.1	26.71	9.1	-46.2	-26.81	9.7	46.1	26.04	8.9	-46.4	-26.13	8.9
100	57.5	30.67	10.7	-54.1	-29.24	10.0												

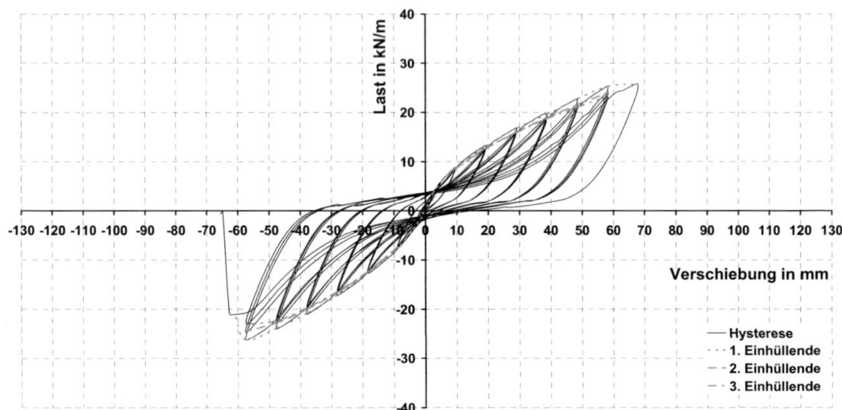

Bild 9-9   Last-Verschiebungsdiagramm ZYK_0_4

Tabelle 9-4   Versuchsergebnisse ZYK_0_4

LIG_ZYK_0_4	Versuchsergebnisse des zyklischen Versuches				
maximale Verschiebung aus monotonem Versuch	u_{max} = 50 mm	Verbindungsmittel	Klammern 1.53 x 55 mm, a_1 = 50 mm, a_2 = 30 mm in Koppelbrett NH		
Verschiebungsgeschwindigkeit für zyklischen Versuch	d_r = 100 mm/min				
Gesamtdauer des Versuches	t_{tot} = 29 min	Zuganker	je 2 x TYP A an den Wandenden		
Äquivalente hysteretische Dämpfung	v_{ed} = Ed/(2*pi*Epot)	*) Wandlänge = 2.5 m			

	Erste Einhüllende						Zweite Einhüllende						Dritte Einhüllende					
	Positiv			Negativ			Positiv			Negativ			Positiv			Negativ		
% von u_{max}	mm	kN/m *)	v_{ed} in %	mm	kN/m *)	v_{ed} in %	mm	kN/m *)	v_{ed} in %	mm	kN/m *)	v_{ed} in %	mm	kN/m *)	v_{ed} in %	mm	kN/m *)	v_{ed} in %
1.25	0.4	0.82		-0.6	-0.23													
2.50	1.1	1.85		-1.1	-1.20													
5.00	2.3	3.64		-2.2	-2.26													
7.50	3.5	4.54	4.6	-3.3	-3.29	6.8												
10	4.8	5.88	4.7	-4.4	-4.23	7.7												
20	9.6	8.77	7.7	-8.2	-7.25	10.6	9.0	8.41	7.5	-8.7	-7.28	8.5	9.5	8.60	6.6	-9.0	-7.38	8.0
40	19.4	13.21	10.2	-18.5	-12.58	12.9	18.7	12.53	8.5	-18.1	-12.32	10.8	19.1	12.59	7.8	-18.5	-12.37	9.3
60	29.1	16.81	10.2	-28.3	-17.07	12.5	29.1	16.04	8.8	-27.6	-16.35	10.4	28.6	15.80	8.9	-28.0	-16.37	9.7
80	38.7	19.59	10.3	-38.0	-20.86	12.0	38.8	18.96	9.2	-37.3	-19.76	10.2	38.3	18.60	9.0	-37.8	-19.66	9.6
100	48.5	22.75	9.9	-47.8	-23.85	11.3	48.6	21.62	8.8	-47.0	-22.54	9.6	48.0	20.97	8.7	-47.5	-22.25	9.3
120	58.2	25.28	9.3	-57.6	-26.24	10.8	58.4	24.06	8.5	-57.6	-24.50	9.2	57.6	23.13	8.3	-57.1	-23.05	9.6
140	67.9	25.74	9.7	-61.0	-21.02													

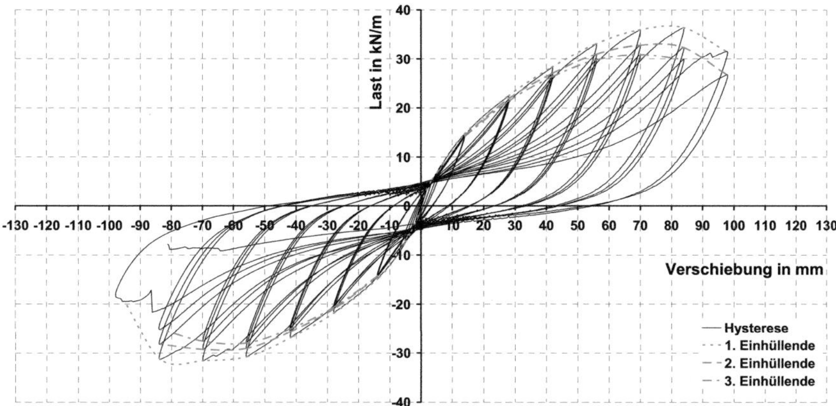

Bild 9-10   Last-Verschiebungsdiagramm ZYK_10_6

Tabelle 9-5   Versuchsergebnisse ZYK_10_6

LIG_ZYK_10_6		Versuchsergebnisse des zyklischen Versuches		
maximale Verschiebung aus monotonem Versuch	u_{max} = 70 mm	Verbindungsmittel	Klammern 1.83 x 63.5 mm, a_1 = 50 mm, a_2 = 30 mm in Koppelbrett BFU	
Verschiebungsgeschwindigkeit für zyklischen Versuch	d_r = 100 mm/min			
Gesamtdauer des Versuches	t_{tot} = 15 min	Zuganker	je 2 x TYP B an den Wandenden	
Äquivalente hysteretische Dämpfung	v_{ed} = Ed/(2*pi*Epot)	*) Wandlänge = 2,5 m		

	Erste Einhüllende						Zweite Einhüllende						Dritte Einhüllende					
	Positiv			Negativ			Positiv			Negativ			Positiv			Negativ		
% von u_{max}	mm	kN/m *)	v_{ed} in %	mm	kN/m *)	v_{ed} in %	mm	kN/m *)	v_{ed} in %	mm	kN/m *)	v_{ed} in %	mm	kN/m *)	v_{ed} in %	mm	kN/m *)	v_{ed} in %
1.25	0.8	1.72	5.7	-0.8	-1.84	6.2												
2.50	1.7	3.25	5.5	-1.7	-3.32	6.0												
5.00	3.5	5.33	8.5	-3.5	-5.59	8.7												
7.50	5.2	6.95	10.4	-5.2	-7.51	8.7												
10	7.0	8.72	9.8	-6.8	-9.24	8.5												
20	13.7	14.62	9.8	-13.6	-14.66	10.3	13.8	14.39	8.9	-13.8	-14.31	8.6	13.9	14.23	8.7	-13.7	-14.14	8.3
40	27.6	22.35	11.9	-27.5	-21.64	12.6	27.5	21.70	10.0	-27.7	-20.87	9.9	27.6	21.26	9.6	-27.6	-20.47	9.6
60	41.5	28.21	11.9	-41.4	-26.73	12.6	41.7	26.96	10.3	-41.7	-25.55	10.4	41.5	26.25	9.9	-41.5	-24.90	10.0
80	55.4	32.99	18.9	-55.4	-30.71	12.1	55.6	30.91	9.6	-55.5	-29.02	10.4	55.7	29.76	9.5	-55.7	-27.96	10.1
100	69.2	35.88	16.4	-69.5	-31.56	12.7	69.4	32.78	9.6	-69.4	-29.29	11.0	69.6	30.87	9.8	-69.6	-27.66	10.8
120	83.5	36.43	15.3	-83.5	-31.37	12.1	83.3	32.44	10.8	-83.7	-28.21	11.0	83.6	29.88	10.7	-83.5	-25.18	11.5
140	97.5	31.58	14.2	-95.1	-19.43	18.2	97.6	26.76	11.9									

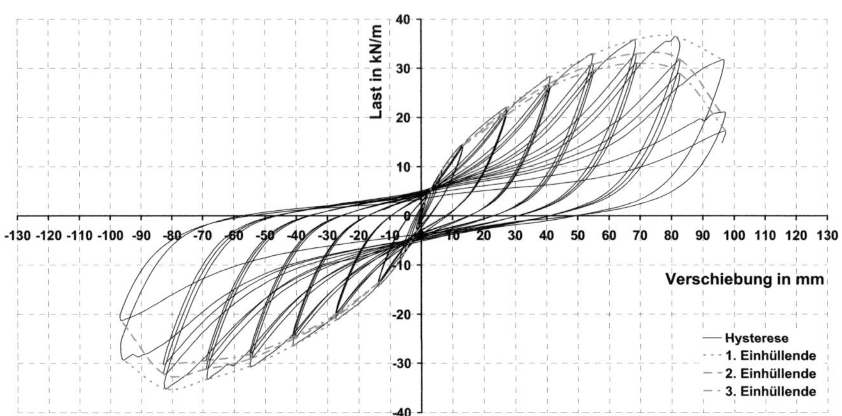

Bild 9-11   Last-Verschiebungsdiagramm ZYK_10_8

Tabelle 9-6   Versuchsergebnisse ZYK_10_8

LIG_ZYK_10_8		Versuchsergebnisse des zyklischen Versuches		
maximale Verschiebung aus monotonem Versuch	u_{max} = 70 mm	Verbindungsmittel	Klammern 1.83 x 63.5 mm, a_1 = 50 mm, a_2 = 30 mm in Koppelbrett BFU	
Verschiebungsgeschwindigkeit für zyklischen Versuch	d_r = 100 mm/min			
Gesamtdauer des Versuches	t_{tot} = 45 min	Zuganker	je 2 x TYP B an den Wandenden	
Äquivalente hysteretische Dämpfung	v_{ed} = Ed/(2*pi*Epot)	*) Wandlänge = 2.5 m		

% von u_{max}	Erste Einhüllende Positiv mm	kN/m *)	v_{ed} in %	Negativ mm	kN/m *)	v_{ed} in %	Zweite Einhüllende Positiv mm	kN/m *)	v_{ed} in %	Negativ mm	kN/m *)	v_{ed} in %	Dritte Einhüllende Positiv mm	kN/m *)	v_{ed} in %	Negativ mm	kN/m *)	v_{ed} in %
1.25	0.6	1.70	0.0	-0.9	-1.80	5.0												
2.50	1.0	2.58	5.5	-1.4	-2.74	14.1												
5.00	2.8	5.16	8.5	-3.0	-5.05	11.2												
7.50	4.9	7.03	7.9	-5.3	-7.33	8.2												
10	6.7	9.30	7.4	-6.7	-8.92	9.1												
20	13.5	14.30	9.6	-13.5	-14.10	11.4	13.5	14.54	8.4	-13.0	-13.30	9.7	13.3	14.32	8.3	-13.8	-13.64	9.0
40	27.3	21.91	12.2	-27.2	-21.08	13.4	27.3	21.36	10.2	-27.3	-20.47	10.4	27.2	20.55	9.9	-27.4	-20.06	10.0
60	41.1	28.16	12.0	-41.1	-26.39	13.0	40.6	26.78	11.2	-40.3	-24.82	10.9	41.2	26.21	10.1	-41.1	-24.62	10.4
80	55.0	32.86	11.4	-55.1	-30.59	12.3	55.0	30.79	10.3	-55.1	-29.12	10.5	55.0	29.53	10.0	-55.0	-28.16	10.3
100	68.2	35.82	11.5	-68.6	-33.21	12.3	68.8	33.01	10.2	-68.9	-31.18	10.7	69.0	31.00	10.2	-68.1	-29.39	10.7
120	81.4	36.41	11.8	-82.2	-35.20	12.3	82.8	31.79	10.9	-82.9	-32.14	10.8	82.5	28.99	10.9	-82.9	-30.28	10.0
140	96.8	31.60	11.7	-96.2	-29.22	15.1	95.7	21.00	13.8	-96.6	-21.24	13.6	97.4	17.12				

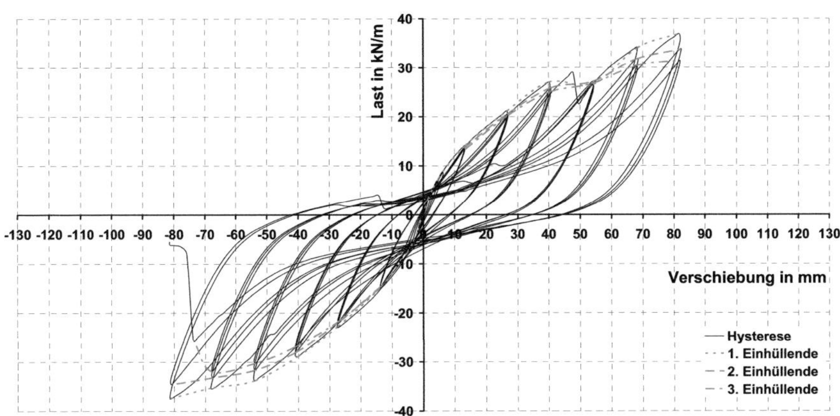

Bild 9-12   Last-Verschiebungsdiagramm ZYK_10_12

Tabelle 9-7   Versuchsergebnisse ZYK_10_12

LIG_ZYK_10_12	Versuchsergebnisse des zyklischen Versuches		
maximale Verschiebung aus monotonem Versuch	u_{max} = 60 mm	Verbindungsmittel	Klammern 1.83 x 63.5 mm, a_1 = 50 mm, a_2 = 30 mm in Koppelbrett BFU
Verschiebungsgeschwindigkeit für zyklischen Versuch	d_r = 100 mm/min		
Gesamtdauer des Versuches	t_{tot} = 36 min	Zuganker	je 2 x TYP B an den Wandenden
Äquivalente hysteretische Dämpfung	v_{ed} = Ed/(2*pi*Epot)	*) Wandlänge = 2.5 m	

% von u_{max}	Erste Einhüllende						Zweite Einhüllende						Dritte Einhüllende					
	Positiv			Negativ			Positiv			Negativ			Positiv			Negativ		
	mm	kN/m *)	v_{ed} in %	mm	kN/m *)	v_{ed} in %	mm	kN/m *)	v_{ed} in %	mm	kN/m *)	v_{ed} in %	mm	kN/m *)	v_{ed} in %	mm	kN/m *)	v_{ed} in %
1.25	0.6	1.31	0.0	-0.8	-1.13	4.0												
2.50	1.5	3.22	5.0	-1.9	-3.43	4.8												
5.00	3.3	5.55	6.6	-3.6	-5.84	6.9												
7.50	4.9	7.46	7.5	-5.1	-7.70	8.2												
10	6.1	8.83	8.5	-7.0	-9.13	8.3												
20	13.3	14.11	9.8	-13.8	-14.84	10.5	12.9	13.61	9.5	-13.8	-14.87	8.4	13.3	13.38	8.3	-13.5	-14.51	8.5
40	26.5	21.15	12.4	-27.6	-22.80	12.4	26.7	20.55	10.1	-27.5	-22.00	9.8	26.9	20.24	9.6	-26.7	-21.49	9.6
60	40.1	27.01	12.7	-40.2	-28.84	12.4	40.8	25.85	10.5	-41.0	-28.05	10.1	40.3	24.97	10.6	-41.1	-26.92	9.8
80	54.2	26.56	15.5	-54.2	-33.82	12.8	54.0	27.12	12.2	-54.0	-31.66	11.4	53.9	26.74	11.2	-53.8	-30.23	10.8
100	68.4	34.04	11.1	-68.3	-35.30	11.6	67.7	31.65	10.4	-67.5	-33.20	10.1	68.1	30.43	10.6	-68.0	-31.95	9.5
120	81.7	36.90	10.9	-81.4	-37.43	10.3	82.4	33.72	10.0	-80.9	-34.60	9.7	82.1	31.43	9.8	-73.9	-25.61	

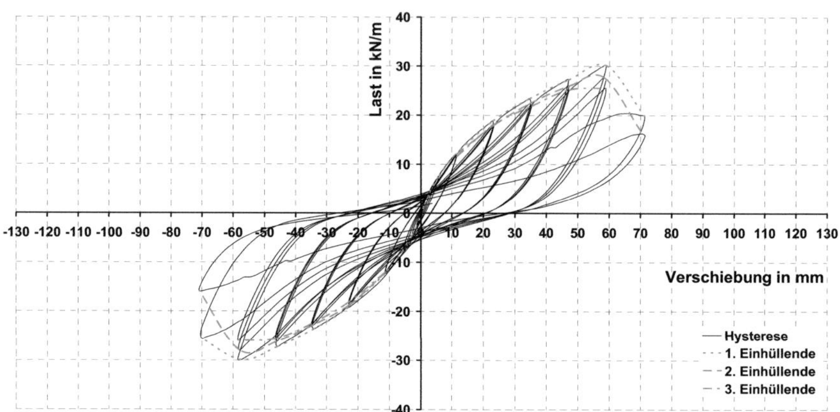

Bild 9-13   Last-Verschiebungsdiagramm ZYK_10_9

Tabelle 9-8   Versuchsergebnisse ZYK_10_9

LIG_ZYK_10_9	Versuchsergebnisse des zyklischen Versuches		
maximale Verschiebung aus monotonem Versuch	u_{max} = 60 mm	Verbindungsmittel	Rillennägel 2.8 x 65 mm, a_1 = 50 mm, a_2 = 30 mm in Koppelbrett BFU
Verschiebungsgeschwindigkeit für zyklischen Versuch	d_r = 100 mm/min		
Gesamtdauer des Versuches	t_{tot} = 32 min	Zuganker	je 2 x TYP B an den Wandenden
Äquivalente hysteretische Dämpfung	v_{ed} = Ed/(2*pi*Epot)	*) Wandlänge = 2.5 m	

	Erste Einhüllende						Zweite Einhüllende						Dritte Einhüllende					
	Positiv			Negativ			Positiv			Negativ			Positiv			Negativ		
% von u_{max}	mm	kN/m *)	v_{ed} in %	mm	kN/m *)	v_{ed} in %	mm	kN/m *)	v_{ed} in %	mm	kN/m *)	v_{ed} in %	mm	kN/m *)	v_{ed} in %	mm	kN/m *)	v_{ed} in %
1.25	0.6	0.90	1.4	-0.4	-1.02	6.1												
2.50	1.2	1.79	9.0	-1.3	-2.70	2.9												
5.00	2.9	4.26	6.1	-2.8	-4.62	6.5												
7.50	3.7	5.64	9.6	-4.3	-6.04	7.8												
10	5.7	7.55	7.9	-5.7	-7.54	8.1												
20	10.7	11.73	10.9	-11.5	-12.24	9.6	11.4	12.04	9.1	-11.0	-11.88	9.7	11.5	11.58	8.9	-11.4	-12.07	8.1
40	22.9	18.84	12.1	-23.0	-19.16	11.5	23.3	17.98	10.0	-22.7	-18.65	9.4	23.3	18.11	9.5	-23.0	-18.14	9.0
60	34.5	23.37	13.0	-34.1	-23.61	12.8	34.3	22.29	11.2	-33.9	-22.65	10.3	35.2	21.88	10.5	-34.8	-22.53	9.9
80	47.0	27.22	12.2	-46.1	-27.29	13.2	47.1	25.95	11.2	-46.2	-26.18	10.7	47.1	25.17	10.9	-46.4	-25.60	10.3
100	59.0	30.11	11.9	-57.4	-29.94	12.1	58.1	27.73	11.6	-57.9	-27.99	11.2	58.8	25.56	11.2	-58.5	-25.97	10.6
120	71.3	19.80	15.0	-70.2	-25.57	13.1	70.6	16.26	12.4	-71.0	-15.80	12.5						

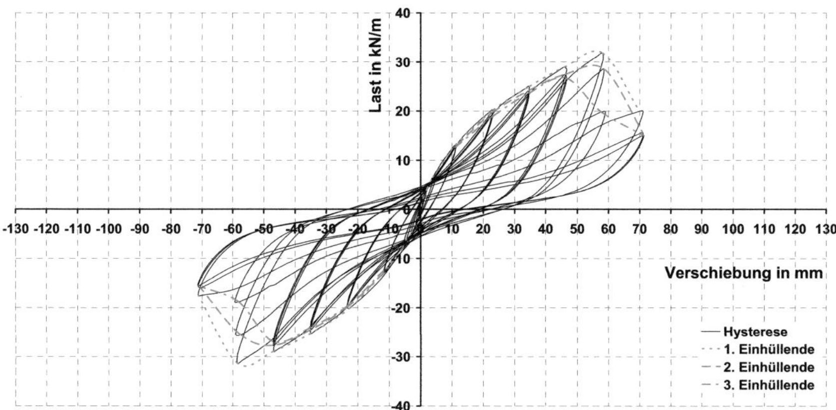

Bild 9-14　　　　　Last-Verschiebungsdiagramm ZYK_10_10

Tabelle 9-9　　　　　Versuchsergebnisse ZYK_10_10

LIG_ZYK_10_10			Versuchsergebnisse des zyklischen Versuches			
maximale Verschiebung aus monotonem Versuch	u_{max} = 60 mm		Verbindungsmittel		Rillennägel 2.8 x 65 mm, a_1 = 50 mm, a_2 = 30 mm in Koppelbrett BFU	
Verschiebungsgeschwindigkeit für zyklischen Versuch	d_r = 100 mm/min					
Gesamtdauer des Versuches	t_{tot} = 32 min		Zuganker		je 2 x TYP B an den Wandenden	
Äquivalente hysteretische Dämpfung	v_{ed} = Ed/(2*pi*Epot)		*) Wandlänge = 2.5 m			

	Erste Einhüllende						Zweite Einhüllende						Dritte Einhüllende					
	Positiv			Negativ			Positiv			Negativ			Positiv			Negativ		
% von u_{max}	mm	kN/m *)	v_{ed} in %	mm	kN/m *)	v_{ed} in %	mm	kN/m *)	v_{ed} in %	mm	kN/m *)	v_{ed} in %	mm	kN/m *)	v_{ed} in %	mm	kN/m *)	v_{ed} in %
1.25	0.3	0.52	15.5	-0.7	-1.36	6.4												
2.50	0.9	2.36	4.9	-1.6	-2.86	5.1												
5.00	2.0	4.20	5.8	-3.1	-4.93	8.1												
7.50	3.8	6.45	8.6	-4.4	-5.93	9.9												
10	5.6	8.01	7.6	-6.0	-7.95	9.1												
20	10.9	13.02	11.1	-11.7	-12.59	10.9	11.4	13.05	9.3	-11.6	-12.84	9.4	10.9	12.56	9.8	-11.7	-12.32	9.3
40	23.0	20.19	11.8	-22.4	-19.95	12.3	22.7	19.63	10.3	-23.4	-19.84	9.7	23.0	18.96	10.0	-23.1	-19.52	9.6
60	34.7	25.00	12.5	-35.1	-25.23	12.6	34.6	24.20	11.2	-34.9	-24.43	10.6	34.5	23.61	10.9	-34.8	-23.90	11.0
80	45.8	28.93	12.7	-47.0	-28.91	12.6	46.0	27.47	12.0	-47.1	-27.69	10.9	46.2	26.70	11.7	-47.1	-26.93	10.7
100	58.0	31.85	12.6	-58.5	-31.35	12.4	58.5	28.53	11.9	-57.5	-25.53	12.8	57.6	19.80	13.3	-58.1	-18.83	11.7
120	69.8	19.94	11.6	-71.3	-17.48	12.2	70.9	15.67	9.8	-70.6	-15.96	9.1	71.3	15.01	8.2	-71.4	-15.53	8.1

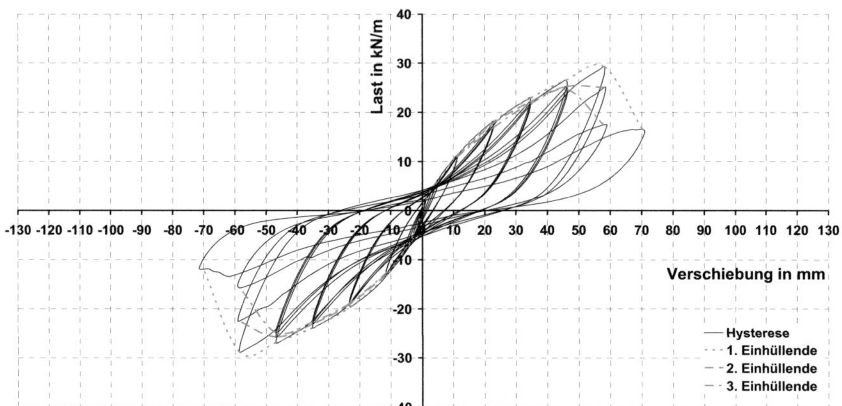

Bild 9-15   Last-Verschiebungsdiagramm ZYK_10_11

Tabelle 9-10   Versuchsergebnisse ZYK_10_11

LIG_ZYK_10_11	Versuchsergebnisse des zyklischen Versuches		
maximale Verschiebung aus monotonem Versuch	u_{max} = 60 mm	Verbindungsmittel	Rillennägel 2.8 x 65 mm, a_1 = 50 mm, a_2 = 30 mm in Koppelbrett BFU
Verschiebungsgeschwindigkeit für zyklischen Versuch	d_r = 100 mm/min		
Gesamtdauer des Versuches	t_{tot} = 26 min	Zuganker	je 2 x TYP B an den Wandenden
Äquivalente hysteretische Dämpfung	v_{ed} = Ed/(2*pi*Epot)	*) Wandlänge = 2.5 m	

	Erste Einhüllende						Zweite Einhüllende						Dritte Einhüllende					
	Positiv			Negativ			Positiv			Negativ			Positiv			Negativ		
% von u_{max}	mm	kN/m *)	v_{ed} in %	mm	kN/m *)	v_{ed} in %	mm	kN/m *)	v_{ed} in %	mm	kN/m *)	v_{ed} in %	mm	kN/m *)	v_{ed} in %	mm	kN/m *)	v_{ed} in %
1.25	0.19	0.74		-0.76	-1.60													
2.50	1.10	2.20		-1.56	-3.01													
5.00	2.25	3.73		-3.02	-5.16													
7.50	3.98	5.50		-3.83	-6.38													
10	5.56	6.46	9.5	-5.91	-8.25	8.0												
20	10.93	11.16	10.4	-10.92	-12.88	10.5	11.40	11.15	9.3	-11.65	-13.07	10.1	11.01	10.89	9.0	-10.93	-12.38	8.8
40	22.94	18.19	11.1	-22.50	-19.40	12.5	22.62	17.71	9.8	-23.40	-19.08	12.5	22.87	16.98	9.4	-23.13	-18.77	9.7
60	34.63	22.92	12.0	-35.09	-23.79	12.9	34.61	22.18	10.6	-35.04	-23.02	13.4	34.56	21.74	10.2	-34.94	-22.55	10.8
80	45.90	26.57	12.7	-47.00	-26.89	12.9	46.12	25.25	11.9	-47.03	-25.73	13.5	46.35	24.57	10.7	-46.99	-24.75	11.5
100	58.06	29.26	11.9	-58.70	-28.79	12.7	58.56	25.02	11.9	-59.13	-22.36	16.2	57.82	17.44	12.3	-58.50	-15.73	19.2
120	70.13	16.60	12.5	-70.09	-11.93	16.6												

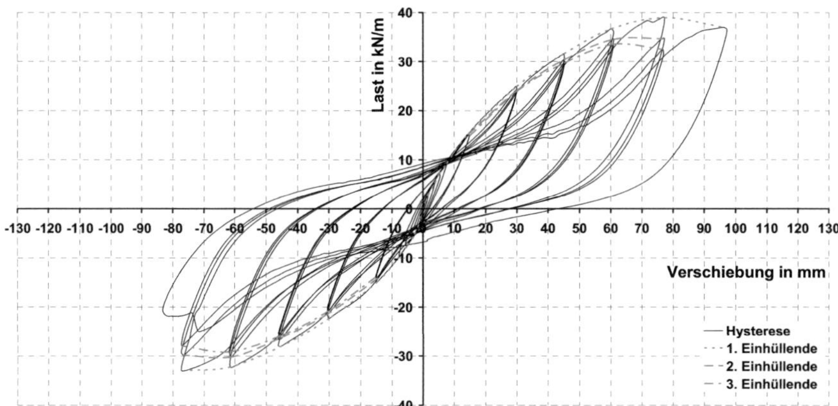

Bild 9-16   Last-Verschiebungsdiagramm L_N_Z_1

Tabelle 9-11   Versuchsergebnisse L_N_Z_1

L_N_Z_1	Versuchsergebnisse des zyklischen Versuches		
maximale Verschiebung aus monotonem Versuch	u_{max} = 80 mm	Verbindungsmittel	Klammern 1.83 x 64 mm, a_1 = 50 mm, a_2 = 30 mm, 1 Koppelbrett BFU
Verschiebungsgeschwindigkeit für zyklischen Versuch	d_r = 100 mm/min		
Gesamtdauer des Versuches	t_{tot} = 35 min	Zuganker	je 2 x TYP C an den Wandenden
Äquivalente hysteretische Dämpfung	v_{ed} = Ed/(2*pi*Epot)	*) Wandlänge = 2.5 m	

	Erste Einhüllende						Zweite Einhüllende						Dritte Einhüllende					
	Positiv			Negativ			Positiv			Negativ			Positiv			Negativ		
% von u_{max}	mm	kN/m *)	v_{ed} in %	mm	kN/m *)	v_{ed} in %	mm	kN/m *)	v_{ed} in %	mm	kN/m *)	v_{ed} in %	mm	kN/m *)	v_{ed} in %	mm	kN/m *)	v_{ed} in %
1.25	0.7	1.07	8.3	-1.0	-1.61	8.2												
2.50	1.5	2.80	5.3	-1.4	-3.25	9.7												
5.00	3.8	5.30	8.3	-3.1	-5.66	10.7												
7.50	5.2	7.15	11.7	-5.2	-7.57	11.8												
10	7.6	9.24	9.2	-7.7	-9.62	10.5												
20	14.5	15.32	10.8	-14.7	-14.82	13.4	14.3	15.14	9.7	-14.5	-14.09	10.6	14.8	14.86	9.2	-15.2	-13.86	10.1
40	29.9	24.89	10.9	-30.0	-22.25	15.8	30.0	24.11	9.9	-30.6	-21.45	11.7	29.7	23.81	9.4	-30.0	-20.71	11.8
60	45.0	31.59	11.7	-45.1	-27.91	14.5	45.1	30.38	10.5	-46.3	-26.50	12.0	45.2	29.69	10.0	-45.5	-25.84	12.0
80	60.1	36.67	11.8	-61.5	-32.23	14.2	61.0	34.54	10.7	-61.1	-30.19	12.5	60.8	33.52	10.4	-61.9	-29.14	11.8
100	77.2	38.92	12.1	-76.1	-32.96	14.8	77.3	34.67	12.0	-76.7	-29.84	13.9	76.6	32.51	12.6	-77.3	-27.95	13.7
120	96.2	36.99	14.1															

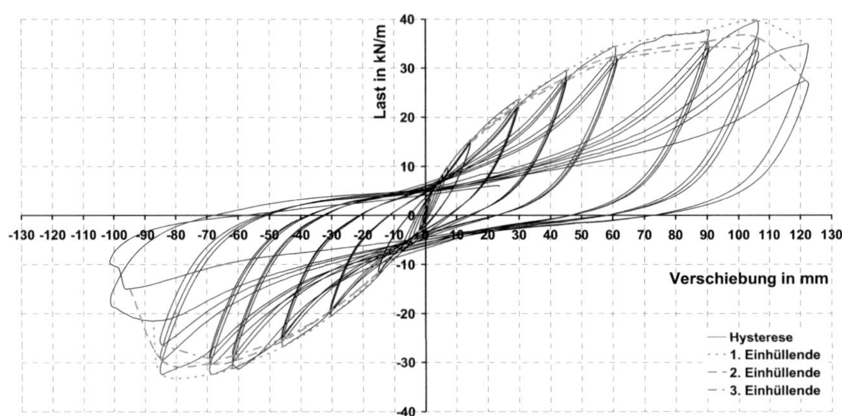

Bild 9-17   Last-Verschiebungsdiagramm L_N_Z_2

Tabelle 9-12   Versuchsergebnisse L_N_Z_2

L_N_Z_2	Versuchsergebnisse des zyklischen Versuches		
maximale Verschiebung aus monotonem Versuch	u_{max} = 80 mm	Verbindungsmittel	Klammern 1.83 x 64 mm, a_1 = 50 mm, a_2 = 30 mm, 1 Koppelbrett BFU
Verschiebungsgeschwindigkeit für zyklischen Versuch	d_r = 100 mm/min		
Gesamtdauer des Versuches	t_{tot} = 51 min	Zuganker	je 2 x TYP C an den Wandenden
Äquivalente hysteretische Dämpfung	v_{ed} = Ed/(2*pi*Epot)	*) Wandlänge = 2.5 m	

	Erste Einhüllende						Zweite Einhüllende						Dritte Einhüllende					
	Positiv			Negativ			Positiv			Negativ			Positiv			Negativ		
% von u_{max}	mm	kN/m *)	v_{ed} in %	mm	kN/m *)	v_{ed} in %	mm	kN/m *)	v_{ed} in %	mm	kN/m *)	v_{ed} in %	mm	kN/m *)	v_{ed} in %	mm	kN/m *)	v_{ed} in %
1.25	0.7	1.93	0.3	-0.9	-1.50	8.5												
2.50	1.8	3.81	4.8	-2.0	-2.97	9.2												
5.00	3.6	5.81	6.8	-3.8	-4.79	12.5												
7.50	5.6	8.43	8.0	-5.9	-6.03	13.0												
10	7.0	9.88	9.2	-7.8	-7.15	12.7												
20	14.6	15.40	9.8	-15.1	-11.99	12.3	14.5	15.14	9.1	-15.0	-11.74	11.3	14.3	14.84	8.9	-14.8	-11.52	11.3
40	29.8	23.45	11.7	-30.4	-20.50	13.4	29.2	22.48	10.3	-30.7	-19.55	11.0	29.8	22.27	9.5	-30.4	-19.45	10.7
60	45.2	29.44	12.0	-45.7	-26.72	14.3	45.2	28.16	10.7	-45.9	-25.62	12.2	45.3	27.50	10.2	-46.1	-25.08	11.2
80	60.8	34.44	11.9	-62.0	-31.06	13.7	60.4	32.45	11.2	-61.8	-29.77	11.7	61.5	31.83	10.5	-61.3	-28.54	11.8
100	89.5	37.76	15.3	-68.5	-32.39	15.4	90.0	35.49	11.4	-69.0	-30.31	13.0	90.5	34.31	10.6	-69.3	-29.12	12.5
120	106.1	39.63	12.0	-84.8	-32.40	15.4	106.0	36.24	11.4	-84.7	-29.58	14.0	105.9	33.60	11.3	-84.5	-26.50	14.7
140	122.5	34.84	10.6	-87.5	-21.46	12.5	121.8	27.39	12.0	-95.0	-14.91	-						

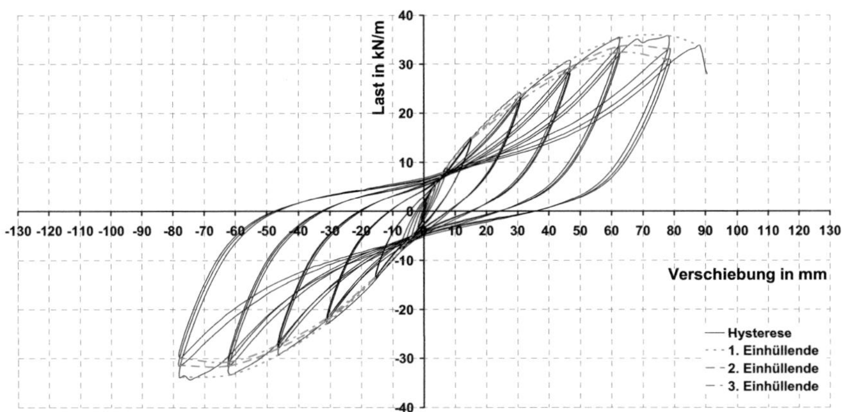

Bild 9-18   Last-Verschiebungsdiagramm L_N_Z_3

Tabelle 9-13   Versuchsergebnisse L_N_Z_3

L_N_Z_3	Versuchsergebnisse des zyklischen Versuches		
maximale Verschiebung aus monotonem Versuch	u_{max} = 80 mm	Verbindungsmittel	Klammern 1.83 x 64 mm, a_1 = 50 mm, a_2 = 30 mm, 1 Koppelbrett BFU, Elemente versetzt
Verschiebungsgeschwindigkeit für zyklischen Versuch	d_r = 100 mm/min		
Gesamtdauer des Versuches	t_{tot} = 33 min	Zuganker	je 2 x TYP C an den Wandenden
Äquivalente hysteretische Dämpfung	v_{ed} = Ed/(2*pi*Epot)	*) Wandlänge = 2.5 m	

	Erste Einhüllende						Zweite Einhüllende						Dritte Einhüllende					
	Positiv			Negativ			Positiv			Negativ			Positiv			Negativ		
% von u_{max}	mm	kN/m *)	v_{ed} in %	mm	kN/m *)	v_{ed} in %	mm	kN/m *)	v_{ed} in %	mm	kN/m *)	v_{ed} in %	mm	kN/m *)	v_{ed} in %	mm	kN/m *)	v_{ed} in %
1.25	1.0	1.89	2.8	-0.9	-1.82	3.8												
2.50	1.8	2.70	8.0	-2.0	-3.24	6.9												
5.00	3.6	5.47	8.9	-3.9	-5.21	11.2												
7.50	5.7	7.55	7.4	-5.9	-6.59	12.4												
10	7.5	9.26	8.6	-7.0	-7.62	12.5												
20	15.3	15.05	9.7	-15.5	-13.53	11.8	15.3	14.90	8.8	-15.6	-13.46	10.4	15.3	14.77	8.6	-15.5	-13.36	10.6
40	30.0	23.96	11.2	-31.1	-22.77	12.8	30.9	23.51	9.5	-30.5	-21.91	11.1	31.1	22.64	9.3	-31.1	-21.70	10.1
60	45.8	30.58	11.7	-46.5	-29.26	13.2	46.1	29.11	10.8	-46.6	-28.01	11.0	46.3	28.52	10.5	-46.7	-27.29	10.7
80	62.8	35.33	11.9	-61.6	-33.31	13.9	62.5	33.63	10.9	-62.5	-31.51	11.7	62.1	32.38	10.9	-62.4	-30.73	11.4
100	78.2	35.77	14.2	-78.2	-33.80	15.0	78.8	33.09	12.4	-78.5	-31.39	13.4	77.9	30.98	12.5	-77.8	-29.91	13.7
120	88.4	33.74																

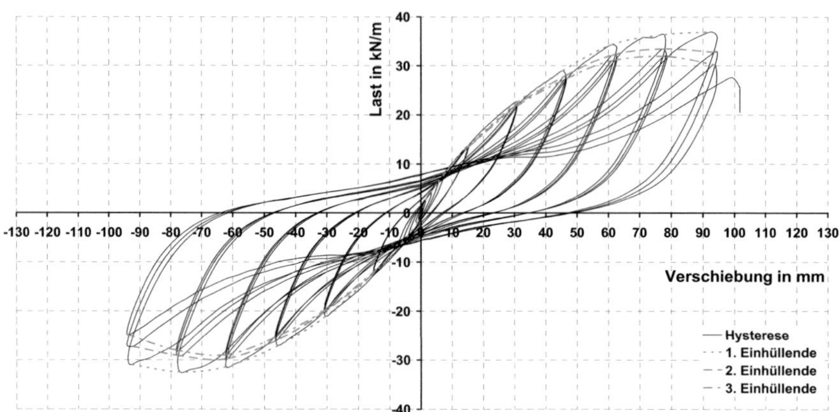

Bild 9-19   Last-Verschiebungsdiagramm L_N_Z_4

Tabelle 9-14   Versuchsergebnisse L_N_Z_4

L_N_Z_4	Versuchsergebnisse des zyklischen Versuches		
maximale Verschiebung aus monotonem Versuch	u_{max} = 80 mm	Verbindungsmittel	Klammern 1.83 x 64 mm, a_1 = 50 mm, a_2 = 30 mm, 1 Koppelbrett BFU, Elemente versetzt
Verschiebungsgeschwindigkeit für zyklischen Versuch	d_r = 100 mm/min		
Gesamtdauer des Versuches	t_{tot} = 23 min	Zuganker	je 2 x TYP C an den Wandenden
Äquivalente hysteretische Dämpfung	v_{ed} = Ed/(2*pi*Epot)	*) Wandlänge = 2.5 m	

	Erste Einhüllende						Zweite Einhüllende						Dritte Einhüllende					
	Positiv			Negativ			Positiv			Negativ			Positiv			Negativ		
% von u_{max}	mm	kN/m *)	v_{ed} in %	mm	kN/m *)	v_{ed} in %	mm	kN/m *)	v_{ed} in %	mm	kN/m *)	v_{ed} in %	mm	kN/m *)	v_{ed} in %	mm	kN/m *)	v_{ed} in %
1.25	0.7	1.05	0.0	-0.7	-1.35	8.0												
2.50	1.6	2.81	4.1	-1.0	-2.01	10.8												
5.00	3.0	4.28	11.3	-3.9	-4.51	8.6												
7.50	5.5	6.33	8.9	-5.8	-5.72	11.7												
10	7.4	7.92	8.4	-7.7	-7.55	9.6												
20	14.9	13.56	9.1	-15.4	-12.47	12.1	14.2	13.01	9.6	-15.2	-12.39	10.3	15.3	13.56	8.3	-14.2	-11.53	11.1
40	30.9	22.54	10.9	-30.5	-21.09	12.9	29.4	21.45	9.9	-31.1	-20.26	10.6	30.7	21.78	9.1	-30.1	-19.53	11.5
60	45.3	28.98	12.1	-45.8	-27.11	14.8	46.1	27.94	10.6	-46.4	-26.04	11.4	46.5	27.38	10.1	-46.7	-25.36	11.1
80	61.0	34.37	12.0	-62.2	-31.38	13.8	61.1	32.22	11.1	-62.3	-29.80	11.9	61.1	31.08	10.8	-62.3	-28.94	11.7
100	77.7	36.39	14.0	-77.1	-32.47	16.8	77.3	33.49	12.7	-76.7	-29.21	14.2	78.7	31.94	12.0	-78.4	-28.01	13.6
120	92.7	36.98	13.5	-93.6	-30.88	15.8	94.6	32.79	13.3	-92.4	-27.28	15.6	93.9	30.16	17.0	-94.2	-24.84	16.1

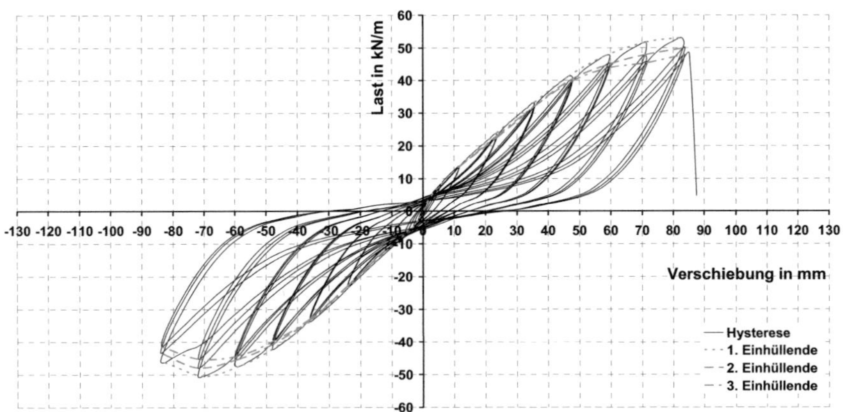

Bild 9-20   Last-Verschiebungsdiagramm L_N_Z_5

Tabelle 9-15   Versuchsergebnisse L_N_Z_5

L_N_Z_5	Versuchsergebnisse des zyklischen Versuches		
maximale Verschiebung aus monotonem Versuch	u_{max} = 60 mm	Verbindungsmittel	Klammern 2.0 x 100 mm, a_1 = 50 mm, a_2 = 30 mm, 2 Koppelbretter BFU
Verschiebungsgeschwindigkeit für zyklischen Versuch	d_r = 150 mm/min		
Gesamtdauer des Versuches	t_{tot} = 29 min	Zuganker	je 2 x TYP C an den Wandenden
Äquivalente hysteretische Dämpfung	v_{ed} = Ed/(2*pi*Epot)	*) Wandlänge = 2.5 m	

	Erste Einhüllende						Zweite Einhüllende						Dritte Einhüllende					
	Positiv			Negativ			Positiv			Negativ			Positiv			Negativ		
% von u_{max}	mm	kN/m *)	v_{ed} in %	mm	kN/m *)	v_{ed} in %	mm	kN/m *)	v_{ed} in %	mm	kN/m *)	v_{ed} in %	mm	kN/m *)	v_{ed} in %	mm	kN/m *)	v_{ed} in %
1.25	0.2	0.33	-	-0.8	-1.45	7.5												
2.50	1.3	2.72	-	-1.6	-2.77	6.6												
5.00	2.8	4.91	6.0	-2.9	-4.61	10.7												
7.50	4.0	6.68	8.0	-4.7	-5.88	11.6												
10	5.8	8.33	8.1	-6.2	-7.16	12.4												
20	11.8	13.89	9.4	-11.1	-11.64	12.5	11.7	13.75	8.5	-12.2	-11.85	10.5	11.4	13.41	8.8	-12.1	-12.07	10.1
40	23.4	23.89	9.6	-23.4	-22.86	9.9	23.7	22.59	7.6	-24.2	-22.80	7.7	23.7	23.20	6.9	-23.9	-22.70	7.5
60	35.6	33.24	8.4	-36.1	-33.62	8.5	35.8	32.16	7.1	-35.2	-32.55	7.5	35.4	31.89	6.9	-36.0	-32.82	6.8
80	46.4	41.18	8.4	-48.1	-42.16	8.6	47.1	40.08	7.4	-48.2	-40.75	8.6	47.6	39.68	6.8	-47.0	-39.34	6.9
100	58.2	47.53	8.4	-58.7	-47.41	9.1	59.8	45.06	7.7	-58.8	-45.19	7.5	59.7	43.84	7.4	-59.0	-44.25	7.3
120	71.2	51.72	8.7	-70.3	-50.43	9.2	70.9	47.87	7.9	-72.1	-47.89	7.5	71.7	45.46	7.3	-72.0	-45.19	7.5
140	82.7	53.08	8.4	-82.8	-46.25	9.9	83.9	49.99	6.6	-84.1	-43.30	7.4	83.6	47.98	6.4	-83.7	-41.48	7.1

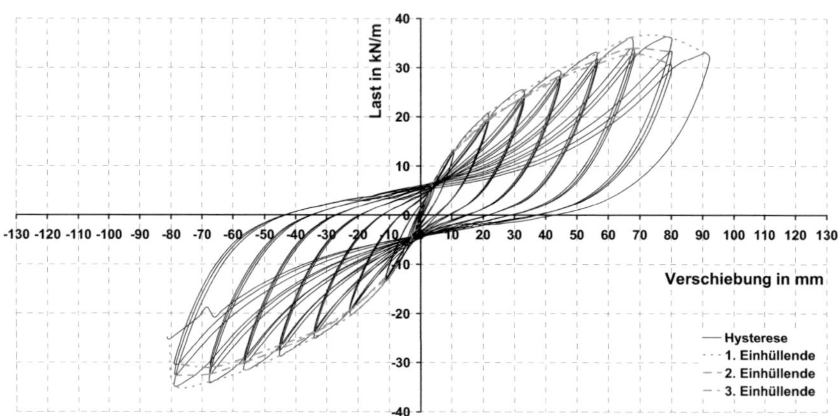

Bild 9-21   Last-Verschiebungsdiagramm L_N_Z_6

Tabelle 9-16   Versuchsergebnisse L_N_Z_6

L_N_Z_6	Versuchsergebnisse des zyklischen Versuches			
maximale Verschiebung aus monotonem Versuch	u_{max} = 60 mm	Verbindungsmittel	Klammern 1.83 x 64 mm, a_1 = 50 mm, a_2 = 30 mm, 1 Koppelbrett BFU, 5 Elemente	
Verschiebungsgeschwindigkeit für zyklischen Versuch	d_r = 150 mm/min			
Gesamtdauer des Versuches	t_{tot} = 29 min	Zuganker	je 2 x TYP C an den Wandenden	
Äquivalente hysteretische Dämpfung	v_{ed} = Ed/(2*pi*Epot)	*) Wandlänge = 3.125 m		

% von u_{max}	Erste Einhüllende Positiv mm	kN/m *)	v_{ed} in %	Erste Einhüllende Negativ mm	kN/m *)	v_{ed} in %	Zweite Einhüllende Positiv mm	kN/m *)	v_{ed} in %	Zweite Einhüllende Negativ mm	kN/m *)	v_{ed} in %	Dritte Einhüllende Positiv mm	kN/m *)	v_{ed} in %	Dritte Einhüllende Negativ mm	kN/m *)	v_{ed} in %
1.25	0.2	0.82	-	-0.9	-1.51	-												
2.50	1.3	2.37	4.6	-1.6	-2.80	4.4												
5.00	2.7	4.28	4.5	-2.9	-4.93	6.3												
7.50	4.1	6.69	5.3	-4.3	-6.36	7.1												
10	5.6	8.30	5.9	-5.6	-7.87	7.3												
20	10.9	13.22	8.2	-10.6	-13.13	10.3	10.8	13.10	6.9	-11.2	-12.65	8.1	10.5	12.81	7.3	-11.3	-13.04	7.4
40	21.6	20.77	10.4	-22.2	-20.30	12.9	21.8	19.38	9.2	-22.8	-19.56	9.1	21.9	19.79	8.2	-22.6	-19.31	8.9
60	33.0	25.31	11.7	-34.1	-24.85	12.4	33.4	24.32	10.1	-33.1	-23.66	10.7	32.8	23.82	9.7	-34.0	-23.64	9.9
80	43.5	29.30	11.6	-45.3	-28.63	12.5	44.1	28.21	11.1	-45.4	-27.38	10.7	44.6	27.86	9.9	-44.2	-26.26	10.7
100	56.5	32.97	11.3	-55.2	-31.42	12.3	56.6	31.66	10.4	-56.7	-30.06	10.9	56.6	30.85	10.1	-56.6	-29.21	10.7
120	67.3	36.20	11.6	-67.7	-33.96	12.1	67.1	33.93	10.7	-67.5	-32.38	10.9	68.4	32.87	10.2	-67.1	-31.05	10.9
140	78.5	36.34	11.7	-79.1	-34.64	12.0	80.2	33.31	10.8	-78.8	-32.68	11.1	79.5	30.83	11.4	-77.9	-30.41	11.1
160	91.0	33.05	11.8	-80.7	-25.28	15.2												

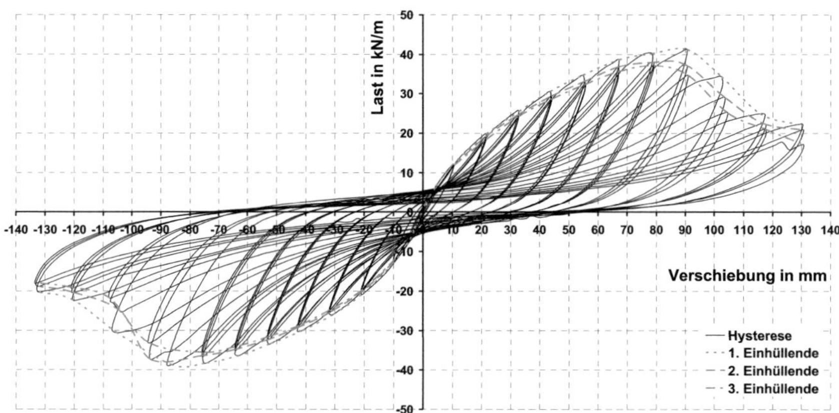

Bild 9-22   Last-Verschiebungsdiagramm L_N_Z_7

Tabelle 9-17   Versuchsergebnisse L_N_Z_7

L_N_Z_7	Versuchsergebnisse des zyklischen Versuches			
maximale Verschiebung aus monotonem Versuch	u_{max} = 60 mm	Verbindungsmittel	Klammern 1.83 x 64 mm, a_1 = 50 mm, a_2 = 30 mm, 1 Koppelbrett BFU, 5 Elemente	
Verschiebungsgeschwindigkeit für zyklischen Versuch	d_r = 150 mm/min			
Gesamtdauer des Versuches	t_{tot} = 64 min	Zuganker	je 2 x TYP C an den Wandenden	
Äquivalente hysteretische Dämpfung	v_{ed} = Ed/(2*pi*Epot)	*) Wandlänge = 3.125 m		

% von u_{max}	Erste Einhüllende						Zweite Einhüllende						Dritte Einhüllende					
	Positiv			Negativ			Positiv			Negativ			Positiv			Negativ		
	mm	kN/m *)	v_{ed} in %	mm	kN/m *)	v_{ed} in %	mm	kN/m *)	v_{ed} in %	mm	kN/m *)	v_{ed} in %	mm	kN/m *)	v_{ed} in %	mm	kN/m *)	v_{ed} in %
1.25	0.6	1.46	-	-0.5	-0.30	9.4												
2.50	0.8	1.95	6.9	-1.3	-1.74	3.9												
5.00	2.3	4.02	6.7	-2.9	-4.72	5.9												
7.50	3.9	5.65	6.3	-3.9	-6.37	7.2												
10	4.4	6.62	8.6	-5.0	-7.82	6.7												
20	9.7	11.76	9.2	-10.2	-13.06	8.6	10.7	11.94	7.2	-9.9	-12.53	8.1	10.6	11.95	6.6	-9.4	-11.87	8.0
40	21.6	19.77	10.0	-21.0	-20.90	10.6	21.2	19.07	8.3	-20.2	-19.76	9.2	21.6	18.47	8.0	-21.1	-19.89	8.0
60	32.9	25.52	10.5	-30.8	-25.99	12.0	32.0	24.39	10.0	-31.7	-25.36	9.6	32.8	24.27	8.8	-31.9	-24.81	9.3
80	43.5	30.56	11.7	-41.4	-30.01	12.0	44.0	29.39	9.8	-41.9	-28.93	10.6	44.2	28.66	9.3	-42.4	-28.72	9.8
100	54.8	34.67	11.5	-52.7	-33.54	12.4	55.1	33.04	10.5	-52.6	-32.18	11.0	55.2	32.25	10.2	-52.6	-31.50	10.8
120	67.2	38.65	10.5	-63.0	-36.43	11.7	67.0	36.79	9.8	-64.4	-34.90	10.4	66.8	35.52	10.2	-64.4	-34.20	10.1
140	78.5	40.24	10.8	-75.1	-38.39	12.0	77.8	37.95	10.1	-76.0	-36.48	10.4	79.2	37.13	9.6	-75.9	-35.57	10.1
160	90.6	41.21	10.4	-86.2	-38.77	11.3	89.6	37.52	10.4	-93.7	-37.35	12.0	90.9	34.61	10.5	-94.6	-32.99	11.4
180	102.3	34.34	13.0	-105.2	-30.59	14.3	103.6	29.01	11.7	-103.8	-25.27	14.7	104.6	25.07	11.3	-107.8	-21.82	12.2
200	115.5	24.94	11.9	-120.5	-22.26	12.6	116.4	22.54	10.7	-120.8	-20.25	11.9	117.3	21.03	10.8	-121.0	-19.07	10.9
220	128.7	22.23	10.3	-132.4	-20.27	12.3	130.7	20.82	9.4	-132.3	-18.83	10.7	130.7	17.17	10.7	-133.6	-17.89	9.7

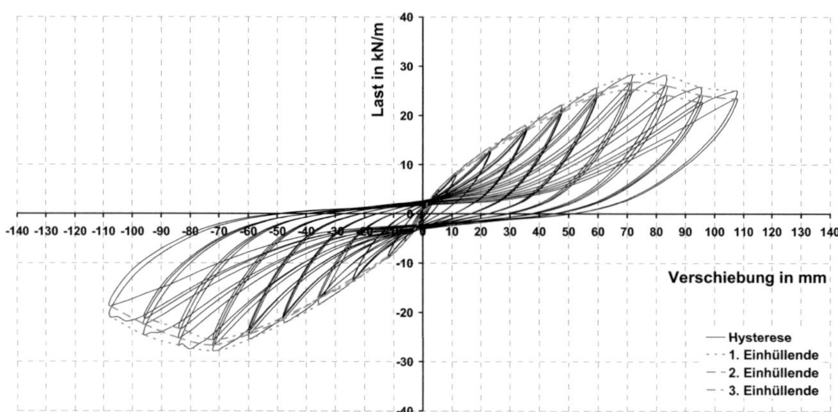

Bild 9-23 Last-Verschiebungsdiagramm L_N_Z_8

Tabelle 9-18 Versuchsergebnisse L_N_Z_8

L_N_Z_8	Versuchsergebnisse des zyklischen Versuches		
maximale Verschiebung aus monotonem Versuch	u_{max} = 60 mm	Verbindungsmittel	Klammern 1.83 x 64 mm, a_1 = 50 mm, a_2 = 30 mm, 1 Koppelbrett BFU, 2 Elemente
Verschiebungsgeschwindigkeit für zyklischen Versuch	d_r = 150 mm/min		
Gesamtdauer des Versuches	t_{tot} = 42 min	Zuganker	je 2 x TYP C an den Wandenden
Äquivalente hysteretische Dämpfung	v_{ed} = Ed/(2*pi*Epot)	*) Wandlänge = 1.25 m	

	Erste Einhüllende						Zweite Einhüllende						Dritte Einhüllende					
	Positiv			Negativ			Positiv			Negativ			Positiv			Negativ		
% von u_{max}	mm	kN/m *)	v_{ed} in %	mm	kN/m *)	v_{ed} in %	mm	kN/m *)	v_{ed} in %	mm	kN/m *)	v_{ed} in %	mm	kN/m *)	v_{ed} in %	mm	kN/m *)	v_{ed} in %
1.25	0.2	0.45		-0.8	-1.02													
2.50	1.2	1.77		-1.4	-1.86													
5.00	2.7	3.11	5.2	-2.3	-2.86													
7.50	3.4	3.80	8.9	-4.6	-4.60													
10	5.4	5.14	7.5	-6.1	-5.62													
20	11.4	8.42	9.1	-12.2	-8.97	7.6	10.9	7.94	8.6	-12.1	-8.82	7.4	11.7	8.05	7.6	-11.8	-8.60	5.5
40	22.4	13.33	6.6	-	-	-	23.7	13.30	7.9	-23.9	-13.64	7.4	23.1	12.82	8.5	-24.0	-13.08	
60	34.6	17.86	10.2	-35.5	-18.33	8.4	35.6	17.52	8.2	-34.1	-16.69	8.5	35.8	17.09	7.8	-35.1	-17.01	8.1
80	47.7	22.11	9.5	-47.2	-21.99	8.1	47.8	21.28	8.2	-47.7	-21.34	7.7	47.8	20.70	7.9	-48.1	-21.01	7.7
100	59.3	25.57	9.1	-59.7	-25.46	7.7	59.3	24.42	8.0	-59.7	-24.40	7.6	59.3	23.85	7.7	-59.7	-23.79	7.6
120	71.7	28.25	8.8	-70.8	-27.85	7.6	71.3	26.73	8.0	-72.2	-26.70	7.4	70.8	25.25	8.1	-72.1	-25.57	8.0
140	82.8	28.21	9.5	-84.2	-26.74	8.0	83.8	25.97	8.4	-84.1	-25.20	7.6	83.4	24.16	8.4	-83.4	-23.37	7.8
160	95.0	25.80	9.7	-95.9	-24.59	7.8	95.7	24.08	8.4	-96.3	-22.32	7.7	94.5	22.66	8.1	-95.4	-21.26	9.4
180	107.7	24.94	8.6	-107.5	-20.99	9.4	107.8	23.34	8.2	-108.0	-18.69							

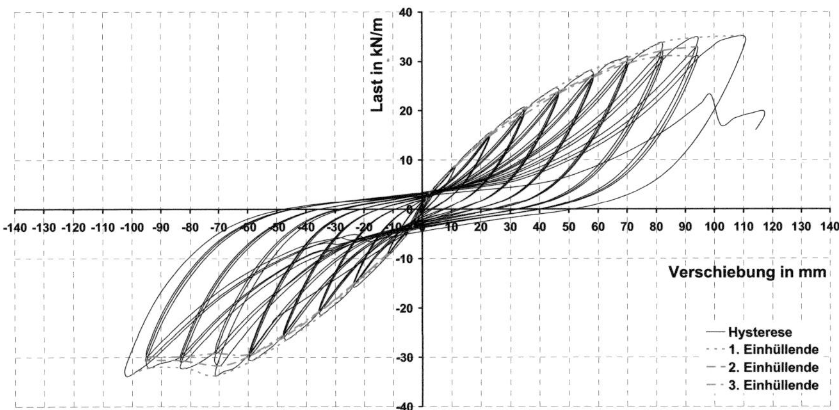

Bild 9-24   Last-Verschiebungsdiagramm L_N_Z_9

Tabelle 9-19   Versuchsergebnisse L_N_Z_9

L_N_Z_9	Versuchsergebnisse des zyklischen Versuches		
maximale Verschiebung aus monotonem Versuch	u_{max} = 60 mm	Verbindungsmittel	Klammern 1.83 x 64 mm, a_1 = 50 mm, a_2 = 30 mm, 1 Koppelbrett BFU, 2 Elemente
Verschiebungsgeschwindigkeit für zyklischen Versuch	d_r = 150 mm/min		
Gesamtdauer des Versuches	t_{tot} = 30 min	Zuganker	je 2 x TYP C an den Wandenden
Äquivalente hysteretische Dämpfung	v_{ed} = Ed/(2*pi*Epot)	*) Wandlänge = 1.25 m	

	Erste Einhüllende						Zweite Einhüllende						Dritte Einhüllende					
	Positiv			Negativ			Positiv			Negativ			Positiv			Negativ		
% von u_{max}	mm	kN/m *)	v_{ed} in %	mm	kN/m *)	v_{ed} in %	mm	kN/m *)	v_{ed} in %	mm	kN/m *)	v_{ed} in %	mm	kN/m *)	v_{ed} in %	mm	kN/m *)	v_{ed} in %
1.25	0.5	0.98		-0.7	-0.78	7.9												
2.50	1.3	2.02		-1.7	-1.82	3.3												
5.00	2.4	3.14	2.1	-3.0	-3.17	4.2												
7.50	3.1	3.79	8.0	-4.1	-4.23	7.2												
10	5.4	4.83	6.6	-5.7	-5.40	7.5												
20	11.5	8.86	6.5	-11.9	-9.40	7.5	10.8	8.46	6.5	-11.9	-8.99	7.6	11.5	8.78	5.1	-11.6	-9.01	6.2
40	23.1	15.46	8.0	-23.8	-15.57	9.0	23.1	15.11	5.9	-23.9	-15.29	9.0	23.1	14.89	5.6	-23.9	-15.11	6.0
60	35.1	20.45	8.4	-34.8	-21.43	9.6	34.8	20.04	6.6	-35.9	-20.94	9.6	34.9	19.20	6.4	-35.4	-20.53	6.6
80	45.4	24.53	8.9	-46.9	-26.46	9.5	46.0	23.65	7.7	-47.5	-25.73	9.5	46.5	23.42	6.9	-47.8	-25.41	6.7
100	57.1	28.02	8.9	-58.0	-30.46	8.9	58.6	27.08	7.4	-59.7	-29.78	8.9	58.5	26.72	7.0	-59.6	-29.35	6.9
120	70.4	30.77	8.7	-71.4	-33.71	10.5	69.5	29.94	8.0	-69.7	-31.69	10.5	70.4	29.56	7.4	-71.1	-29.23	8.3
140	82.1	33.77	8.7	-81.7	-32.21	9.9	82.2	32.12	8.0	-83.6	-30.67	9.9	82.2	31.02	7.8	-83.6	-29.88	8.4
160	92.3	34.70	8.7	-94.2	-32.15	10.9	94.2	32.93	8.1	-95.5	-30.63	10.9	94.4	30.90	8.0	-95.1	-29.86	8.5
180	109.5	35.18	9.8	-101.9	-33.91	9.6												

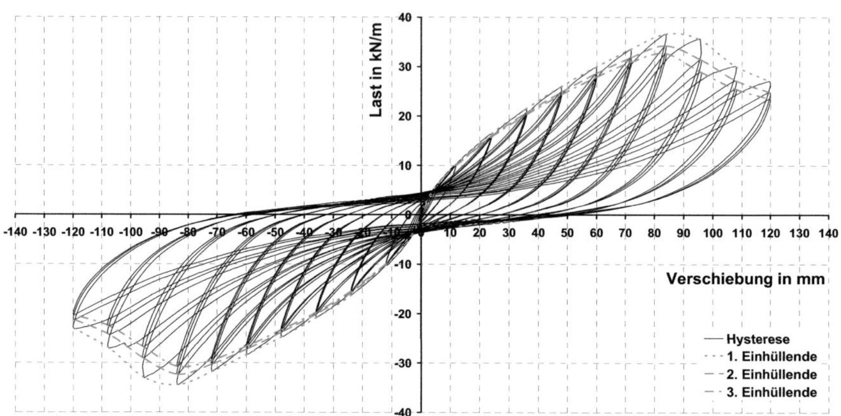

Bild 9-25   Last-Verschiebungsdiagramm L_N_Z_10

Tabelle 9-20   Versuchsergebnisse L_N_Z_10

L_N_Z_10	Versuchsergebnisse des zyklischen Versuches		
maximale Verschiebung aus monotonem Versuch	u_{max} = 60 mm	Verbindungsmittel	Klammern 1.83 x 64 mm, a_1 = 50 mm, a_2 = 30 mm, 1 Koppelbrett BFU, 3 Elemente
Verschiebungsgeschwindigkeit für zyklischen Versuch	d_r = 200 mm/min		
Gesamtdauer des Versuches	t_{tot} = min	Zuganker	je 2 x TYP C an den Wandenden
Äquivalente hysteretische Dämpfung	v_{ed} = Ed/(2*pi*Epot)	*) Wandlänge = 1.875 m	

	Erste Einhüllende						Zweite Einhüllende						Dritte Einhüllende					
	Positiv			Negativ			Positiv			Negativ			Positiv			Negativ		
% von u_{max}	mm	kN/m *)	v_{ed} in %	mm	kN/m *)	v_{ed} in %	mm	kN/m *)	v_{ed} in %	mm	kN/m *)	v_{ed} in %	mm	kN/m *)	v_{ed} in %	mm	kN/m *)	v_{ed} in %
1.25	0.7	1.41	-	-0.7	-1.29	-												
2.50	1.5	2.44	2.1	-1.5	-2.32	2.0												
5.00	2.9	3.99	5.3	-3.0	-3.98	6.6												
7.50	4.4	5.25	9.2	-4.4	-5.28	9.1												
10	5.9	6.37	11.6	-5.8	-6.43	8.3												
20	11.7	10.10	10.3	-12.0	-10.08	11.2	11.9	10.05	8.7	-11.9	-9.99	11.0	11.9	9.98	8.7	-11.9	-9.90	9.3
40	23.8	16.35	10.1	-23.6	-16.14	13.6	23.8	15.93	8.8	-23.7	-15.64	10.8	23.8	15.70	8.2	-23.9	-15.40	10.2
60	35.4	21.37	11.2	-35.7	-20.74	11.7	35.8	20.65	9.3	-35.7	-20.03	10.2	35.8	20.29	8.9	-35.7	-19.67	9.5
80	47.5	25.85	10.4	-47.7	-24.66	11.5	47.8	24.81	9.2	-47.7	-23.70	9.8	47.8	24.32	8.9	-47.7	-23.22	9.3
100	59.5	29.88	9.9	-59.7	-28.29	10.9	59.6	28.54	9.7	-59.7	-27.21	9.8	59.9	27.87	9.0	-59.8	-26.59	9.3
120	71.6	33.51	10.3	-71.3	-31.65	10.5	71.6	31.84	8.9	-71.8	-30.30	9.3	71.6	30.90	8.9	-71.8	-29.50	9.0
140	83.6	36.62	9.3	-83.3	-34.44	10.0	83.6	34.27	8.2	-83.8	-32.36	9.2	83.6	32.72	7.8	-83.8	-30.79	8.2
160	95.0	35.65	11.5	-95.4	-33.05	11.2	95.6	31.50	9.8	-95.8	-29.09	10.6	95.6	28.95	9.7	-95.8	-26.82	10.2
180	107.6	30.14	10.8	-107.4	-27.15	12.0	107.7	27.20	10.3	-107.4	-24.30	11.1	107.6	25.49	10.2	-107.4	-22.57	10.7
200	119.7	27.05	10.6	-119.3	-23.16	12.1	119.5	24.83	10.5	-119.7	-21.27	11.4	119.8	23.45	9.3	-119.6	-20.33	9.9

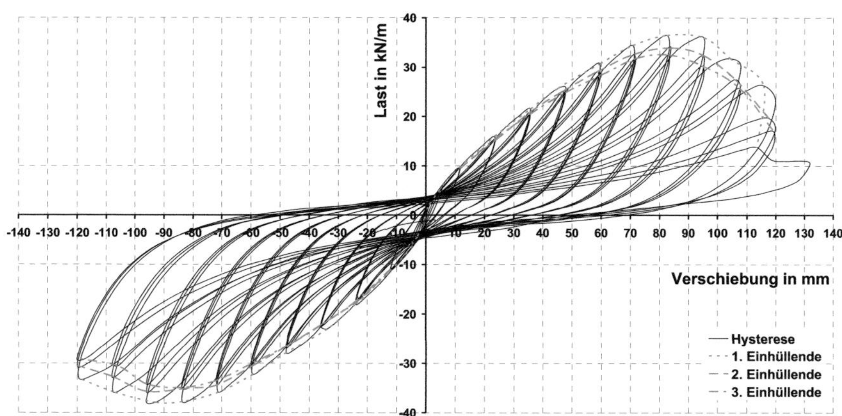

Bild 9-26   Last-Verschiebungsdiagramm L_N_Z_11

Tabelle 9-21   Versuchsergebnisse L_N_Z_11

L_N_Z_11	Versuchsergebnisse des zyklischen Versuches		
maximale Verschiebung aus monotonem Versuch	u_{max} = 60 mm	Verbindungsmittel	Klammern 1.83 x 64 mm, a_1 = 50 mm, a_2 = 30 mm, 1 Koppelbrett BFU, 3 Elemente
Verschiebungsgeschwindigkeit für zyklischen Versuch	d_r = 300 mm/min		
Gesamtdauer des Versuches	t_{tot} = 29 min	Zuganker	je 2 x TYP C an den Wandenden
Äquivalente hysteretische Dämpfung	v_{ed} = Ed/(2*pi*Epot)	*) Wandlänge = 1.875 m	

	Erste Einhüllende						Zweite Einhüllende						Dritte Einhüllende					
	Positiv			Negativ			Positiv			Negativ			Positiv			Negativ		
% von u_{max}	mm	kN/m *)	v_{ed} in %	mm	kN/m *)	v_{ed} in %	mm	kN/m *)	v_{ed} in %	mm	kN/m *)	v_{ed} in %	mm	kN/m *)	v_{ed} in %	mm	kN/m *)	v_{ed} in %
1.25	0.5	1.17	-	-0.1	-0.35	-												
2.50	1.3	2.22	-	-1.6	-2.24	1.7												
5.00	2.8	3.63	3.3	-2.9	-4.39	7.1												
7.50	4.3	4.78	8.3	-4.5	-5.34	7.5												
10	5.8	6.06	7.7	-4.6	-6.27	14.1												
20	11.5	9.68	11.3	-11.8	-11.05	14.1	11.7	9.61	10.0	-12.0	-10.94	8.7	11.8	9.54	8.4	-12.1	-10.87	9.2
40	23.4	15.99	10.8	-24.0	-17.98	11.0	23.8	15.30	9.5	-22.6	-17.01	10.3	23.5	15.46	8.7	-24.0	-17.39	8.7
60	35.7	21.53	10.5	-33.8	-23.02	11.8	35.6	20.89	9.1	-36.1	-22.19	9.2	35.4	20.41	9.2	-36.1	-22.29	8.8
80	45.1	25.68	10.6	-48.0	-27.84	11.1	46.7	25.08	10.7	-48.1	-26.60	9.4	47.7	24.85	9.0	-46.9	-26.17	10.0
100	59.6	30.77	10.1	-59.4	-32.27	10.6	58.5	29.07	10.2	-58.1	-30.06	9.6	59.9	28.36	9.0	-60.1	-30.16	8.9
120	70.8	34.44	11.3	-71.2	-35.87	10.2	71.3	32.70	9.2	-71.7	-34.38	9.0	71.6	31.78	8.8	-71.9	-33.47	8.8
140	82.6	36.48	10.9	-83.8	-37.78	10.2	83.9	33.92	9.4	-81.7	-35.07	9.3	82.8	32.53	10.2	-83.9	-34.94	8.8
160	95.3	35.97	10.3	-92.9	-37.93	10.2	95.0	32.43	9.9	-96.1	-35.71	9.2	94.6	30.31	10.7	-96.0	-34.21	9.0
180	104.2	31.80	11.7	-107.6	-35.82	10.5	105.8	27.51	11.5	-108.1	-32.71	9.6	107.4	25.71	10.5	-105.9	-30.62	9.7
200	115.6	26.31	13.9	-119.4	-33.17	10.8	117.4	19.69	15.1	-120.0	-30.57	10.0	119.1	17.04	12.7	-120.1	-29.11	9.5
220	113.4	13.78	20.3															

9.4   Anlagen zu Abschnitt 4.4

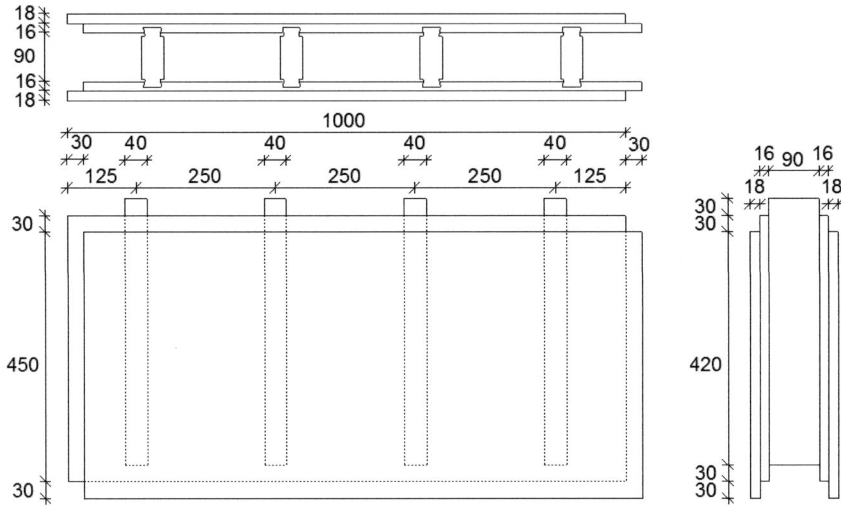

Bild 9-27   Einzelelement (Maße in mm)

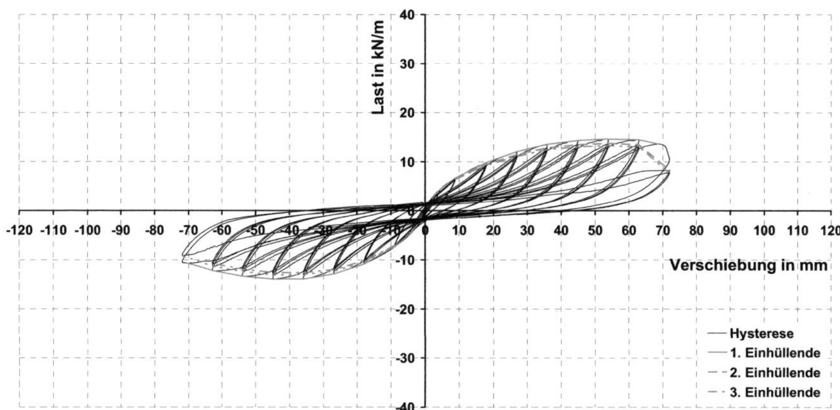

Bild 9-28   Last-Verschiebungsdiagramm HIB_ZYK_0_1

Tabelle 9-22   Versuchsergebnisse HIB_ZYK_0_1

ZYK_0_1	Versuchsergebnisse des zyklischen Versuches		
maximale Verschiebung aus monotonem Versuch	u_{max} = 45 mm	Äquivalente hysteretische Dämpfung v_{ed} = Ed/(2*pi*Epot)	
Verschiebungsgeschwindigkeit für zyklischen Versuch	d_r = 30 mm/min	*) Wandlänge = 3.0 m	
Gesamtdauter des Versuchs	2h 08min		

	Erste Einhüllende						Zweite Einhüllende						Dritte Einhüllende					
	Positiv			Negativ			Positiv			Negativ			Positiv			Negativ		
% von u_{max}	mm	kN/m *)	v_{ed} in %	mm	kN/m *)	v_{ed} in %	mm	kN/m *)	v_{ed} in %	mm	kN/m *)	v_{ed} in %	mm	kN/m *)	v_{ed} in %	mm	kN/m *)	v_{ed} in %
1.25	0.5	0.88		-0.5	-0.80													
2.50	1.0	1.34		-0.9	-1.43													
5.00	2.2	2.57		-2.2	-2.81													
7.50	3.3	3.61		-3.3	-3.70													
10	4.5	4.43		-4.3	-4.66													
20	8.6	6.63	11.5	-8.9	-7.30	11.2	8.7	6.50	10.4	-9.0	-7.17	8.9	8.9	6.47	9.7	-8.7	-6.96	9.4
40	18.0	9.89	12.7	-17.8	-10.84	12.5	17.7	9.41	10.1	-18.0	-10.50	9.2	17.8	9.26	9.6	-18.0	-10.22	9.0
60	26.9	12.09	12.1	-26.7	-12.86	12.2	27.0	11.47	9.7	-26.9	-12.29	9.4	26.7	11.05	9.4	-26.9	-12.00	8.6
80	35.8	13.55	11.2	-35.6	-13.88	11.6	35.9	12.85	9.7	-35.7	-13.00	9.4	36.0	12.50	8.9	-35.8	-12.61	8.9
100	45.0	14.36	10.9	-44.9	-13.94	11.3	45.0	13.49	9.9	-44.9	-13.11	9.5	44.8	13.06	9.2	-45.0	-12.62	8.8
120	52.8	14.62	10.8	-53.6	-13.38	11.8	53.9	13.76	9.7	-53.7	-12.42	9.7	54.0	13.28	9.0	-53.8	-11.89	9.8
140	62.7	14.52	10.7	-62.4	-12.29	11.9	62.8	13.49	9.7	-62.5	-11.40	10.6	62.9	13.04	9.4	-62.6	-10.82	10.1
160	68.5	13.63	12.5	-70.3	-10.71	13.8	72.0	8.23	15.7	-71.9	-9.23	12.7	71.7	7.84	13.1			

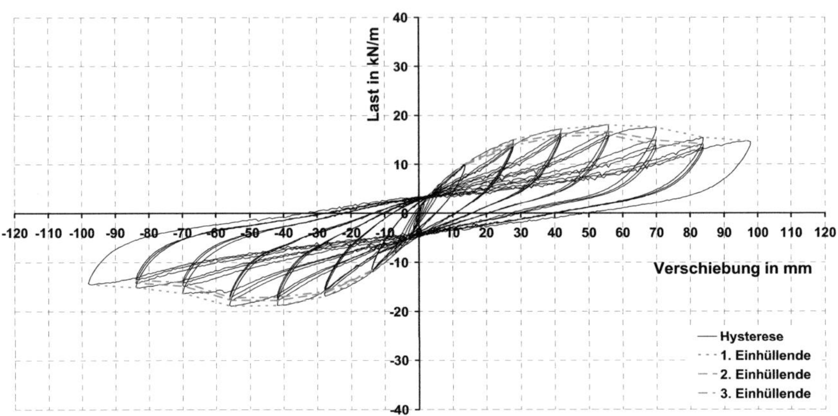

Bild 9-29   Last-Verschiebungsdiagramm HIB_ZYK_10_1

Tabelle 9-23   Versuchsergebnisse HIB_ZYK_10_1

ZYK_10_1	Versuchsergebnisse des zyklischen Versuches		
maximale Verschiebung aus monotonem Versuch	u_{max} = 70 mm	Äquivalente hysteretische Dämpfung v_{ed} = Ed/(2*pi*Epot)	
Verschiebungsgeschwindigkeit für zyklischen Versuch	d_r = 40 mm/min	*) Wandlänge = 3.0 m	
Gesamtdauer des Versuchs	1h 40 min		

	Erste Einhüllende						Zweite Einhüllende						Dritte Einhüllende					
	Positiv			Negativ			Positiv			Negativ			Positiv			Negativ		
% von u_{max}	mm	kN/m *)	v_{ed} in %	mm	kN/m *)	v_{ed} in %	mm	kN/m *)	v_{ed} in %	mm	kN/m *)	v_{ed} in %	mm	kN/m *)	v_{ed} in %	mm	kN/m *)	v_{ed} in %
1.25	0.8	1.25		-0.8	-1.91													
2.50	1.6	1.80		-1.5	-3.04													
5.00	3.0	3.50		-3.5	-5.15													
7.50	5.0	5.16		-5.2	-6.55													
10	6.6	6.05		-7.0	-8.04													
20	13.9	10.14	13.1	-13.6	-11.93	13.8	13.9	10.09	13.1	-13.6	-11.66	11.7	13.9	9.91	12.3	-13.6	-11.56	11.0
40	27.9	15.06	14.6	-27.6	-16.90	13.8	28.0	14.40	12.7	-27.7	-16.22	11.3	28.0	13.90	12.4	-27.8	-15.93	10.9
60	41.5	17.19	14.4	-41.2	-18.73	13.2	41.6	16.29	12.3	-41.9	-17.75	10.8	41.6	15.75	12.4	-42.0	-17.10	10.6
80	55.1	18.07	13.6	-55.5	-18.89	12.7	55.9	16.68	12.9	-55.6	-17.67	11.2	55.9	15.97	12.2	-55.6	-17.17	10.6
100	69.3	17.61	13.9	-69.6	-16.33	15.7	69.9	14.93	14.5	-69.6	-14.83	14.4	69.9	13.94	14.8	-69.5	-14.08	14.1
120	83.8	15.50	15.0	-82.9	-15.18	15.3	83.8	14.17	14.7	-83.5	-14.18	14.2	83.9	13.58	14.8	-84.0	-13.58	14.1
140	97.2	14.76	15.3	-96.9	-14.51	14.8												

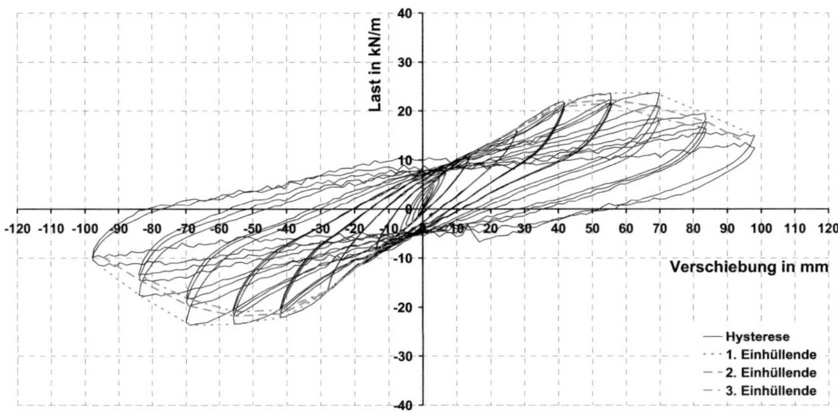

Bild 9-30   Last-Verschiebungsdiagramm HIB_ZYK_20_1

Tabelle 9-24   Versuchsergebnisse HIB_ZYK_20_1

ZYK_20_1						Versuchsergebnisse des zyklischen Versuches											
maximale Verschiebung aus monotonem Versuch						u_{max} = 70 mm			Äquivalente hysteretische Dämpfung v_{ed} = Ed/(2*pi*Epot)								
Verschiebungsgeschwindigkeit für zyklischen Versuch						d_r = 100 mm/min			*) Wandlänge = 3.0 m								
Gesamtdauer des Versuchs						45 min											
	Erste Einhüllende						Zweite Einhüllende						Dritte Einhüllende				
	Positiv			Negativ			Positiv			Negativ			Positiv			Negativ		
% von u_{max}	mm	kN/m *)	v_{ed} in %	mm	kN/m *)	v_{ed} in %	mm	kN/m *)	v_{ed} in %	mm	kN/m *)	v_{ed} in %	mm	kN/m *)	v_{ed} in %	mm	kN/m *)	v_{ed} in %
1.25	0.8	4.82		-0.9	-4.706													
2.50	1.5	8.248		-1.6	-5.472													
5.00	3.3	14.86		-3.3	-8.565													
7.50	4.9	19.35		-4.7	-10.88													
10	6.9	21.98		-7.0	-14.96													
20	13.5	32.66	10.3	-13.9	-25.81	16.8	13.0	32.17	11.3	-13.6	-25.95	17.0	14.0	33.31	10.8	-13.2	-24.98	17.7
40	27.1	48.24	11.1	-27.9	-50.05	12.7	27.3	48.81	11.7	-28.0	-50.18	13.0	27.5	49.09	11.7	-28.0	-49.80	12.8
60	41.0	65.69	16.7	-40.7	-65.92	14.4	41.9	64.52	10.8	-41.6	-63.92	12.7	41.2	62.60	10.9	-42.0	-61.68	12.3
80	55.5	70.78	13.0	-55.4	-70.23	15.0	55.3	66.75	11.8	-55.3	-65.35	13.1	55.1	64.61	11.8	-55.1	-62.69	18.5
100	68.4	71.11	12.5	-68.7	-70.92	15.3	67.2	63.11	12.9	-69.2	-59.08	17.5	69.4	55.55	15.1	-69.7	-54.59	17.5
120	83.3	58.41	16.4	-83.9	-52.59	21.7	84.0	53.24	18.2	-83.4	-43.89	24.6	82.3	50.06	16.2	-84.1	-40.18	26.6
140	98.1	44.93	24.7	-96.1	-34.07	34.7	95.3	40.57	25.6	-94.5	-29.61	32.0						

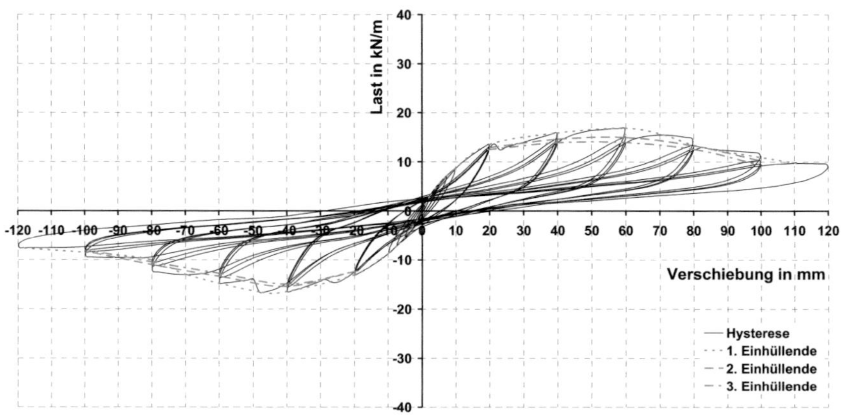

Bild 9-31   Last-Verschiebungsdiagramm HTB_ZYK_EIN_10_1

Tabelle 9-25   HTB_ZYK_EIN_10_1

ZYK_HRB_EIN_10_1			Versuchsergebnisse des zyklischen Versuches														
maximale Verschiebung aus monotonem Versuch				u_{max} = 100 mm			Äquivalente hysteretische Dämpfung v_{ed} = Ed/(2*pi*Epot)										
Verschiebungsgeschwindigkeit für zyklischen Versuch				d_r = 100 mm/min			*) Wandlänge = 2.5 m										
Gesamtdauer des Versuchs				43 min													
		Erste Einhüllende						Zweite Einhüllende						Dritte Einhüllende			
		Positiv			Negativ			Positiv			Negativ			Positiv			Negativ
% von u_{max}	mm	kN/m *)	v_{ed} in %	mm	kN/m *)	v_{ed} in %	mm	kN/m *)	v_{ed} in %	mm	kN/m *)	v_{ed} in %	mm	kN/m *)	v_{ed} in %	mm	kN/m *)	v_{ed} in %
1.25	0.7	3.59		-1.2	-5.19												
2.50	2.5	9.35		-2.5	-8.79												
5.00	4.9	16.12		-5.0	-15.75												
7.50	7.2	21.26		-7.4	-21.13												
10.00	9.4	25.25		-9.7	-25.67												
20.00	19.9	40.62	11.7	-20.0	-39.02	12.1	20.0	38.71	9.5	-19.1	-36.73	10.0	19.3	37.38	9.5	-19.6	-36.94	9.0
40.00	39.7	47.61	15.0	-40.0	-49.26	15.3	40.0	43.83	10.4	-40.0	-46.14	9.7	39.1	41.58	9.5	-39.4	-44.81	9.2
60.00	59.7	50.51	13.0	-48.3	-49.59	17.0	60.0	44.87	9.6	-58.8	-40.51	9.9	59.0	41.88	9.0	-59.3	-38.48	9.1
80.00	71.2	46.47	12.8	-69.8	-39.13	14.5	79.9	39.86	8.9	-78.6	-33.59	9.8	80.0	37.65	8.0	-79.1	-31.69	9.2
100.00	82.6	38.87	12.4	-82.9	-28.89	14.9	99.8	30.67	9.4	-98.9	-25.25	11.3	98.7	28.60	9.4	-99.1	-24.10	11.0
120.00	110.9	29.12	11.8	-119.5	-22.76	14.7											

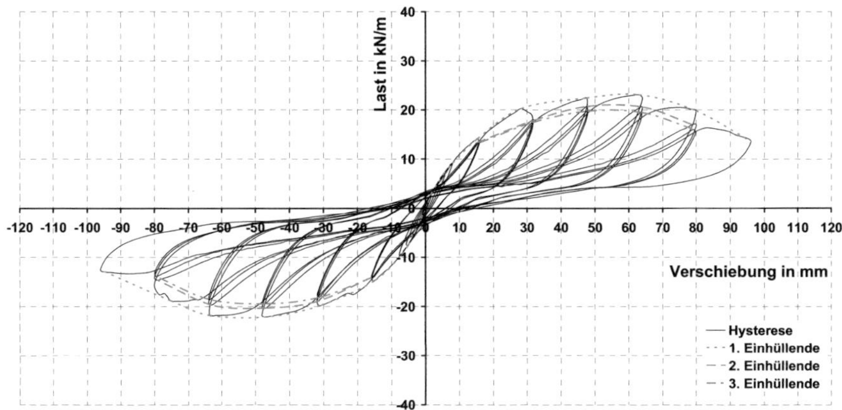

Bild 9-32   Last-Verschiebungskurve HTB_ZYK_ZWEI_10_1

Tabelle 9-26   Versuchsergebnisse ZYK_HRB_ZWEI_10_1

ZYK_HRB_ZWEI_10_1						Versuchsergebnisse des zyklischen Versuches											
maximale Verschiebung aus monotonem Versuch						u_{max} = 80 mm			Äquivalente hysteretische Dämpfung v_{ed} = Ed/(2*pi*Epot)								
Verschiebungsgeschwindigkeit für zyklischen Versuch						d_r = 100 mm/min			*) Wandlänge = 2.5 m								
Versuchsdauer						34 min											
	Erste Einhüllende						Zweite Einhüllende						Dritte Einhüllende				
	Positiv			Negativ			Positiv			Negativ			Positiv			Negativ		
% von u_{max}	mm	kN/m *)	v_{ed} in %	mm	kN/m *)	v_{ed} in %	mm	kN/m *)	v_{ed} in %	mm	kN/m *)	v_{ed} in %	mm	kN/m *)	v_{ed} in %	mm	kN/m *)	v_{ed} in %
1.25	0.8	1.14		-0.9	-1.48													
2.50	1.7	2.89		-1.8	-2.62													
5.00	3.9	5.44		-3.9	-5.52													
7.50	5.3	6.99		-5.3	-7.59													
10.00	8.0	9.16		-7.7	-9.76													
20.00	15.3	14.15		-15.2	-14.83		15.1	13.34		-15.9	-14.07		15.9	13.35		-16.0	-14.15	
40.00	28.2	20.26	15.4	-31.2	-19.80	14.5	32.0	17.87	8.9	-31.9	-18.93	8.9	31.6	17.44	7.5	-31.2	-18.11	8.7
60.00	47.5	22.42	11.5	-46.8	-22.08	12.9	47.7	20.68	8.5	-46.9	-20.29	8.2	47.8	19.73	7.7	-47.1	-19.41	8.2
80.00	63.0	23.06	10.6	-63.6	-21.78	12.2	64.0	20.56	8.2	-63.1	-19.67	8.8	63.7	19.45	7.6	-64.0	-18.49	8.2
100.00	79.9	19.79	10.9	-75.2	-18.80	12.9	78.8	16.98	8.1	-79.1	-14.64	9.2	79.3	16.03	7.5	-79.5	-13.88	8.5
120.00	96.0	13.58		-96.1	-12.53													

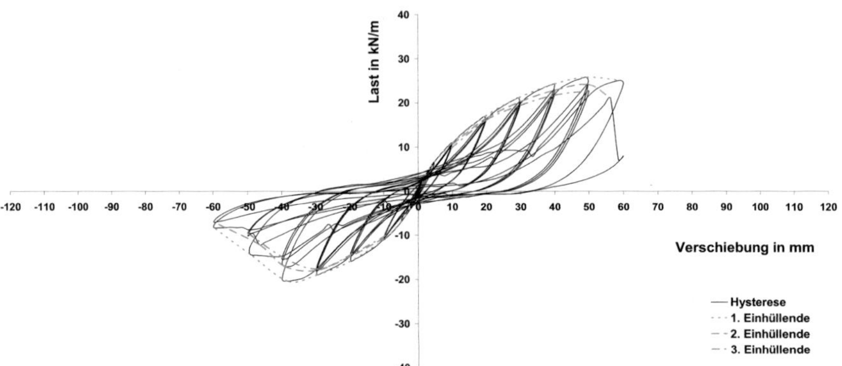

Bild 9-33   Last-Verschiebungskurve HTB_ZYK_ZWEI_0_1

Tabelle 9-27   Versuchsergebnisse HTB_ZYK_ZWEI_0_1

ZYK_HRB_ZWEI_0_1				Versuchsergebnisse des zyklischen Versuches														
maximale Verschiebung aus monotonem Versuch							u_{max} = 50 mm			Äquivalente hysteretische Dämpfung $\nu_{ed} = Ed/(2{*}pi{*}Epot)$								
Verschiebungsgeschwindigkeit für zyklischen Versuch							d_r = 100 mm/min			*) Wandlänge = 2,5 m								
Versuchsdauer							24 min											
	Erste Einhüllende						Zweite Einhüllende						Dritte Einhüllende					
	Positiv			Negativ			Positiv			Negativ			Positiv			Negativ		
% von u_{max}	mm	kN/m *)	ν_{ed} in %	mm	kN/m *)	ν_{ed} in %	mm	kN/m *)	ν_{ed} in %	mm	kN/m *)	ν_{ed} in %	mm	kN/m *)	ν_{ed} in %	mm	kN/m *)	ν_{ed} in %
1.25																		
2.50																		
5.00	2.0	3.53		-2.3	-3.87													
7.50	3.7	5.49		-3.6	-5.51													
10.00	4.6	6.61		-5.0	-6.87													
20.00	10.0	10.91	9.2	-9.9	-10.92	9.3	9.9	10.63	6.4	-10.0	-10.66	6.4	9.7	9.75	7.9	-9.3	-10.04	6.8
40.00	19.5	16.89	11.1	-19.8	-15.86	12.7	19.9	16.46	7.9	-20.0	-14.80	8.1	20.0	16.08	7.3	-19.2	-14.19	8.0
60.00	29.4	21.11	11.1	-29.6	-18.96	12.6	30.0	20.24	8.6	-30.0	-17.97	9.3	29.9	19.36	8.2	-29.2	-17.60	8.9
80.00	39.8	24.23	10.7	-38.4	-20.40	14.5	40.0	22.81	9.9	-39.1	-17.06	13.0	39.9	21.69	9.2	-38.9	-15.38	12.5
100.00	49.2	25.73	10.7	-49.4	-14.30	14.4	49.7	24.08	10.4	-46.6	-12.15	12.9	50.0	22.67	8.6	-50.0	-9.58	9.0
120.00	59.1	25.03	8.6	-59.8	-8.29	17.3	56.2	21.00	10.0	-59.8	-7.05	7.7						

9.6 Anlagen zu Abschnitt 6.2

Tabelle 9-28 Steifigkeits- und Verschiebungskennwerte für das Mustergebäude, Massivholz-Paneelbauweise Fux4S mit Klammern

Massivholz-Paneelbauweise Fux4S mit Klammern					
Aufnehmbare Horizontallast H_{max} der Wand in kN/m: 16		Wandlänge in m: 2.50			
		Geschoß 3	Geschoß 2	Geschoß 1	
Erforderliche Wandlänge in m (=T_3/Hmax), Tabelle 6-1		21.58	36.40	43.80	
Aufteilung auf 3 Wände ergibt in Mittelachse (=T_3/(3*Hmax)), Tabelle 6-2		7.19	12.13	14.60	
Steifigkeits- und Verschiebungs-kennwerte aus Kalibrierung (Bild 6-5)		Umrechnung Steifigkeiten auf 1 m Wandlänge	Umrechnung Steifigkeiten auf 7.19 m Wandlänge	Umrechnung Steifigkeiten auf 12.13 m Wandlänge	Umrechnung Steifigkeiten auf 14.60 m Wandlänge
u_1	$9.50*10^{-3}$	$9.50*10^{-3}$	$9.50*10^{-3}$	$9.50*10^{-3}$	$9.50*10^{-3}$
u_2	$3.10*10^{-2}$	$3.10*10^{-2}$	$3.10*10^{-2}$	$3.10*10^{-2}$	$3.10*10^{-2}$
k_1	$4.50*10^{9}$	$1.80*10^{9}$	$1.29*10^{10}$	$2.18*10^{10}$	$2.63*10^{10}$
k_2	$7.50*10^{8}$	$3.00*10^{8}$	$2.16*10^{9}$	$3.64*10^{9}$	$4.38*10^{9}$
k_3	$-4.00*10^{8}$	$-1.60*10^{8}$	$-1.15*10^{9}$	$-1.94*10^{9}$	$-2.34*10^{9}$
k_4	$5.00*10^{9}$	$2.00*10^{9}$	$1.44*10^{10}$	$2.43*10^{10}$	$2.92*10^{10}$
k_5	$7.00*10^{9}$	$2.80*10^{9}$	$2.01*10^{10}$	$3.40*10^{10}$	$4.09*10^{10}$
k_6	$4.00*10^{8}$	$1.60*10^{8}$	$1.15*10^{9}$	$1.94*10^{9}$	$2.34*10^{9}$
F_0	$6.00*10^{6}$	$2.40*10^{6}$	$1.73*10^{7}$	$2.91*10^{7}$	$3.50*10^{7}$

Tabelle 9-29 Steifigkeits- und Verschiebungskennwerte für das Mustergebäude, Massivholz-Paneelbauweise Fux4S mit Nägeln

Massivholz-Paneelbauweise Fux4S mit Nägeln					
Aufnehmbare Horizontallast H_{max} der Wand in kN/m: 15		Wandlänge in m: 2.50			
		Geschoß 3	Geschoß 2	Geschoß 1	
Erforderliche Wandlänge in m (=T_3/Hmax), Tabelle 6-1		23.01	38.82	46.73	
Aufteilung auf 3 Wände ergibt in Mittelachse (=T_3/(3*Hmax)), Tabelle 6-2		7.67	12.94	15.58	
Steifigkeits- und Verschiebungs-kennwerte aus Kalibrierung (Bild 6-5)		Umrechnung Steifigkeiten auf 1 m Wandlänge	Umrechnung Steifigkeiten auf 7.19 m Wandlänge	Umrechnung Steifigkeiten auf 12.13 m Wandlänge	Umrechnung Steifigkeiten auf 14.60 m Wandlänge
u_1	$9.50*10^{-3}$	$9.50*10^{-3}$	$9.50*10^{-3}$	$9.50*10^{-3}$	$9.50*10^{-3}$
u_2	$2.20*10^{-2}$	$2.20*10^{-2}$	$2.20*10^{-2}$	$2.20*10^{-2}$	$2.20*10^{-2}$
k_1	$4.10*10^{9}$	$1.64*10^{9}$	$1.26*10^{10}$	$2.12*10^{10}$	$2.55*10^{10}$
k_2	$6.38*10^{8}$	$2.55*10^{8}$	$1.96*10^{9}$	$3.30*10^{9}$	$3.97*10^{9}$
k_3	$-4.00*10^{8}$	$-1.60*10^{8}$	$-1.23*10^{9}$	$-2.07*10^{9}$	$-2.49*10^{9}$
k_4	$3.00*10^{9}$	$1.20*10^{9}$	$9.21*10^{9}$	$1.55*10^{10}$	$1.87*10^{10}$
k_5	$6.00*10^{9}$	$2.40*10^{9}$	$1.84*10^{10}$	$3.11*10^{10}$	$3.74*10^{10}$
k_6	$4.00*10^{8}$	$1.60*10^{8}$	$1.23*10^{9}$	$2.07*10^{9}$	$2.49*10^{9}$
F_0	$4.50*10^{6}$	$1.60*10^{6}$	$1.38*10^{7}$	$2.33*10^{7}$	$2.80*10^{7}$

Tabelle 9-30 Steifigkeits- und Verschiebungskennwerte für das Mustergebäude, Massivholz-Paneelbauweise Fux6S mit Klammern

Massivholz-Paneelbauweise Fux6S mit Klammern					
Aufnehmbare Horizontallast H_{max} der Wand in kN/m: 16		Wandlänge in m: 2.50			
		Geschoß 3	Geschoß 2	Geschoß 1	
Erforderliche Wandlänge in m (=T_3/Hmax), Tabelle 6-1		21.58	36.40	43.80	
Aufteilung auf 3 Wände ergibt in Mittelachse (=T_3/(3*Hmax)), Tabelle 6-2		7.19	12.13	14.60	
Steifigkeits- und Verschiebungs-kennwerte aus Kalibrierung (Bild 6-5)		Umrechnung Steifigkeiten auf 1 m Wandlänge	Umrechnung Steifigkeiten auf 7.19 m Wandlänge	Umrechnung Steifigkeiten auf 12.13 m Wandlänge	Umrechnung Steifigkeiten auf 14.60 m Wandlänge
u_1	1.30E-02	1.30E-02	1.30E-02	1.30E-02	1.30E-02
u_2	3.50E-02	3.50E-02	3.50E-02	3.50E-02	3.50E-02
k_1	3.60E+09	1.44E+09	1.04E+10	1.75E+10	2.10E+10
k_2	6.00E+08	2.40E+08	1.73E+09	2.91E+09	3.50E+09
k_3	-4.00E+08	-1.60E+08	-1.15E+09	-1.94E+09	-2.34E+09
k_4	4.00E+09	1.60E+09	1.15E+10	1.94E+10	2.34E+10
k_5	8.00E+09	3.20E+09	2.30E+10	3.88E+10	4.67E+10
k_6	5.00E+08	2.00E+08	1.44E+09	2.43E+09	2.92E+09
F_0	1.00E+07	4.00E+06	2.88E+07	4.85E+07	5.84E+07

Tabelle 9-31 Steifigkeits- und Verschiebungskennwerte für das Mustergebäude, Einzelelement-Bauweise

Einzelelement-Bauweise				
Aufnehmbare Horizontallast H_{max} der Wand in kN/m: 9		Wandlänge in m: 3.00		
		Geschoß 3	Geschoß 2	Geschoß 1
Erforderliche Wandlänge in m (=T_3/Hmax), Tabelle 6-1		38.21	64.17	77.16
Aufteilung auf 3 Wände ergibt in Mittelachse (=T_3/(3*Hmax)), Tabelle 6-2		12.74	21.39	25.72
Steifigkeits- und Verschiebungs-kennwerte aus Kalibrierung (Bild 6-5)	Umrechnung Steifigkeiten auf 1 m Wandlänge	Umrechnung Steifigkeiten auf 7.19 m Wandlänge	Umrechnung Steifigkeiten auf 12.13 m Wandlänge	Umrechnung Steifigkeiten auf 14.60 m Wandlänge
u_1	$7.00{*}10^{-3}$	$7.00{*}10^{-3}$	$7.00{*}10^{-3}$	$7.00{*}10^{-3}$	$7.00{*}10^{-3}$
u_2	$2.20{*}10^{-2}$	$2.20{*}10^{-2}$	$2.20{*}10^{-2}$	$2.20{*}10^{-2}$	$2.20{*}10^{-2}$
k_1	$4.30{*}10^{9}$	$1.43{*}10^{9}$	$1.83{*}10^{10}$	$3.07{*}10^{10}$	$3.69{*}10^{10}$
k_2	$3.60{*}10^{8}$	$1.20{*}10^{8}$	$1.53{*}10^{9}$	$2.57{*}10^{9}$	$3.09{*}10^{9}$
k_3	$-4.10{*}10^{8}$	$-1.37{*}10^{8}$	$-1.74{*}10^{9}$	$-2.92{*}10^{9}$	$-3.51{*}10^{9}$
k_4	$2.00{*}10^{9}$	$6.67{*}10^{8}$	$8.49{*}10^{9}$	$1.43{*}10^{10}$	$1.71{*}10^{10}$
k_5	$6.00{*}10^{9}$	$2.00{*}10^{9}$	$2.55{*}10^{10}$	$4.28{*}10^{10}$	$5.14{*}10^{10}$
k_6	$5.00{*}10^{8}$	$1.67{*}10^{8}$	$2.12{*}10^{9}$	$3.57{*}10^{9}$	$4.29{*}10^{9}$
F_0	$6.00{*}10^{6}$	$2.00{*}10^{6}$	$2.55{*}10^{7}$	$4.28{*}10^{7}$	$5.14{*}10^{7}$

Tabelle 9-32 Steifigkeits- und Verschiebungskennwerte für das Mustergebäude, Holztafelbauweise

Einzelelement-Bauweise				
Aufnehmbare Horizontallast H_{max} der Wand in kN/m: 15		Wandlänge in m: 2.50		
		Geschoß 3	Geschoß 2	Geschoß 1
Erforderliche Wandlänge in m (=T_3/Hmax), Tabelle 6-1		21.45	36.44	43.93
Aufteilung auf 3 Wände ergibt in Mittelachse (=T_3/(3*Hmax)), Tabelle 6-2		7.15	12.15	14.64
Steifigkeits- und Verschiebungs-kennwerte aus Kalibrierung (Bild 6-5)	Umrechnung Steifigkeiten auf 1 m Wandlänge	Umrechnung Steifigkeiten auf 7.19 m Wandlänge	Umrechnung Steifigkeiten auf 12.13 m Wandlänge	Umrechnung Steifigkeiten auf 14.60 m Wandlänge
u_1	$6.35{*}10^{-3}$	$6.35{*}10^{-3}$	$6.35{*}10^{-3}$	$6.35{*}10^{-3}$	$6.35{*}10^{-3}$
u_2	$2.40{*}10^{-2}$	$2.40{*}10^{-2}$	$2.40{*}10^{-2}$	$2.40{*}10^{-2}$	$2.40{*}10^{-2}$
k_1	$6.00{*}10^{9}$	$2.40{*}10^{9}$	$1.72{*}10^{10}$	$2.91{*}10^{10}$	$3.51{*}10^{10}$
k_2	$3.70{*}10^{8}$	$1.48{*}10^{8}$	$1.06{*}10^{9}$	$1.80{*}10^{9}$	$2.17{*}10^{9}$
k_3	$-9.00{*}10^{8}$	$-3.60{*}10^{8}$	$-2.57{*}10^{9}$	$-4.37{*}10^{9}$	$-5.27{*}10^{9}$
k_4	$6.00{*}10^{9}$	$2.40{*}10^{9}$	$1.72{*}10^{10}$	$2.91{*}10^{10}$	$3.51{*}10^{10}$
k_5	$8.00{*}10^{9}$	$3.20{*}10^{9}$	$2.29{*}10^{10}$	$3.89{*}10^{10}$	$4.69{*}10^{10}$
k_6	$5.00{*}10^{8}$	$2.00{*}10^{8}$	$1.43{*}10^{9}$	$2.43{*}10^{9}$	$2.93{*}10^{9}$
F_0	$5.00{*}10^{6}$	$2.00{*}10^{6}$	$1.43{*}10^{7}$	$2.43{*}10^{7}$	$2.93{*}10^{7}$

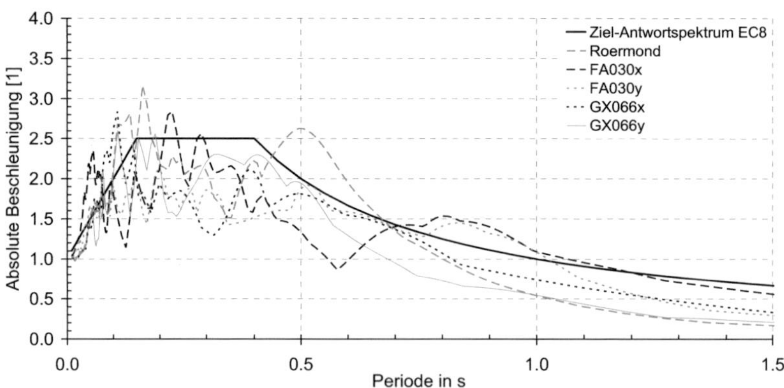

Bild 9-34 Antwortspektren der Beben Roermond – L'Aquila GX066y (normiert)

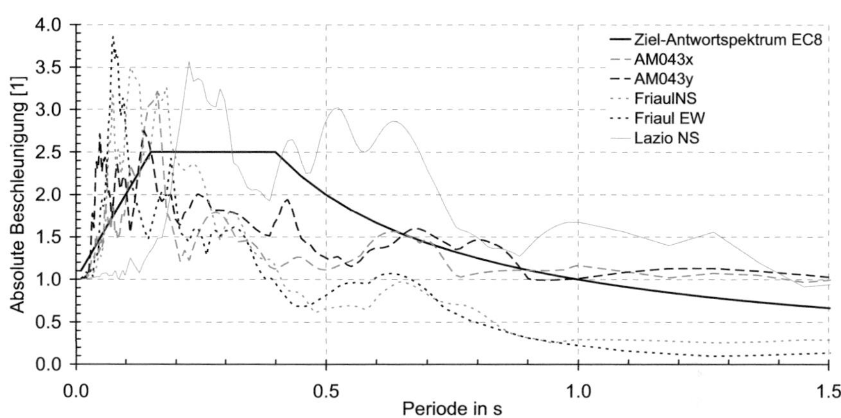

Bild 9-35 Antwortspektren der Beben L'Aquila AM043x – Lazio NS (normiert)

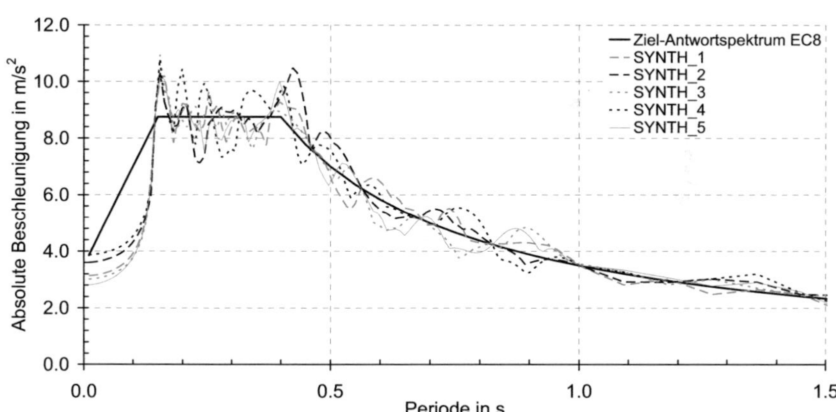

Bild 9-36 Antwortspektren der Beben SYNTH_1 – SYNTH_5

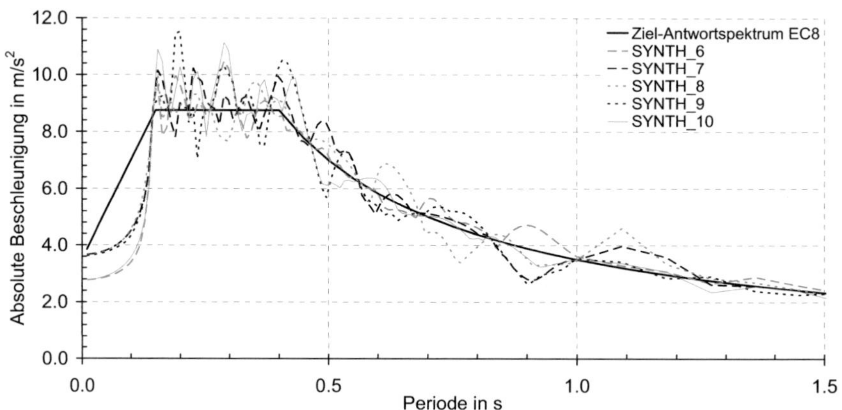

Bild 9-37   Antwortspektren der Beben SYNTH_6 – SYNTH_10

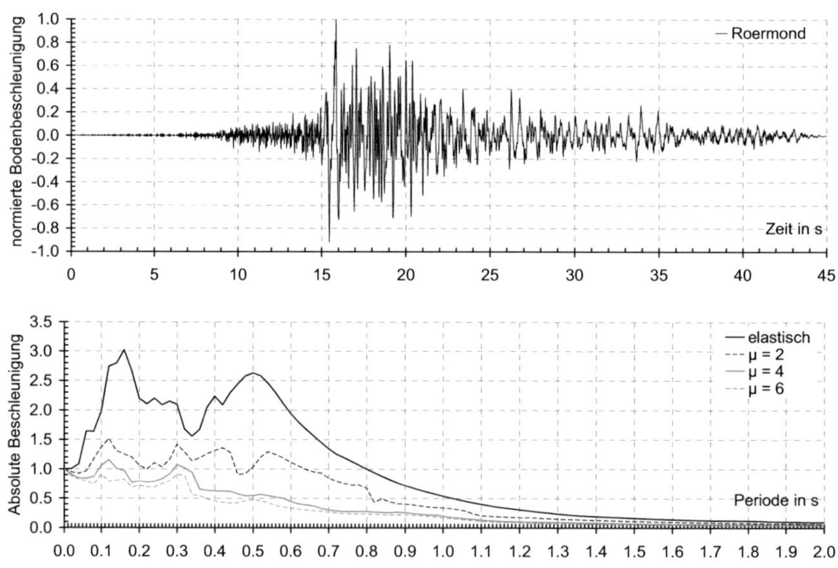

Bild 9-38   Bodenbeschleunigung und inelastische Antwortspektren
Roermond

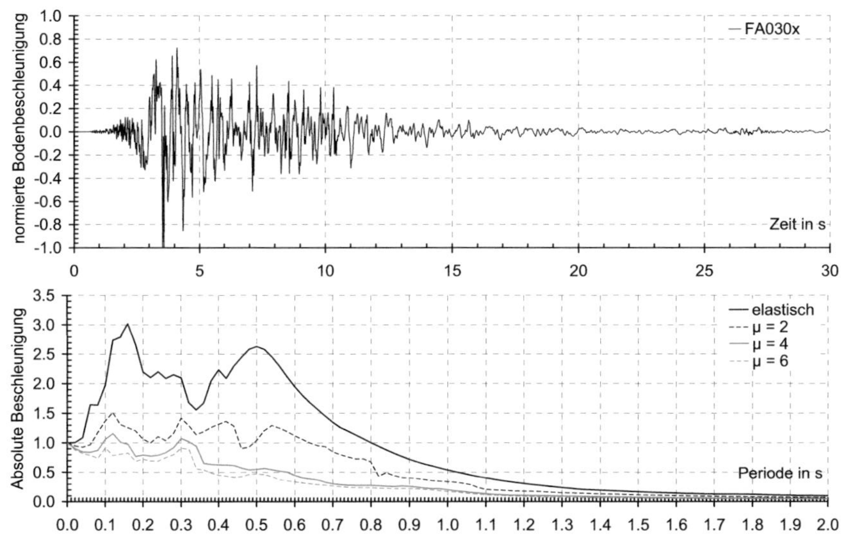

Bild 9-39   Bodenbeschleunigung und inelastische Antwortspektren FA030x

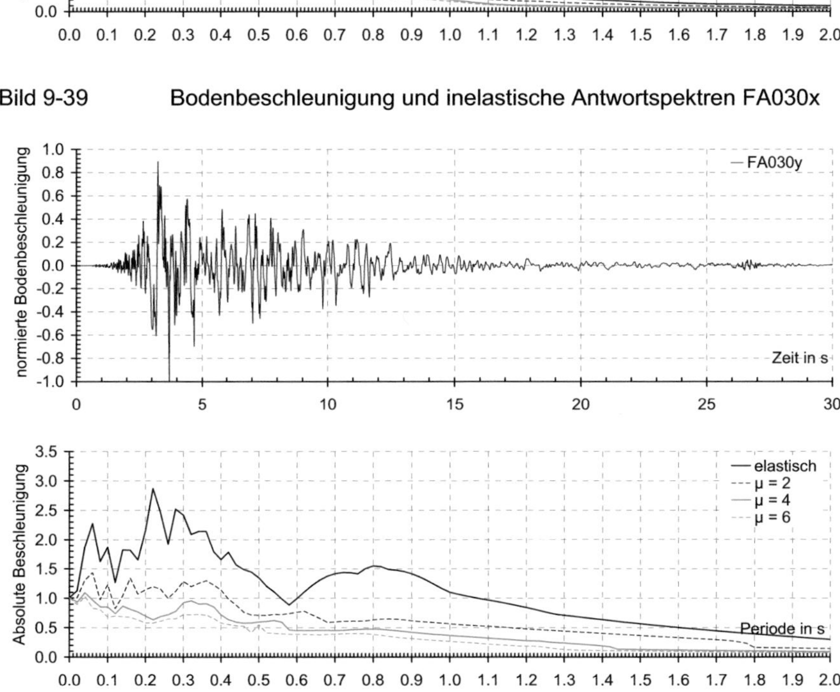

Bild 9-40   Bodenbeschleunigung und inelastische Antwortspektren FA030y

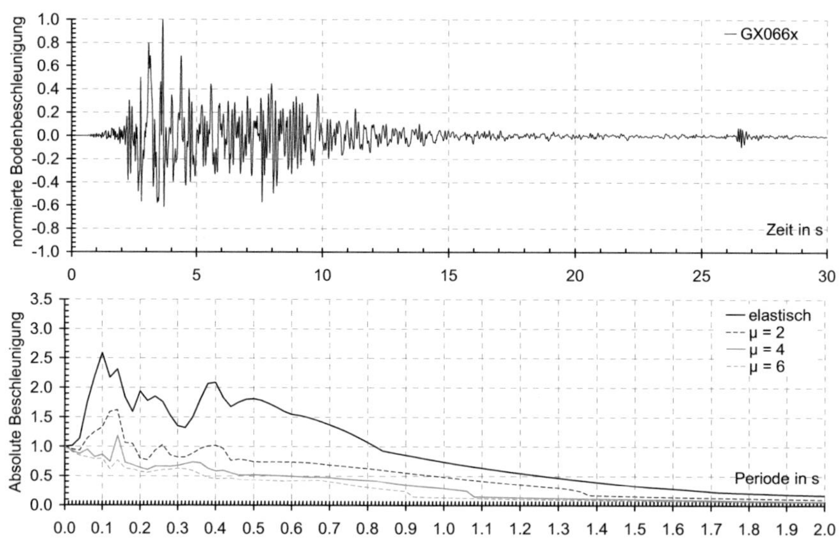

Bild 9-41　　　Bodenbeschleunigung und inelastische Antwortspektren GX066x

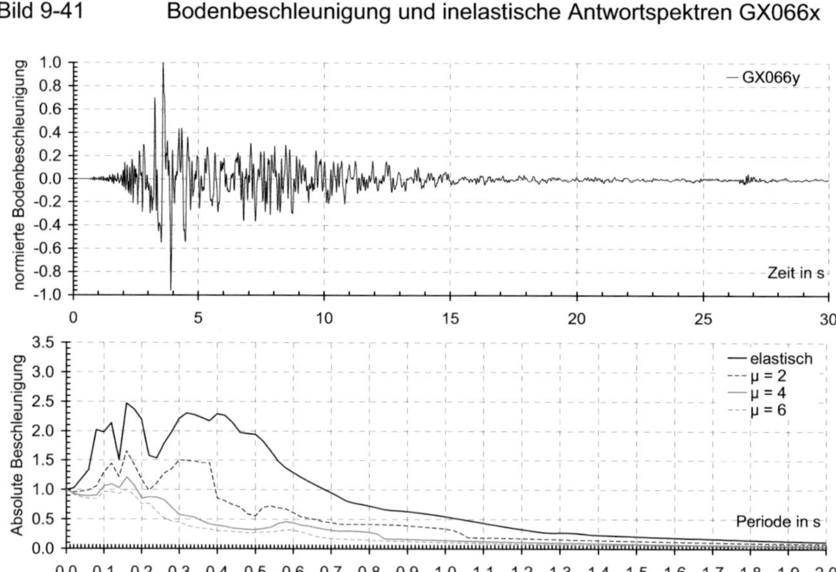

Bild 9-42　　　Bodenbeschleunigung und inelastische Antwortspektren GX066y

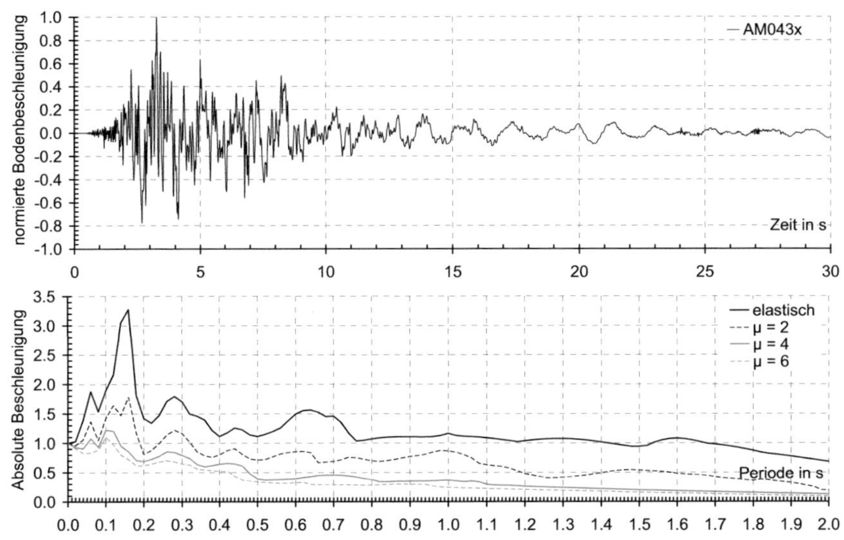

Bild 9-43   Bodenbeschleunigung und inelastische Antwortspektren AM043x

Bild 9-44   Bodenbeschleunigung und inelastische Antwortspektren AM043y

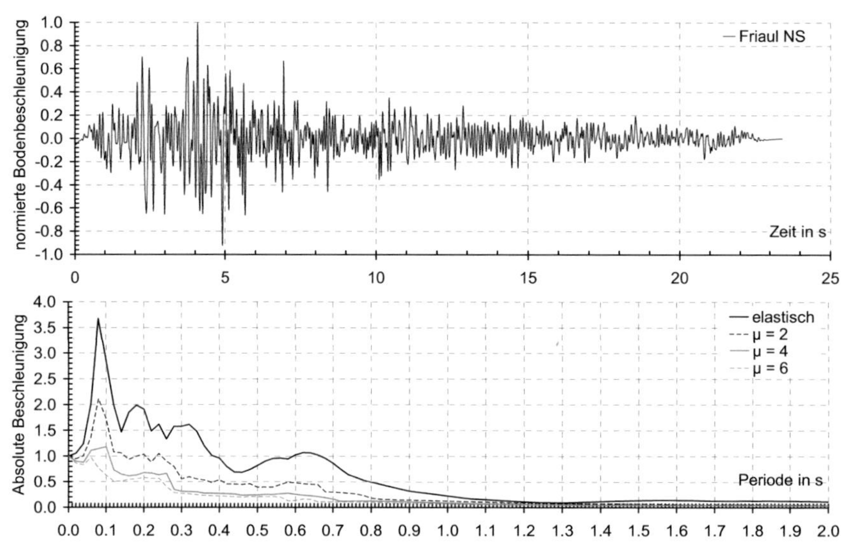

Bild 9-45   Bodenbeschleunigung und inelastische Antwortspektren Friaul NS

Bild 9-46   Bodenbeschleunigung und inelastische Antwortspektren Friaul EW

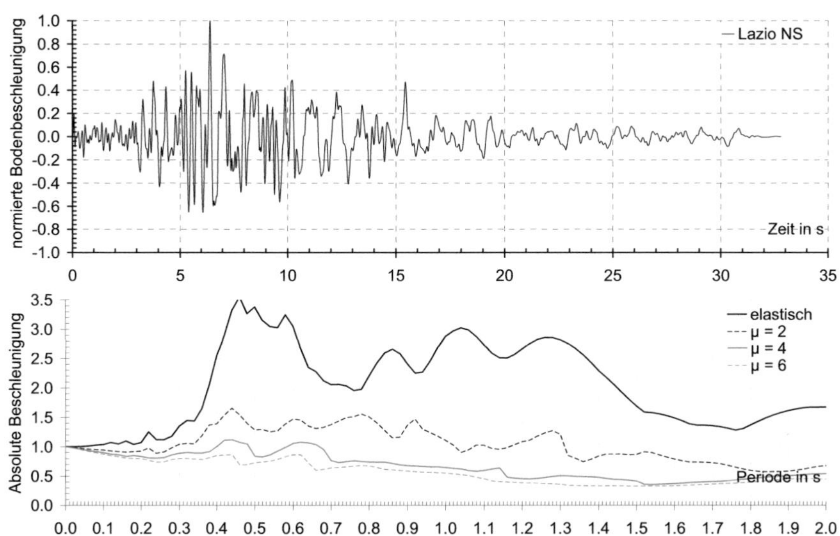

Bild 9-47   Bodenbeschleunigung und inelastische Antwortspektren Lazio NS

Bild 9-48   Bodenbeschleunigung und inelastische Antwortspektren SYNTH_1

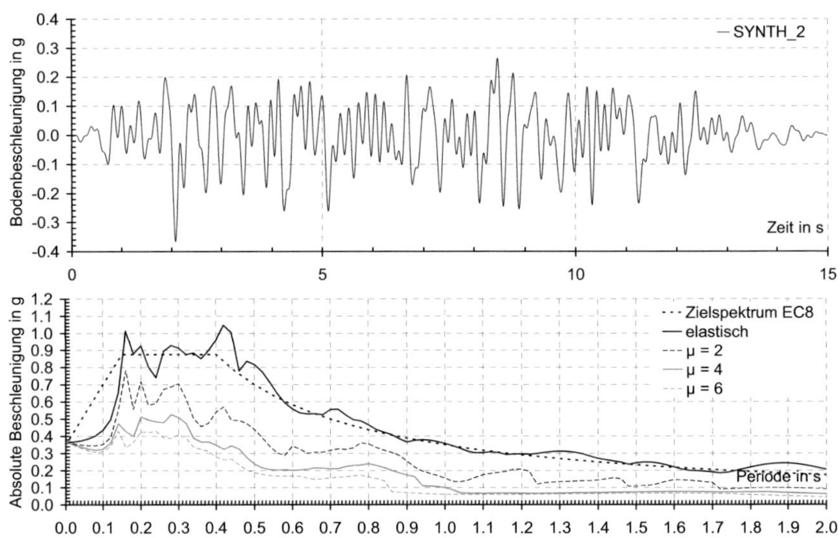

Bild 9-49   Bodenbeschleunigung und inelastische Antwortspektren SYNTH_2

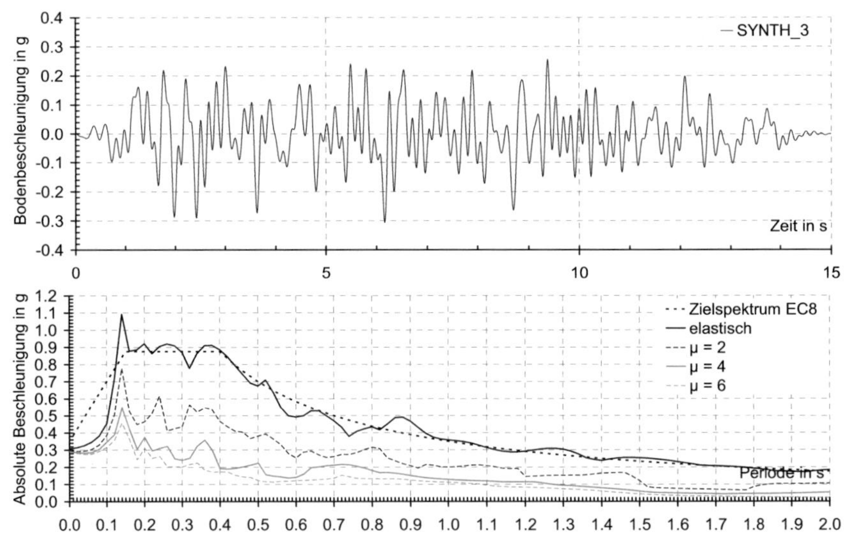

Bild 9-50   Bodenbeschleunigung und inelastische Antwortspektren SYNTH_3

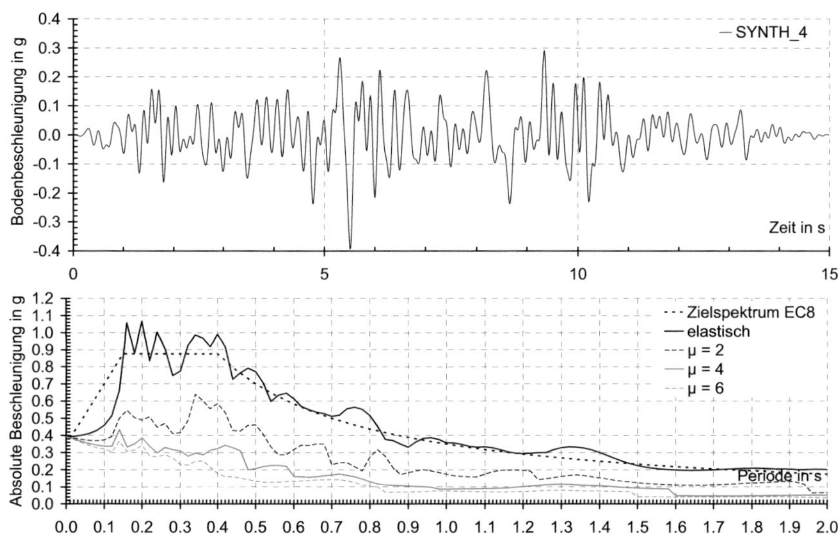

Bild 9-51   Bodenbeschleunigung und inelastische Antwortspektren SYNTH_4

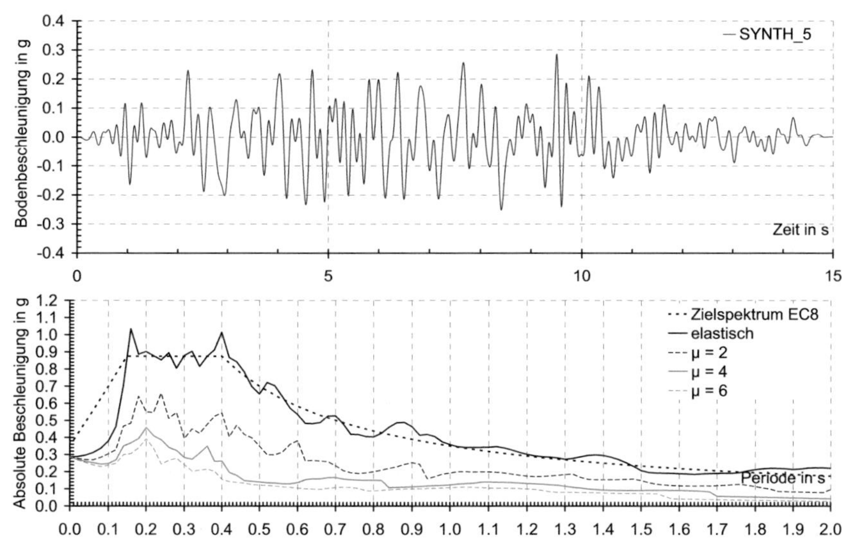

Bild 9-52   Bodenbeschleunigung und inelastische Antwortspektren SYNTH_5

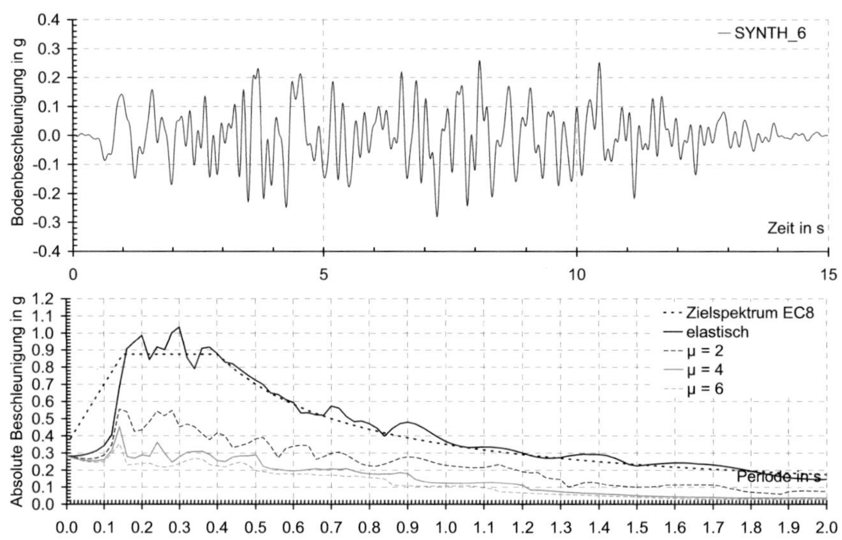

Bild 9-53   Bodenbeschleunigung und inelastische Antwortspektren SYNTH_6

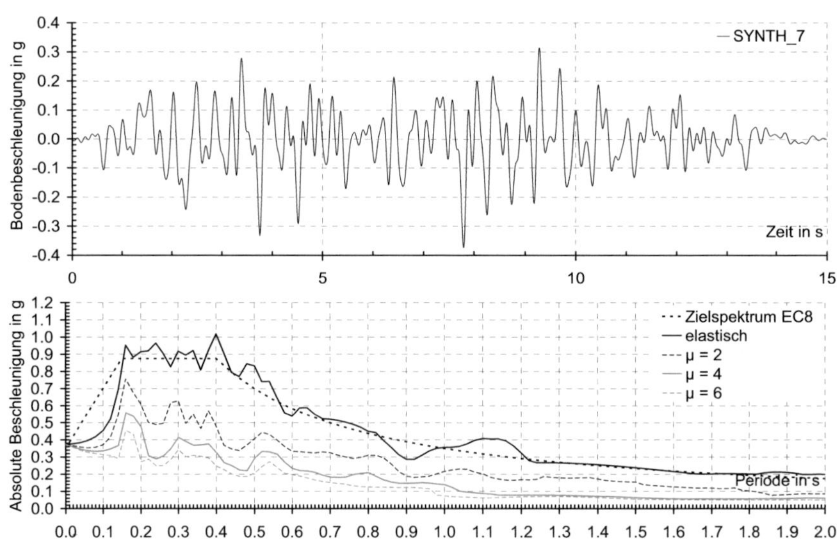

Bild 9-54   Bodenbeschleunigung und inelastische Antwortspektren SYNTH_7

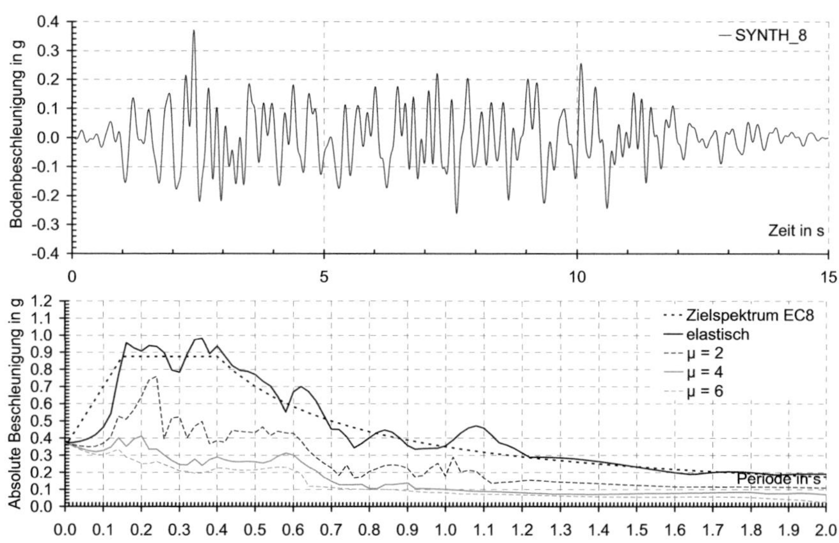

Bild 9-55   Bodenbeschleunigung und inelastische Antwortspektren SYNTH_8

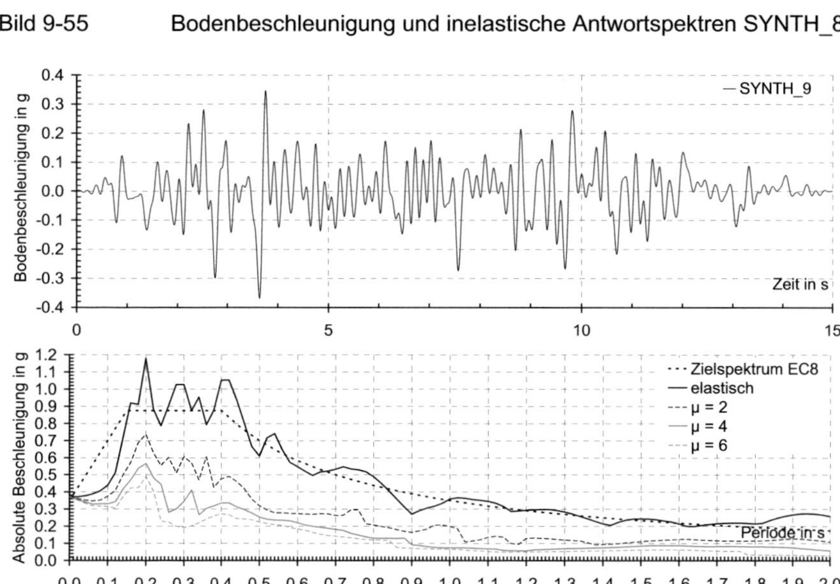

Bild 9-56   Bodenbeschleunigung und inelastische Antwortspektren SYNTH_9

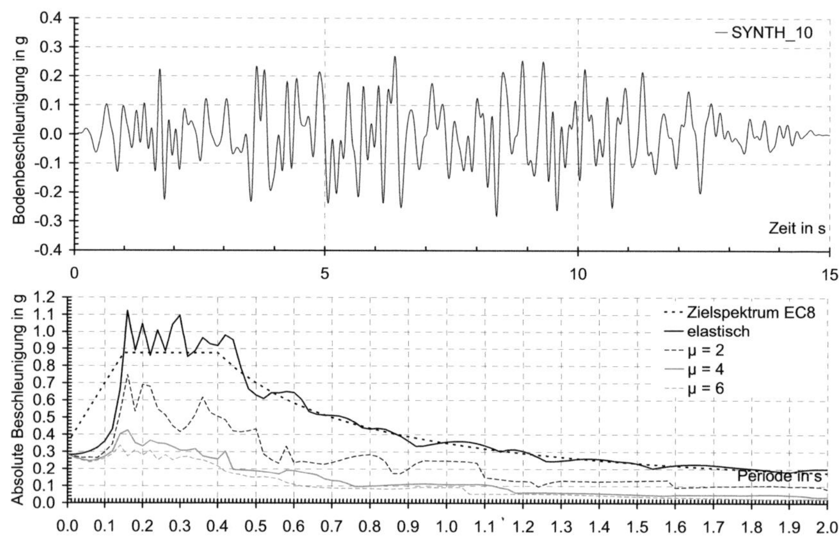

Bild 9-57   Bodenbeschleunigung und inelastische Antwortspektren
SYNTH_10